高 职 高 专 规 划 教 材

DIANJI YU TUDONG JICHU

电机与拖动基础

■ 王秀丽　主编

化学工业出版社
·北京·

本书按照高职自动化类"电机与拖动基础"教学大纲进行编写,体现了高职高专教学改革的特点,突出理论知识的应用和实践能力的培养,加强了实用性,降低了理论难度。

本书主要介绍了变压器、三相异步电动机、直流电动机的结构特点和基本工作原理,着重分析了三相异步电动机和直流电动机的启动、制动、调速性能及相关的计算,简要介绍了单相异步电动机、同步电机和控制电机的结构特点和基本工作原理、电动机容量选择的基本知识及电机、变压器的使用与维护知识,并且还介绍了与基本理论相关的电机与拖动实验。为加深对基础知识的理解,各章都有精心挑选的例题、思考题和习题以及为便于学生自检、教师测评的自我评估题。

本书适于高职高专电气自动化技术、电力系统自动化技术、生产过程自动化技术、机电一体化技术、自动控制电气类等专业使用,也可供各级电工考证人员对电机与拖动基础知识的备考复习之用,还可供有关电气工程技术人员学习参考或作为培训教材。

图书在版编目(CIP)数据

电机与拖动基础/王秀丽主编 . —北京:化学工业出版社,
2010.1(2022.9重印)
高职高专"十一五"规划教材
ISBN 978-7-122-07321-1

Ⅰ. 电…　Ⅱ. 王…　Ⅲ.①电机-高等学校:技术学院-教材
②电力传动-高等学校:技术学院-教材　Ⅳ. TM3

中国版本图书馆 CIP 数据核字(2010)第 001855 号

责任编辑:刘　哲　　　　　　　文字编辑:鲍晓娟
责任校对:宋　玮　　　　　　　装帧设计:杨　北

出版发行:化学工业出版社(北京市东城区青年湖南街 13 号　邮政编码 100011)
印　　装:天津盛通数码科技有限公司
787mm×1092mm　1/16　印张 12¾　字数 315 千字　2022 年 9 月北京第 1 版第 6 次印刷

购书咨询:010-64518888　　　　　　售后服务:010-64518899
网　　址:http://www.cip.com.cn
凡购买本书,如有缺损质量问题,本社销售中心负责调换。

定　　价:35.00 元

前　言

本书在编写过程中，严格按照教育部高职高专规划教材的要求，遵循以应用为目的，以必需、够用为度的教学原则，突出高职高专培养应用型高技能人才的特色。

本书着重体现如下特色。

1. 在内容选取上，重视基本概念、基本定律、基本分析方法的介绍，与传统教材相比，降低了理论难度，淡化了复杂的理论分析，力求由浅入深，循序渐进，保留了教材内容的连贯性，同时也增加了一些新技术内容。

2. 在内容叙述上，力求简明扼要，通俗易懂，可读性强，使学生对基本理论能系统、深入地理解，为今后的学习奠定基础；同时注重分析问题、解决问题能力的培养。

3. 从培养应用型人才的角度出发，教材注重实用性，在侧重基本原理、基本概念阐述的同时，强调基本理论的实际应用，如电动机的应用知识，介绍了电动机的选择及电机、变压器的使用与维护知识。

4. 从注重培养学生实践动手能力的角度，结合基础知识，配有实验教学内容。

全书共分九章。内容包括：变压器、三相异步电动机、三相异步电动机的电力拖动、其他交流电动机、直流电机、直流电机的电力拖动、控制电机、电动机应用知识和电机与拖动基础实验。书中的知识扩展章节可根据需要选学。每章列有学习目标，介绍每章需要了解和掌握的内容，便于指导学生自学。为便于学生对基础知识的掌握，书中配有大量的例题、思考题与习题，同时每章还附有自我评估题，易于学生自检，也便于教师对学生测评。本书习题与自我评估题答案可在 www.cipedu.com.cn 上免费下载。

本书适用于高职高专电气自动化技术、电力系统自动化技术、生产过程自动化技术、机电一体化技术、自动控制电气类等专业使用，也可供各级电工考证人员对电机与拖动基础知识的备考复习之用，还可供有关电气工程技术人员学习参考或作为培训教材。

本书的前言、绪论及第1、2、3、5章由辽宁石化职业技术学院王秀丽编写；第4章由沈阳农业大学高等职业技术学院武银龙编写；第7章由辽宁石化职业技术学院张浩编写；第6、8章由辽宁科技学院陈亚光编写，第9章由锦州师范高等专科学校李刚编写。全书由王秀丽统稿并担任主编。

由于编者学识及水平有限，书中的不足及疏漏之处在所难免，恳请读者批评指正。

编者

目　　录

绪论 ……………………………………………………………………………………………… 1

第1章　变压器 ………………………………………………………………………………… 7

【学习目标】 …………………………………………………………………………………… 7

1.1　变压器的基本工作原理、用途及结构 ……………………………………………… 7

1.1.1　变压器的基本工作原理 ………………………………………………………… 7

1.1.2　变压器的用途 …………………………………………………………………… 7

1.1.3　变压器的分类 …………………………………………………………………… 8

1.1.4　变压器的基本结构 ……………………………………………………………… 8

1.1.5　变压器的铭牌及额定值 ………………………………………………………… 10

1.2　单相变压器的空载运行 ……………………………………………………………… 12

1.2.1　空载运行时的电磁关系 ………………………………………………………… 12

1.2.2　空载电流与漏磁电动势 ………………………………………………………… 13

1.2.3　空载变压器的电压平衡方程和等效电路以及相量图 ………………………… 14

1.3　变压器的负载运行 …………………………………………………………………… 16

1.3.1　变压器负载运行时的电磁关系 ………………………………………………… 16

1.3.2　基本方程 ………………………………………………………………………… 16

1.3.3　变压器的折算 …………………………………………………………………… 18

1.3.4　变压器的等效电路及相量图 …………………………………………………… 19

1.4　变压器的参数测定 …………………………………………………………………… 21

1.4.1　空载实验 ………………………………………………………………………… 21

1.4.2　短路实验 ………………………………………………………………………… 22

1.5　变压器的运行特性 …………………………………………………………………… 24

1.5.1　电压变化率 ……………………………………………………………………… 24

1.5.2　变压器的效率 …………………………………………………………………… 25

1.6　三相变压器 …………………………………………………………………………… 27

1.6.1　三相变压器的磁路系统 ………………………………………………………… 27

1.6.2　三相变压器的电路——连接组别 ……………………………………………… 28

【知识扩展】 …………………………………………………………………………………… 31

1.7　变压器的并联运行 …………………………………………………………………… 31

1.7.1　并联运行的条件 ………………………………………………………………… 31

1.7.2　并联运行条件不满足时的运行分析 …………………………………………… 32

1.8　其他变压器简介 ……………………………………………………………………… 33

1.8.1　自耦变压器 ……………………………………………………………………… 33

1.8.2　仪用互感器 ……………………………………………………………………… 35

　　　1.8.3　电焊机变压器··37

　【本章小结】···38

　【思考题与习题】···38

　【自我评估】···40

第2章　三相异步电动机 ···44

　【学习目标】···44

　2.1　概述··44

　　　2.1.1　异步电动机的分类···44

　　　2.1.2　异步电动机的主要用途···44

　2.2　三相异步电动机的旋转原理···45

　　　2.2.1　旋转磁场的产生···45

　　　2.2.2　三相异步电动机的旋转原理·······································45

　2.3　三相异步电动机的结构、铭牌及主要系列·····································47

　　　2.3.1　三相异步电动机的结构···47

　　　2.3.2　三相异步电动机的铭牌数据·······································49

　　　2.3.3　三相异步电动机的主要系列简介···································50

　2.4　三相异步电动机的定子绕组···51

　　　2.4.1　交流绕组的基本知识···51

　　　2.4.2　单层绕组···52

　　　2.4.3　双层绕组···54

　2.5　三相异步电动机的运行分析···54

　　　2.5.1　空载运行分析···55

　　　2.5.2　负载运行分析···56

　2.6　三相异步电动机的功率和电磁转矩···58

　　　2.6.1　功率关系···58

　　　2.6.2　转矩关系···58

　2.7　三相异步电动机的工作特性···59

　【知识扩展】···61

　2.8　三相异步电动机的参数测定···61

　【本章小结】···62

　【思考题与习题】···63

　【自我评估】···64

第3章　三相异步电动机的电力拖动 ···67

　【学习目标】···67

　3.1　三相异步电动机的机械特性···67

　　　3.1.1　机械特性的物理表达式···67

　　　3.1.2　机械特性的参数表达式···67

　　　3.1.3　机械特性的实用表达式···69

　　　3.1.4　三相异步电动机的固有机械特性···································70

　　　3.1.5　三相异步电动机的人为机械特性···································71

3.2 笼型异步电动机的启动 ……………………………………………………………… 73
   3.2.1 三相异步电动机对启动性能的要求 ………………………………………… 73
   3.2.2 三相笼型异步电动机的启动 ………………………………………………… 73
3.3 三相绕线型异步电动机的启动 …………………………………………………… 78
   3.3.1 转子串电阻启动 ……………………………………………………………… 78
   3.3.2 转子串频敏变阻器启动 ……………………………………………………… 79
【知识扩展】 ……………………………………………………………………………… 80
   3.3.3 高启动转矩三相笼型异步电动机 …………………………………………… 80
3.4 三相异步电动机的制动 …………………………………………………………… 82
   3.4.1 能耗制动 ……………………………………………………………………… 82
   3.4.2 反接制动 ……………………………………………………………………… 83
   3.4.3 回馈制动 ……………………………………………………………………… 85
3.5 三相异步电动机的调速 …………………………………………………………… 86
   3.5.1 变极调速 ……………………………………………………………………… 87
   3.5.2 变频调速 ……………………………………………………………………… 89
   3.5.3 变转差率调速 ………………………………………………………………… 91
【本章小结】 ……………………………………………………………………………… 94
【思考题与习题】 ………………………………………………………………………… 95
【自我评估】 ……………………………………………………………………………… 96
第4章 其他交流电动机 ………………………………………………………………… 100
【学习目标】 ……………………………………………………………………………… 100
4.1 单相异步电动机 …………………………………………………………………… 100
   4.1.1 基本结构与铭牌数据 ………………………………………………………… 100
   4.1.2 单相异步电动机的工作原理 ………………………………………………… 101
   4.1.3 主要类型 ……………………………………………………………………… 102
   4.1.4 单相异步电动机反转控制 …………………………………………………… 104
4.2 同步电动机 ………………………………………………………………………… 104
   4.2.1 同步电机的分类 ……………………………………………………………… 104
   4.2.2 同步电动机的基本结构 ……………………………………………………… 105
   4.2.3 同步电动机的基本工作原理及其额定值 …………………………………… 106
   4.2.4 V形曲线和功率因数调节 …………………………………………………… 107
   4.2.5 同步电动机的启动 …………………………………………………………… 108
【知识扩展】 ……………………………………………………………………………… 110
4.3 电磁调速异步电动机 ……………………………………………………………… 110
   4.3.1 电磁滑差离合器的结构 ……………………………………………………… 110
   4.3.2 电磁滑差离合器的工作原理 ………………………………………………… 110
   4.3.3 电磁调速异步电动机的应用及特点 ………………………………………… 111
【本章小结】 ……………………………………………………………………………… 112
【思考题与习题】 ………………………………………………………………………… 113
【自我评估】 ……………………………………………………………………………… 113

第5章 直流电机 ·········· 116

【学习目标】 ·········· 116

5.1 直流电机的基本工作原理 ·········· 116

5.1.1 直流发电机的基本工作原理 ·········· 116

5.1.2 直流电动机的基本工作原理 ·········· 117

5.2 直流电机的基本结构、铭牌及主要系列 ·········· 117

5.2.1 基本结构 ·········· 117

5.2.2 铭牌数据及主要系列 ·········· 119

5.3 直流电机的电磁转矩与电枢电动势 ·········· 120

5.3.1 直流电机的励磁方式 ·········· 120

5.3.2 直流电机的磁场和电枢反应 ·········· 121

5.3.3 电枢绕组感应电动势与电磁转矩 ·········· 122

5.3.4 他励直流电动机反转 ·········· 123

5.4 直流电机的运行原理 ·········· 124

5.4.1 直流电动机的基本方程 ·········· 124

5.4.2 直流发电机的基本方程 ·········· 125

5.5 直流电机的换向 ·········· 127

5.5.1 换向过程 ·········· 127

5.5.2 换向元件中的电动势 ·········· 128

5.5.3 改善换向的方法 ·········· 128

【本章小结】 ·········· 129

【思考题与习题】 ·········· 129

【自我评估】 ·········· 130

第6章 直流电动机的电力拖动 ·········· 132

【学习目标】 ·········· 132

6.1 电力拖动系统的运动方程及负载转矩特性 ·········· 132

6.1.1 电力拖动系统的运动方程式 ·········· 132

6.1.2 负载转矩特性 ·········· 134

6.2 他励直流电动机的机械特性 ·········· 135

6.2.1 他励直流电动机的固有机械特性 ·········· 135

6.2.2 他励直流电动机的人为机械特性 ·········· 136

6.2.3 他励直流电动机机械特性的求取 ·········· 137

6.3 他励直流电动机的启动 ·········· 139

6.3.1 启动概述 ·········· 139

6.3.2 降低电源电压启动 ·········· 139

6.3.3 电枢串电阻启动 ·········· 140

6.4 他励直流电动机调速 ·········· 141

6.4.1 调速的性能指标 ·········· 142

6.4.2 调速方法 ·········· 143

【知识扩展】 ·········· 145

6.4.3　容许输出和充分利用 ……………………………………………… 145

6.5　他励直流电动机的制动 …………………………………………… 147

　　6.5.1　能耗制动 ………………………………………………………… 147

　　6.5.2　反接制动 ………………………………………………………… 148

　　6.5.3　回馈制动 ………………………………………………………… 150

【本章小结】 …………………………………………………………… 151

【思考题与习题】 ……………………………………………………… 152

【自我评估】 …………………………………………………………… 153

第7章　控制电机 ………………………………………………………… 156

【学习目标】 …………………………………………………………… 156

7.1　伺服电动机 ………………………………………………………… 156

　　7.1.1　交流伺服电动机 ………………………………………………… 156

　　7.1.2　直流伺服电动机 ………………………………………………… 158

7.2　步进电动机 ………………………………………………………… 159

　　7.2.1　反应式步进电动机的工作原理 ………………………………… 159

　　7.2.2　步进电机的应用举例 …………………………………………… 161

7.3　测速发电机 ………………………………………………………… 161

　　7.3.1　交流测速发电机 ………………………………………………… 162

　　7.3.2　直流测速发电机 ………………………………………………… 163

　　7.3.3　测速发电机的应用举例 ………………………………………… 163

【本章小结】 …………………………………………………………… 164

【思考题与习题】 ……………………………………………………… 165

【自我评估】 …………………………………………………………… 165

第8章　电动机应用知识 ………………………………………………… 167

【学习目标】 …………………………………………………………… 167

8.1　电力拖动系统中电动机的选择 …………………………………… 167

　　8.1.1　电动机发热与冷却 ……………………………………………… 167

　　8.1.2　电动机的工作方式（工作制） ………………………………… 169

　　8.1.3　电动机种类、型式、额定电压与额定转速的选择 …………… 170

　　8.1.4　电动机额定功率的选择 ………………………………………… 171

8.2　直流电动机常见故障及处理 ……………………………………… 174

8.3　三相异步电动机常见故障及处理 ………………………………… 175

8.4　变压器运行常见故障及处理 ……………………………………… 176

【本章小结】 …………………………………………………………… 177

【思考题与习题】 ……………………………………………………… 177

【自我评估】 …………………………………………………………… 178

第9章　电机与拖动基础实验 …………………………………………… 179

【学习目标】 …………………………………………………………… 179

9.1　单相变压器空载及短路试验 ……………………………………… 179

　　9.1.1　实验目的 ………………………………………………………… 179

9.1.2 实验设备与仪器 ……………………………………………………………… 179

9.1.3 实验方法 …………………………………………………………………… 179

9.1.4 注意事项 …………………………………………………………………… 180

9.1.5 实验报告 …………………………………………………………………… 180

9.1.6 思考题 ……………………………………………………………………… 181

9.2 三相变压器极性和连接组别测定 ………………………………………………… 181

9.2.1 实验目的 …………………………………………………………………… 181

9.2.2 实验设备与仪器 ……………………………………………………………… 181

9.2.3 实验方法 …………………………………………………………………… 181

9.2.4 注意事项 …………………………………………………………………… 183

9.2.5 实验报告 …………………………………………………………………… 183

9.2.6 思考题 ……………………………………………………………………… 183

9.3 直流电动机认识实验 ……………………………………………………………… 183

9.3.1 实验目的 …………………………………………………………………… 183

9.3.2 实验设备与仪器 ……………………………………………………………… 183

9.3.3 实验方法 …………………………………………………………………… 183

9.3.4 注意事项 …………………………………………………………………… 184

9.3.5 实验报告 …………………………………………………………………… 184

9.4 直流电动机的机械特性 …………………………………………………………… 184

9.4.1 实验目的 …………………………………………………………………… 184

9.4.2 实验设备与仪器 ……………………………………………………………… 184

9.4.3 实验方法 …………………………………………………………………… 184

9.4.4 注意事项 …………………………………………………………………… 186

9.4.5 实验报告 …………………………………………………………………… 186

9.4.6 思考题 ……………………………………………………………………… 186

9.5 直流电动机的调速 ………………………………………………………………… 186

9.5.1 实验目的 …………………………………………………………………… 186

9.5.2 实验设备与仪器 ……………………………………………………………… 186

9.5.3 实验方法 …………………………………………………………………… 186

9.5.4 注意事项 …………………………………………………………………… 187

9.5.5 实验报告 …………………………………………………………………… 187

9.6 三相绕线型异步电动机的启动与调速 …………………………………………… 187

9.6.1 实验目的 …………………………………………………………………… 187

9.6.2 实验设备与仪器 ……………………………………………………………… 187

9.6.3 实验方法 …………………………………………………………………… 187

9.6.4 实验报告 …………………………………………………………………… 188

9.7 三相笼型异步电动机的启动 ……………………………………………………… 188

9.7.1 实验目的 …………………………………………………………………… 188

9.7.2 实验设备与仪器 ……………………………………………………………… 188

9.7.3 实验方法 …………………………………………………………………… 188

9.7.4 注意事项 ……………………………………………………………… 189

9.7.5 实验报告 ……………………………………………………………… 189

9.8 三相异步电动机的参数测定 ……………………………………………… 189

9.8.1 实验目的 ……………………………………………………………… 189

9.8.2 实验设备与仪器 ……………………………………………………… 189

9.8.3 实验方法 ……………………………………………………………… 189

9.8.4 注意事项 ……………………………………………………………… 191

9.8.5 实验报告 ……………………………………………………………… 191

9.8.6 思考题 ………………………………………………………………… 191

参考文献 ……………………………………………………………………… 192

绪　　论

1　电机与电力拖动

"电机与拖动基础"课程包括电机原理和电力拖动基础两部分内容。

现代社会，电能已成为工农业生产中最主要的能量形式。电能的生产、变换、传送、分配、使用和控制等各个环节都离不开电机。电机是以电磁感应为理论基础进行机电能量转换或信号转换的一种电磁机械装置。电机主要指发电机、电动机和变压器。发电机的作用是把机械能转换成电能。电动机的作用是把电能转换为机械能，作为拖动各种生产机械的动力，是国民经济各部门应用最多的动力机械，也是最主要的用电设备。据统计各种电动机所消耗的电能占全国总发电量的 $60\% \sim 70\%$。变压器的作用是升高电压或降低电压，升高电压是为了减小输电线路的电能损耗，实现大容量、远距离、经济地输电，降低电压是为了安全用电。

电力拖动就是用电动机拖动各种生产机械运转，以实现生产过程的机械化和自动化，提高产品质量、生产率和经济效益，改善工人的劳动条件。

电力拖动的根本任务在于通过电动机将电能转换成生产机械所需的机械能，以求满足工业企业完成加工工艺和生产过程的要求，这主要是由于电能的生产、变换、传输、分配、使用和控制都比较方便经济。

电力拖动已成为现代工业企业中广泛采用的拖动方式，它具有许多其他拖动方式无法比拟的优点。

① 电力拖动比其他形式的拖动（蒸汽、水力等）效率高，而且电动机与被拖动的生产机械连接简便，由电动机拖动的生产机械可以采用集中传动、单独传动、多电动机传动等方式；

② 异步电动机结构简单、规格齐全、价格低、效率高、便于维护；

③ 电动机的种类和型号多，不同类型的电动机具有不同的运行特性，可以满足不同类型生产机械的要求；

④ 电力拖动具有良好的调速性能，其启动、制动、调速及反转等控制简便，快速性好，易于实现完善的保护；

⑤ 电力拖动装置参数的检测、信号的变换与传送都比较方便，易于组成完善的反馈控制系统，易于实现最优控制；

⑥ 可以实行远距离测量和控制，便于集中管理，便于实现局部生产自动化乃至整个生产过程自动化。

随着自动控制理论的不断进步，电力电子技术、数控技术和计算机技术的发展，电力拖动装置的运行性能大大提高，能更好地满足生产工艺过程的要求。采用电力拖动对提高劳动生产率和产品质量，提高生产机械运行的准确性、可靠性和快速性，改善工人的劳动条件，节省人力，都具有十分重大的意义。

电力拖动系统由电动机、传动机构、生产机械、控制设备和电源五部分组成，它们之间的关系如图 0-1 所示。

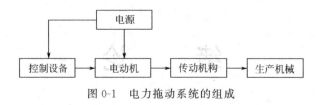

图 0-1　电力拖动系统的组成

电力拖动系统主要有直流和交流拖动系统两大类。直流电动机具有良好的启动、制动及调速性能，适合于在宽广范围内平滑调速。在可逆、可调速与高精度的拖动技术领域中广泛应用，但直流电动机由于具有电刷和换向器，使得它的故障率较高，电动机的使用环境也受到限制，其电压等级、额定转速、单机容量的发展也受到限制；而交流电动机结构简单，制造、使用和维护方便，运行可靠，成本低廉，近年来随着电力电子技术、大规模集成电路和计算机控制技术的发展，交流电力拖动系统发展很快，技术日趋成熟，处于扩大应用、系列化的新阶段，在各工业部门中有取代直流拖动的趋势。

电机的分类方法很多，可归纳如下几种。

常规电机的主要任务是完成能量的转换和传递，例如产生电能的发电机，对电能进行变换、传输与分配的变压器，以及拖动各种生产机械运行的电动机。

控制电机的主要任务是完成控制信号的转换和传递，通常用于控制系统中，作为检测、校正及执行元件使用，主要包括伺服电动机、测速发电机、步进电动机、自整角机和旋转变压器等。

2　磁路的基本物理量

（1）磁感应强度 B　磁感应强度 B 是表示磁场内某点的磁场强弱和方向的物理量。B 的单位为特斯拉（T）。磁力线能够形象地表示磁场的强弱、方向和分布情况，是无头无尾的闭合曲线。磁力线越密，磁感应强度越大。磁力线的方向与电流的方向可用右手螺旋定则来确定。磁感应强度 B 的大小可用 $B = \dfrac{F}{li}$ 来衡量，式中，F 为导体在磁场中所受到的力，l 为导体的有效长度，i 为导体中的电流。

（2）磁通 Φ　磁感应强度 B（如果不是均匀磁场，则取 B 的平均值）与垂直于磁场方向的面积 S 的乘积称为通过该面积的磁通 Φ，即

$$\Phi = BS \text{ 或 } B = \frac{\Phi}{S} \tag{0-1}$$

所以，磁感应强度又称磁通密度，简称为磁密。磁通 Φ 的单位为韦伯（Wb），面积 S 的单位为平方米（m^2）。

（3）磁场强度 H 磁场强度 H 是计算磁场时所引用的一个物理量，通过它来确定磁场与电流之间的关系，$H=\dfrac{NI}{l}$，单位为安/米（A/m），其方向与磁感应强度 B 相同。

（4）磁导率 μ 衡量物质导磁能力的物理量，称为磁导率 μ。它与磁场强度的乘积就等于磁感应强度，即 $B=\mu H$，单位为亨利/米（H/m）。根据导磁能力来分，可把材料分为非铁磁材料和铁磁材料。对于非铁磁材料，如真空，磁导率 $\mu_0=4\pi\times10^{-7}$ H/m，为一常数。把这个磁导率作为基准，其余材料的磁导率与之相比，得到相对的磁导率 $\mu_r=\dfrac{\mu}{\mu_0}$。一般说来，铁磁材料的相对磁导率很人，例如电机定、转子铁芯的相对磁导率在 $6000\sim7000$ 左右。

3 铁磁材料及其特性

各种电机在通过电磁感应作用而实现能量转换时，磁场是它的媒介，因此，电机中必须具有引导磁通的磁路。为了在一定的励磁电流下产生较强的磁场，电机和变压器的磁路都采用导磁性能良好的铁磁材料制成。铁磁材料具有以下特性。

（1）磁化特性 铁磁材料包括铁、镍、钴等以及它们的合金。将这些材料作为磁路的介质，磁场会显著增强。铁磁材料在外磁场中呈现很强的磁性，这种现象称为铁磁物质的磁化。

磁性材料的磁导率很高，$\mu_r\gg1$，可达数百、数千乃至数万之值，这就使它们具有被强烈磁化（呈现磁性）的特性。

磁性物质能被磁化，是因为在磁性物质内部存在着许多很小的天然磁化区，这些小区称为磁畴。在图 0-2 中磁畴用一些小磁铁示意。在没有外磁场作用时，各个磁畴杂乱无章地排列着，磁场互相抵消，对外不显示磁性，如图 0-2(a) 所示。在外磁场作用下（例如在铁芯线圈中通入励磁电流产生的磁场作用下），小磁畴就顺外磁场方向转向，对外显示出磁性。随着外磁场的增强（或励磁电流的增大），磁畴就逐渐转到与外磁场相同的方向上，如图 0-2(b) 所示，这样就产生一个很强的与外磁场同方向的磁化磁场，而使磁性物质内的磁感应强度大大增加，这就说明磁性物质被强烈磁化了。

当磁畴全部沿外磁场方向排列后，即使外磁场再增加，铁磁材料内磁场几乎不再增加，即进入磁饱和状态。

（2）磁化曲线和磁滞回线 图 0-3 所示即为铁磁物质的磁化曲线。将一块尚未磁化的铁磁材料进行磁化，磁场强度 H 由零逐渐增大时，磁通密度 B 将随之增大。在 Oab 段，B 随着 H 的增大而增加，b 点称为膝点。在 bc 段，B 随着 H 的增加速率变慢，这种现象称为磁路饱和。c 点以后，B 几乎不随着 H 增大而增大了。设计电机时，为使主磁路的磁通密度较大而又不过分增大励磁磁动势，通常把铁芯内的工作磁通密度选择在膝点附近。

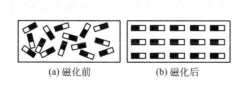

（a）磁化前　　　　（b）磁化后

图 0-2 磁畴

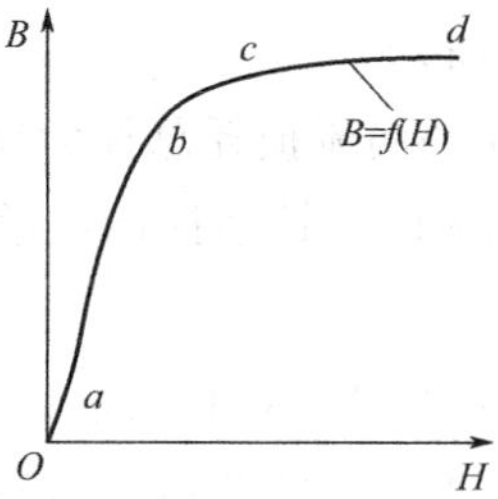

图 0-3 铁磁材料磁化曲线

当铁芯线圈中通有交变电流（大小和方向都变化）时，铁芯就受到交变磁化。在电流变化一次时，磁感应强度 B 随磁场强度 H 而变化的关系如图 0-4 所示。由图 0-4 可知，当 H 已减到零值时，B 并未回到零值。这种磁感应强度 B 滞后于磁场强度 H 变化的性质，称为磁性物质的磁滞性。呈现磁滞现象的 B-H 闭合回线，称为磁滞回线，如图 0-4 中 $abcdefa$ 所示。磁滞现象是铁磁材料的另一个特性。同一铁磁材料在不同的磁场强度 H_m 值下有不同的磁滞回线，如图 0-5 所示。将各磁滞回线的顶点连接起来，所得的 B-H 曲线称为基本磁化曲线。

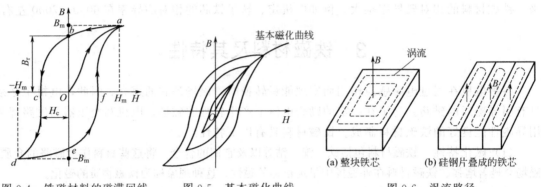

图 0-4　铁磁材料的磁滞回线　　图 0-5　基本磁化曲线　　图 0-6　涡流路径

当线圈中的电流减小到零值（即 $H=0$）时，铁芯在磁化时所获得的磁性还未完全消失。这时铁芯中所保留的磁感应强度称为剩磁感应强度 B_r（剩磁），如图 0-4 所示。

要使 B 值从 B_r 减小到零，必须加上反向外磁场，此反向磁场强度称为矫顽力，用 H_c 表示。磁滞回线窄、剩磁 B_r 和矫顽力 H_c 都小的材料，称为软磁材料，如铸钢、硅钢、铸铁等，它们容易被磁化，常用来制造电机的铁芯。磁滞回线宽、剩磁 B_r 和矫顽力 H_c 都大的材料，称为硬磁材料，如铝镍钴合金等，常用来制造永久磁铁。

（3）磁滞损耗和涡流损耗　在交流磁路中，磁场强度的大小和方向不断变化，铁磁材料磁化方向反复变化，使磁畴方向也不断来回排列。磁畴彼此之间摩擦引起的损耗，称为磁滞损耗。

电机中的铁芯之所以采用软磁材料——硅钢片，是由于硅钢片的磁滞回线的面积小，能够降低磁滞损耗。

因为铁芯是导电的，所以交变的磁通也能在铁芯中感应电动势，并引起环流。这些环流在铁芯内部围绕磁通做涡流状流动，称为涡流，如图 0-6(a) 所示。涡流在铁芯中引起的损耗，称为涡流损耗。

为了减小涡流，电机的铁芯均采用 0.23～0.5mm 厚、两面涂有绝缘漆的硅钢片叠成，如图 0-6(b) 所示。

磁滞损耗和涡流损耗总称为铁芯损耗。对于一般的电工钢片，在正常的工作磁通范围内（$1T < B_m < 1.8T$），铁芯损耗可近似为

$$p_{Fe} \approx C_{Fe} B_m^2 f^{1.3} G \qquad (0\text{-}2)$$

式中，C_{Fe} 为铁芯损耗系数；G 为铁芯重量。

式(0-2) 表明，铁芯损耗与磁通密度 B_m 的平方、交变频率 f 的 1.3 次方及铁芯重量成正比。

4 基本电磁定律

（1）安培环路定律　在磁场中，沿任意一个闭合磁回路的磁场强度 H 线积分等于该回路所包含的所有电流的代数和，即

$$\oint_l H\,dl = \sum I \tag{0-3}$$

式中，$\sum I$ 就是该磁路所包围的全电流，因此这个定律也叫做全电流定律。当导体电流与积分路径符合右手螺旋关系时取正，否则取负。如图 0-7 所示回路，i_1、i_2 为正，i_3 为负，应用全电流定律可写成

$$\oint_l H\,dl = i_1 + i_2 - i_3$$

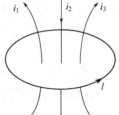

在工程应用中，磁路的几何形状是比较复杂的，直接利用安培环路定律的积分形式进行计算有一定的困难。

通常把磁路分成若干段，每段的几何形状比较规则，并找出每段的平均磁场强度，再找出每段磁路的平均长度，求出相应的磁压降，最后把若干段磁路的磁压降相加得出总磁通势，即

图 0-7　全电流
定律的应用

$$\sum_{k=1}^{n} H_k l_k = \sum I = NI \tag{0-4}$$

式中，H_k 为磁路中第 k 段磁路的磁场强度，A/m；l_k 为第 k 段磁路的平均长度，m；NI 为作用在整个磁路上的磁通势，即全电流数，安匝；N 为励磁线圈的匝数。

（2）磁路欧姆定律　若 Φ 为磁路中的磁通，R_m 为磁路的磁阻，l 为磁路的平均长度，μ 为磁路材料的磁导率，S 为磁路的截面积，$F=iN$ 为作用在磁路上的磁动势，则磁路的欧姆定律为

$$\Phi = \frac{F}{R_m} = \frac{iN}{R_m} \tag{0-5}$$

$$R_m = \frac{l}{\mu S} \tag{0-6}$$

（3）电磁感应定律　变化的磁场能在导体回路中产生电流，这种现象称为电磁感应，所产生的电流叫做感应电流。有电流说明回路中有电动势存在，这种电动势叫做感应电动势。电磁感应现象分为以下两种情况。

① 直导体中的感应电动势　闭合电路的一部分导体切割磁力线时，导体中就会产生感应电动势及感应电流。设导体有效长度为 l，切割磁力线的运动速度为 v，且磁力线、导体的运动方向及导体本身三者相互垂直时，感应电动势的大小为

$$e = Blv \tag{0-7}$$

感应电动势及感应电流的方向由右手定则来确定，如图 0-8 所示。

② 线圈中的感应电动势　一个线圈位于磁场中，当线圈所交链的磁通发生变化时，线圈中将感应电动势。若线圈匝数为 N，则感应电动势为

$$e = -N\frac{d\Phi}{dt} \tag{0-8}$$

感应电动势的方向符合楞次定律，即感应电动势的方向始终与磁通变化的方向相反，如式（0-8）负号所示。

5

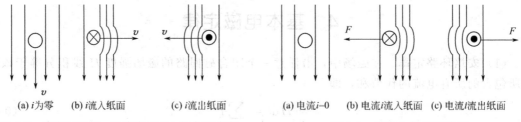

| (a) i 为零 | (b) i 流入纸面 | (c) i 流出纸面 | (a) 电流 i-0 | (b) 电流 i 流入纸面 | (c) 电流 i 流出纸面 |

图 0-8　感应电动势 e 及感应电流 i 的方向确定　　　　图 0-9　电磁力的方向确定

（4）电磁力定律　电磁力定律的内容是载流导体在磁场中将受到力的作用。由于这种力是磁场和电流相互作用而产生的，故称为电磁力 F，单位为牛顿（N）。若磁场与导体相互垂直，则作用在导体上的电磁力为

$$F = Bli \tag{0-9}$$

式中，B 为导体所在处的磁通密度；i 为导体中的电流；l 为导体的有效长度。

电磁力的方向符合左手定则，如图 0-9 所示。

5　本课程的性质与任务

　　本课程是工业电气自动化、机电一体化、供用电技术、自动控制等专业的专业基础课，它的任务是使学生掌握变压器和各种电机的基本结构、工作原理及主要特性，并掌握电力拖动的基础知识，包括各种电动机启动、调速、制动和反转的各种方法、原理、优缺点和适用场合；培养学生在电机与电力拖动方面分析问题、解决问题的能力，包括必要的计算能力；通过基础实验技能的训练，使学生掌握测试电机、变压器的性能和参数的基本方法，为学习后续课程和今后的工作准备必要的基础知识。

　　本课程的内容包括变压器、三相异步电动机、三相异步电动机的电力拖动、其他交流电动机及控制电机、直流电机、直流电动机的电力拖动、电力拖动系统电动机的选择及相关实验等。

　　在学习本课程的过程中，要了解本课程的分析方法，注意分析问题时的前提条件和被研究问题的主要矛盾及所得结论的局限性；必须掌握电和磁的基本概念，分析电机和电力拖动的工作原理要用电学、磁学和动力学的基础理论，理论性较强；而用理论分析电机和电力拖动的实际问题时，要结合电机的具体结构，采用工程观点和工程分析方法，实践性较强。所以，学习本课程必须抓住主要矛盾，抓住重点，注意理论联系实际。

第1章 变 压 器

掌握：①变压器的基本结构；②变压器的基本工作原理；③变压器的运行特性及主要性能指标；④三相变压器绕组的连接组别；⑤三相变压器并联运行的条件。

了解：①变压器参数的测定方法；②其他常用变压器的特点、原理及用途。

变压器是一种静止电器。它利用电磁感应原理，将一种电压等级的交流电能变换成同频率的另一种电压等级的交流电能。

变压器是电力系统中一种重要的电气设备，对电能的经济传输、灵活分配和安全使用具有重要的意义。此外各种用途的控制变压器、仪用互感器等也应用得十分广泛。

本章以普通双绕组电力变压器为主要研究对象，说明变压器的工作原理、分类及其基本结构，然后着重阐述变压器的运行原理和运行特性。最后，对特殊用途的变压器予以概述。

1.1 变压器的基本工作原理、用途及结构

1.1.1 变压器的基本工作原理

由于变压器是利用电磁感应原理工作的，因此它主要由铁芯和套在铁芯上的两个互相绝缘的绕组组成，如图 1-1 所示。

通常接交流电源的绕组，称为一次绕组，也可称原绕组或初级绕组；接负载的绕组，称为二次绕组，也可称副绕组或次级绕组。当在一次绕组两端加上合适的交流电压时，在电源电压 u_1 的作用下，一次绕组中就有交流电流流过，此电流在变压器铁芯中将建立起交变磁通 Φ，它将同时与一、二次绕组相交链，于是在一、二次绕组中产生感应电动势。它们的大小为

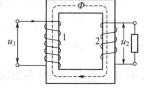

图 1-1 变压器原理图

$$e_1 = -N_1 \frac{\mathrm{d}\Phi}{\mathrm{d}t} \tag{1-1}$$

$$e_2 = -N_2 \frac{\mathrm{d}\Phi}{\mathrm{d}t} \tag{1-2}$$

式中，N_1、N_2 分别为变压器一、二次绕组的匝数。

忽略变压器绕组内部压降，$u_1 \approx e_1$，$u_2 \approx e_2$，则一、二次侧电压之比为

$$\frac{u_1}{u_2} \approx \frac{e_1}{e_2} = \frac{N_1}{N_2} \tag{1-3}$$

式(1-3)表明，变压器一、二次绕组的电压比等于一、二次绕组的匝数比。只要改变一次或二次绕组的匝数，即可改变输出电压的大小，这就是变压器的基本工作原理。

1.1.2 变压器的用途

用于电力系统升、降电压的变压器叫做电力变压器。在电力系统中，要将大功率电能从

发电站输送到远距离的用电区，通常采用高压输电。因为输送一定的电功率，电压越高，线路中的电流越小，线路中有色金属的用量越少，线路的电压降和功率损耗也就越小，从而降低线路的投资费用。一般来说，输电距离越远，输送功率越大，要求输电电压越高。一般高压输电线路的电压为110kV、220kV、330kV或500kV等。由于发电机发出的电压受到绝缘条件的限制不能太高，通常为6.3～27kV左右，因此需用升压变压器将电压升高到输电电压，再把电能输送出去。当电能输送到用电区后，由于受用电设备绝缘及用电安全的限制，需把高压输电电压通过降压变压器和配电变压器降低到用户所需要的电压等级。通常大型动力设备采用10kV或6kV；小型动力设备和照明则采用380V/220V。从发电、输电到配电的整个过程中，通常需要经过多次变压，因此变压器在电力系统中对电能的生产、输送、分配和使用起着十分重要的作用。

在电力拖动系统或自动控制系统中，变压器作为能量传递或信号传递的元件，也被广泛应用。在其他部门，同样也广泛使用各种类型的变压器，以提供特种电源或满足特殊的需要。

1.1.3 变压器的分类

变压器的种类繁多，按其用途可分为以下几种。

（1）电力变压器　主要应用于电力系统中升降电压。

（2）特殊电源用变压器　如电炉、电焊、整流变压器等。

（3）仪用变压器　供测量和继电保护用的变压器，如电压互感器、电流互感器等。

（4）实验变压器　专供电气设备作耐压用的高压变压器。

（5）调压器　能均匀调节输出电压的变压器，如自耦变压器、感应调压器等。

（6）控制用变压器　用在控制系统中的小功率变压器、脉冲变压器、变频变压器以及在电子设备中作为电源、隔离、阻抗匹配等小容量的变压器。

其中，电力变压器又可分为升压变压器、降压变压器、配电变压器、联络变压器和厂用变压器等几种。此外，变压器还可按相数、耦合方式、绕组数目、铁芯结构、冷却方式以及调压方式等分类。

1.1.4 变压器的基本结构

一般电力变压器主要组成部分包括铁芯、绕组（合称为器身）、油箱（油浸式）及其附件，图1-2所示为油浸式电力变压器结构图。下面对各组成部分分别予以介绍。

（1）铁芯　铁芯是变压器的磁路部分，又作为绕组的支撑骨架。铁芯由铁芯柱（外面套绕组的部分）和铁轭（连接两个铁芯柱的部分）组成。为了提高铁芯的导磁性能，减小磁滞损耗和涡流损耗，铁芯多采用厚度为0.35mm，表面涂有绝缘漆的热轧或冷轧硅钢片叠装而成。冷轧硅钢片又分为有取向和无取向两类，通常变压器铁芯采用有取向冷轧硅钢片，这种硅钢片沿碾压方向有较高的导磁性能和较小的损耗。铁芯的基本结构形式有心式和壳式两种，如图1-3所示。芯式结构的特点是绕组包围着铁芯，如图1-3(a)所示。这种结构比较简单，绕组的装配及绝缘也比较容易，适用于容量大而电压高的变压器。国产电力变压器主要采用芯式结构。此外还有一种壳式铁芯结构的变压器，它的特点是铁芯包围着绕组，如图1-3(b)所示。壳式变压器的机械强度好，但外层绕组的铜线用量较多，制造工艺复杂，只在一些特殊变压器（如电炉变压器）中采用。

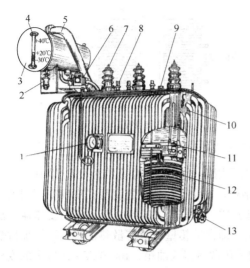

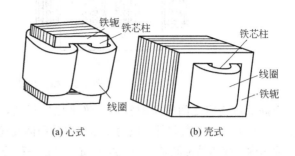

图 1-2　油浸式电力变压器　　　　　　　图 1-3　单相变压器铁芯的基本形式

1—信号温度计；2—吸湿器；3—储油柜；4—油表；

5—安全气道；6—气体继电器；7—高压套管；

8—低压套管；9—分接开关；10—油箱；

11—铁芯；12—线圈；13—放油阀门

叠片式铁芯的装配方法，一般是先将硅钢片裁成条形，然后进行叠装。为了减小接缝间隙以减小磁阻和励磁电流，铁芯硅钢片一般均采用交叠式叠装，使上、下层的接缝错开，图1-4是相邻两层硅钢片的排法。叠装好的铁芯其铁轭用槽钢（或焊接夹件）固定。铁芯柱则用环氧无纬玻璃丝带绑扎。

小容量变压器的铁芯柱截面一般采用方形或长方形。在容量较大的变压器中，为了允分利用绕组内圆的空间，常采用阶梯形截面，容量越大，则阶梯越多，如图1-5所示。当铁芯柱直径超过380mm时，还设有冷却油道。

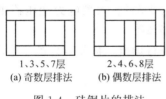

1、3、5、7层　　2、4、6、8层

(a) 奇数层排法　(b) 偶数层排法

图 1-4　硅钢片的排法

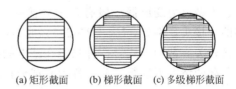

(a) 矩形截面　(b) 梯形截面　(c) 多级梯形截面

图 1-5　铁芯柱的截面

（2）绕组　绕组是变压器的电路部分，常用绝缘铜线或铝线绕制而成。

实际变压器的高低压绕组是套装在同一铁芯柱上，并且紧靠在一起，这是为了尽量减小漏磁通。高低压绕组在铁芯柱上的排列方式有同心式和交叠式两种。

① 同心式绕组　同心式绕组是将高、低压绕组绕在同一铁芯柱上。为了便于绕组与铁芯之间的绝缘，通常低压绕组在内，高压绕组在外，如图1-6（a）所示。在高、低绕组之间及绕组与铁芯之间都加有绝缘。同心式绕组具有结构简单、制造方便的特点，国产电力变压器多采用这种绕组。

② 交叠式绕组　交叠式绕组又称为饼式绕组，它是将高、低压绕组分成若干个线饼，沿着铁芯柱的高度方向交替排列。为了便于绝缘，一般靠近铁轭的最上层和最下层放置低压绕组，如图1-6（b）所示。交叠式绕组的主要优点是漏阻抗小、机械强度好、引线方便，但由

9

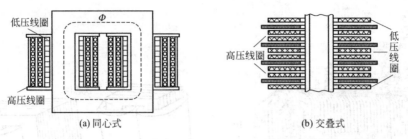

图 1-6　高低压绕组在铁芯上的布置

于高低压绕组之间的间隙较多，绝缘比较复杂，主要用在电炉和电焊等特种变压器中。

（3）油箱及其附件　电力变压器多采用油浸式结构，油浸变压器的器身浸在充满变压器油的油箱内。变压器油既是一种绝缘介质，又是一种冷却介质。小容量（20kV·A 以下）变压器一般采用平壁式油箱，容量稍大的变压器则采用管式油箱，即在油箱壁上焊有散热油管，以增加散热面积。对于容量在 3000～10000kV·A 的变压器，则采用散热器式油箱。10000kV·A 以上的变压器，一般采用带有风扇冷却的散热器油箱，叫做油浸风冷式油箱。对于 50000kV·A 以上的大容量变压器，采用强迫油循环冷却油箱。此外，在变压器油箱上面一般装有圆筒形储油柜，储油柜通过连通管与油箱相通，保证变压器器身始终浸在变压器油中，柜内油面高度随着变压器油的热胀冷缩而变动，储油柜使油与空气接触面积减小，从而减少油的氧化和水分的浸入。另外，气体继电器和安全气道是在故障时保护变压器安全的辅助装置。

变压器绕组的引出线从油箱内引到油箱外时，必须穿过瓷质的绝缘套管，以保证带电的引线与接地的油箱绝缘。

油箱盖上面还装有分接开关，可调节一次绕组的匝数，当电网电压波动时，变压器本身能做小范围的电压调节，以保持负载端电压的稳定。通常在变压器高压侧设置抽头，并装设分接开关，用以调节高压绕组的工作匝数，来调节二次端电压。分接头之所以常设置在高压侧，是因为高压绕组套在最外面，便于引出分接头，再有高压侧电流相对也较小，分接头的引线及分接开关载流部分的导体截面也小，开关触点也易制造。

中、小型电力变压器一般有三个分接头，记作 $U_N\pm5\%$。大型电力变压器则采用五个或更多的分接头，例如，$U_N\pm2\times2.5\%$ 或 $U_N\pm8\times1.5\%$ 等。

分接开关有两种形式：一种只能在断电的情况下进行调节，称无载分接开关；另一种可以在带负载的情况下进行调节，称为有载分接开关。

1.1.5　变压器的铭牌及额定值

为了使变压器安全、经济、合理地运行，同时使用户对变压器的性能有所了解，变压器出厂时都安装了一块铭牌，上面标明了变压器工作时使用的条件，主要有型号、额定值、器身重量、制造编号和制造厂家等有关技术数据。下面着重介绍变压器的型号和额定值。

变压器的型号表明了变压器的结构、额定容量、高压电压等级、冷却方式等。按照中国颁布的电力变压器国家标准，电力变压器产品的分类和型号如表 1-1 所示。

标准系列油浸电力变压器型号按表 1-1 所列代号的顺序书写，组成它的基本型号，其后用短横线隔开，加注额定容量（kV·A）/高压线电压等级（kV）。例如：三相油浸自冷双绕组铝线额定容量 500kV·A、高压绕组额定电压 10kV 电力变压器，表示为 SL-500/10。又如三相强迫油循环风冷式双绕组铝线、额定容量 63000kV·A、高压绕组额定电压 110kV电力变压器，表示为 SFPL-63000/110。

表 1-1　电力变压器产品的分类和型号

型号中代表符号排列顺序	分　类	类　别	代表符号
1	绕组耦合方式	自耦	O
2	相数	单相	D
		三相	S
3	冷却方式	油浸自冷	—
		干式空气自冷	G
		干式浇注绝缘	C
		油浸风冷	F
		油浸水冷	S
		强迫油循环风冷	FP
		强迫油循环水冷	SP
4	绕组数	双绕组	—
		三绕组	S
5	绕组导线材质	铜	—
		铝	L
6	调压方式	无励磁调压	—
		有载调压	Z

变压器的额定值是制造厂根据设计或实验数据，对变压器正常运行状态所作的规定值，它们都标注在铭牌上。

（1）额定容量 S_N（V·A 或 kV·A）　S_N 是指额定工作状态下变压器所输出的视在功率。对三相变压器而言，额定容量指三相容量之和。由于变压器效率很高，双绕组变压器原、副边的额定容量按相等设计。

（2）额定电压 U_{1N}、U_{2N}（V 或 kV）　额定电压是指变压器长时间运行时所能承受的工作电压。U_{1N} 是指规定加到变压器一次侧的电源电压值。U_{2N} 是指当一次侧加额定电压、二次侧空载时的端电压值。对三相变压器，额定电压指的是线电压。

（3）额定电流 I_{1N}、I_{2N}　额定电流 I_{1N}、I_{2N} 是指变压器在额定容量下允许长期通过的电流。对三相变压器，额定电流指的是线电流。

对单相变压器有

$$I_{1N}=\frac{S_N}{U_{1N}}, \quad I_{2N}=\frac{S_N}{U_{2N}} \tag{1-4}$$

对三相变压器

$$I_{1N}=\frac{S_N}{\sqrt{3}U_{1N}}, \quad I_{2N}=\frac{S_N}{\sqrt{3}U_{2N}} \tag{1-5}$$

（4）额定频率 f_N（Hz）　额定频率是指变压器电源的频率。中国规定标准工频为 50Hz。

（5）短路电压　短路电压表示二次绕组在额定运行情况下的电压降落，用 u_k 表示。

此外，额定运行时变压器的效率、温升等数据均属于额定值。除额定值外，铭牌上还标有变压器的相数、连接组标号和接线图、变压器的运行方式及冷却方式等。为考虑运输，有时铭牌上还标有变压器的总重、器身重量和外形尺寸等附属数据。

【例 1-1】　有一台 S-16000/110 型三相变压器，低压侧为 11kV，Y，d 接线，求高、低压侧额定相电流。

解：

$$I_{1N}=\frac{S_N}{\sqrt{3}U_{1N}}=\frac{16000\times10^3}{\sqrt{3}\times110\times10^3}=84(A)$$

高压侧是星形连接，所以

$$I_{1N相} = I_{1N} = 84(A)$$

$$I_{2N} = \frac{S_N}{\sqrt{3}U_{2N}} = \frac{16000 \times 10^3}{\sqrt{3} \times 11 \times 10^3} = 840(A)$$

低压侧是角形连接，所以

$$I_{2N相} = \frac{1}{\sqrt{3}}I_{2N} = 485(A)$$

1.2 单相变压器的空载运行

变压器的一次绕组接在额定频率、额定电压的交流电源上，而二次绕组开路，这种运行方式称为变压器的空载运行。图 1-7 所示为单相变压器空载运行示意图。

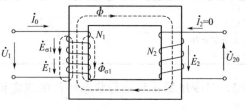

图 1-7 单相变压器空载运行

1.2.1 空载运行时的电磁关系

（1）变压器中各物理量正方向的规定 由于变压器的电压、电流、磁通及电动势的大小和方向都随时间做周期性变化，为了能正确表明各量之间的关系，必须规定它们的正方向。一般采用电工惯例来规定其正方向。

① 在一次侧采用电动机惯例，即电流的正方向与电压的正方向一致；在二次侧，采用发电机惯例，即电流的正方向与电动势的正方向一致。

② 电流的正方向与它产生的磁通的正方向符合右手螺旋定则。

③ 磁通的正方向与它感应的电动势的正方向符合右手螺旋定则。

根据这些规定，变压器各物理量的正方向如图 1-7 所示。

（2）空载运行时的电磁关系 当变压器一次绕组加上交流电源电压 $\dot{U}_1$ 时，一次绕组中就有电流产生，由于变压器为空载运行，此时称一次绕组中的电流为空载电流 $\dot{I}_0$。由 $\dot{I}_0$ 产生空载磁动势 $\dot{F}_0 = \dot{I}_0 N_1$，并建立空载时的磁场。由于铁芯的磁导率比空气（或油）的磁导率大得多，所以绝大部分磁通通过铁芯闭合，同时与一、二次绕组交链，并产生感应电动势 $\dot{E}_1$ 和 $\dot{E}_2$。如果二次绕组与负载接通，则在感应电动势的作用下向负载输出电功率，所以这部分磁通起着传递能量的媒介作用，因此称之为主磁通 Φ；另有一小部分磁通（约为主磁通的 0.25% 左右），主要经非磁性材料（空气或变压器油等）形成闭路，只与一次绕组交链，不参与能量传递，称之为一次绕组的漏磁通 $\Phi_{\sigma 1}$，它在一次绕组中产生漏磁电动势 $\dot{E}_{\sigma 1}$。另外，$\dot{I}_0$ 将在一次绕组中产生绕组压降 $\dot{I}_0 r_1$。

虽然主磁通 Φ 和漏磁通 $\Phi_{\sigma 1}$ 都是由空载电流 $\dot{I}_0$ 产生的，但两者性质却不同。由于铁磁材料存在饱和现象，主磁通 Φ 与建立它的电流 $\dot{I}_0$ 之间的关系是非线性的；而漏磁通沿非铁磁材料构成的路径而闭合，它与电流 $\dot{I}_0$ 呈线性关系。主磁通在一、二绕组内感应电动势，如果二次绕组接上负载，就有电功率输出。所以主磁通起着传递能量的媒介作用，而漏磁通仅在一次绕组中感应漏磁电动势，仅起漏阻抗压降的作用，不能传递能量。

（3）感应电动势与主磁通的关系　在变压器的一次绕组上加正弦交流电压 u_1 时，则 e_1 和 Φ 也按正弦规律变化。假设主磁通 Φ 为

$$\Phi = \Phi_m \sin\omega t \tag{1-6}$$

式中，Φ_m 为主磁通的最大值；$\omega = 2\pi f$ 为磁通变化的角频率。

根据电磁感应定律，则一次绕组的感应电动势

$$e_1 = -N_1 \frac{\mathrm{d}\Phi}{\mathrm{d}t} = -\omega N_1 \Phi_m \cos\omega t = \sqrt{2} E_1 \sin(\omega t - 90°) \tag{1-7}$$

由式（1-7）可知，当主磁通 Φ 按正弦规律变化时，由它产生的感应电动势也按正弦规律变化，但在相位上滞后于主磁通 $90°$。

一次绕组感应电动势的有效值为

$$E_1 = 4.44 f N_1 \Phi_m \tag{1-8}$$

同理，二次绕组感应电动势的有效值为

$$E_2 = 4.44 f N_2 \Phi_m \tag{1-9}$$

E_1 和 E_2 用相量表示时为

$$\dot{E}_1 = -\mathrm{j}4.44 f N_1 \Phi_m$$

$$\dot{E}_2 = -\mathrm{j}4.44 f N_2 \Phi_m \tag{1-10}$$

式（1-10）表明，变压器一、二次绕组感应电动势的大小与电源频率 f、绕组匝数 N 及铁芯中主磁通的最大值 Φ_m 成正比，在相位上均滞后主磁通 $90°$。

（4）变压器的变比　在变压器中，一次绕组的电动势 E_1 与二次绕组的电动势 E_2 之比称为变比，用 k 表示，即

$$k = \frac{E_1}{E_2} = \frac{N_1}{N_2} \tag{1-11}$$

当变压器空载运行时，由于电压 $U_1 \approx E_1$，二次侧空载电压 $U_{20} = E_2$，故有

$$k = \frac{E_1}{E_2} \approx \frac{U_1}{U_{20}} = \frac{U_{1N}}{U_{2N}} \tag{1-12}$$

对于三相变压器，变比指一、二次侧相电动势之比，也就是额定相电压之比。

1.2.2　空载电流与漏磁电动势

（1）空载电流　变压器空载电流 $\dot{I}_0$ 包含两个分量，分别承担两项不同的任务。一个是励磁分量 $\dot{I}_{0Q}$，其任务是建立主磁通 Φ，其相位与主磁通 Φ 相同，为一无功电流。另一个是铁损耗分量 $\dot{I}_{0P}$，其任务是供给因主磁通在铁芯中交变时产生的铁损耗，即磁滞损耗和涡流损耗，它超前于主磁通 $\Phi 90°$，与 $-\dot{E}_1$ 同相位。此电流为一有功分量。因此空载电流 $\dot{I}_0$ 表示为

$$\dot{I}_0 = \dot{I}_{0P} + \dot{I}_{0Q} \tag{1-13}$$

由于采用导磁性能良好的硅钢片以减小铁芯损耗，因此 I_{0P} 不大，通常 $I_{0P} < 10\% I_0$，因此 $I_0 \approx I_{0Q}$，即电力变压器空载电流的无功分量总是远远大于有功分量。I_0 主要用以产生主磁通，所以空载电流也称为励磁电流。空载电流越小越好，其大小常用百分值 $I_0\%$ 表示，即

$$I_0\% = \frac{I_0}{I_N} \times 100\% \tag{1-14}$$

一般电力变压器空载电流 $I_0\% = (2\sim 10)\%$，容量越大，$I_0\%$ 相对越小。大型变压器 $I_0\%$ 在 1% 以下，如 SFP7-370000/220 型三相电力变压器的 $I_0\%$ 仅为 0.22%。

（2）漏磁电动势　变压器一次绕组的漏磁通 $\Phi_{\sigma 1}$ 也将在一次绕组中感应产生一个漏磁电动势 $\dot{E}_{\sigma 1}$。

根据前面的分析，同样可得出

$$\dot{E}_{\sigma 1} = -\mathrm{j}4.44 f N_1 \Phi_{\sigma 1\mathrm{m}} \tag{1-15}$$

为简化分析与计算，由电工基础知识，引入参数 L_1 或 x_1，L_1 和 x_1 分别为一次绕组的漏电感和漏电抗，从而把式(1-15)漏磁电动势的电磁表达式转换成习惯上的电路表达形式

$$\dot{E}_{\sigma 1} = -\mathrm{j}\dot{I}_0 \omega L_1 = -\mathrm{j}\dot{I}_0 x_1 \tag{1-16}$$

从物理意义上讲，漏电抗反映了漏磁通对电路的电磁效应。由于漏磁通的主要路径是非铁磁物质，磁路大部分是通过空气或油闭合，磁路不会饱和，是线性磁路。因此，对已制成的变压器，漏电感 L_1 为常数，当频率 f 一定时，漏电抗 x_1 也是常数。

1.2.3　空载变压器的电压平衡方程和等效电路以及相量图

（1）电压平衡方程　按照图 1-7 中规定的正方向，列出一次侧用相量形式表示的电压平衡方程式如下

$$\dot{U}_1 = -\dot{E}_1 - \dot{E}_{\sigma 1} + \dot{I}_0 r_1 \tag{1-17}$$

将式(1-16)代入式(1-17)，则空载运行时，一次侧的电压平衡方程式为

$$\dot{U}_1 = -\dot{E}_1 + \mathrm{j}\dot{I}_0 x_1 + \dot{I}_0 r_1 = -\dot{E}_1 + \dot{I}_0 Z_1 \tag{1-18}$$

式中，r_1 为变压器一次绕组的电阻；Z_1 为变压器一次绕组的漏阻抗，$Z_1 = r_1 + \mathrm{j}x_1$。

式(1-18)表明，变压器空载运行时，电源电压 $\dot{U}_1$ 与一次绕组的感应电动势 $\dot{E}_1$ 和阻抗压降 $\dot{I}_0 Z_1$ 相平衡。空载运行时，阻抗压降 $\dot{I}_0 Z_1$ 很小（一般小于 $0.5\% U_{1\mathrm{N}}$），因此可近似认为

$$U_1 \approx E_1 = 4.44 f N_1 \Phi_\mathrm{m}$$

则

$$\Phi_\mathrm{m} = \frac{E_1}{4.44 f N_1} \approx \frac{U_1}{4.44 f N_1} \tag{1-19}$$

式(1-19)表明，影响变压器主磁通大小的因素有两种，一种是电源因素（电压 $\dot{U}_1$ 和频率 f），另一种是结构因素（一次侧绕组匝数 N_1），而与变压器铁芯的材质及几何尺寸无关。对于已制成的变压器，当 U_1、f 一定时，其主磁通幅值基本不变。

（2）空载时的等效电路　前已述及，对外加电源电压 $\dot{U}_1$ 而言，由漏磁通产生的漏磁电动势 $\dot{E}_{\sigma 1}$，其作用可看作是空载电流 $\dot{I}_0$ 流过漏电抗 x_1 时所产生的电压降。同样，当磁路未饱和时，由主磁通产生的感应电动势 $\dot{E}_1$，其作用也可类似地引入一个参数来处理。考虑到主磁通在铁芯中还要引起铁芯损耗，所以不能单纯地引入一个电抗，而应该引入一个阻抗 Z_m 把 $\dot{E}_1$ 和 $\dot{I}_2$ 联系起来，这时 $\dot{E}_1$ 的作用可看作是空载电流 $\dot{I}_0$ 流过 Z_m 时所产生的电压降，即

$$-\dot{E}_1 = \dot{I}_0 Z_\mathrm{m} = \dot{I}_0 (r_\mathrm{m} + \mathrm{j}x_\mathrm{m}) \tag{1-20}$$

Z_m 为变压器的励磁阻抗 $Z_\mathrm{m} = r_\mathrm{m} + \mathrm{j}x_\mathrm{m}$；$r_\mathrm{m}$ 称励磁电阻，是变压器铁芯损耗的等效电阻，

即为 $p_{Fe}=I_0^2 r_m$；x_m 为主磁通在铁芯中引起的等效电抗，称为励磁电抗。

将式(1-20)代入式(1-18)，得

$$\dot{U}_1=-\dot{E}_1+\dot{I}_0 Z_1=\dot{I}_0 Z_m+\dot{I}_0 Z_1=\dot{I}_0(Z_m+Z_1) \tag{1-21}$$

相应的等效电路如图1-8所示。

应当注意的是，当频率一定时，r_1、x_1 均为常数，但 r_m 和 x_m 都不是常数，它们随外加电压 U_1 的变化而变化。当 U_1 增加时，主磁通也增加，由于受铁芯磁路饱和度增大的影响，使磁导 Λ_m 下降，x_m 随之下降；同时 I_0 比 Φ 增长得快，而 Φ 与外施电压 U_1 成正比，故 I_0 比 U_1 增长得快，使 r_m 下降。但通常电源电压是一定的，因此在变压器正常工作范围内，主磁通可看作不变，这样铁芯的饱和程度也就不变，可以认为 x_m 和 r_m 基本不变。

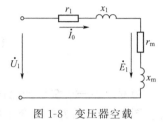

图 1-8 变压器空载时的等效电路

对于电力变压器，由于 $x_m \gg x_1$，$r_m \gg r_1$，故 $Z_m \gg Z_1$。有时可把一次漏阻抗 $Z_1=r_1+jx_1$ 忽略不计，则变压器等效电路就成为只有一个励磁阻抗 Z_m 元件的电路了。所以在外施电压一定时，变压器空载电流的大小主要取决于励磁阻抗的大小。从变压器运行的角度考虑，希望空载电流越小越好，因而变压器采用高磁导率的铁磁材料，以增大 Z_m，减小空载电流，提高功率因数和运行效率。

（3）空载运行时的相量图　为了直观地表示变压器中各物理量的大小和相位关系，在同一张图上将各物理量用相量的形式来表示，称之为变压器的相量图。

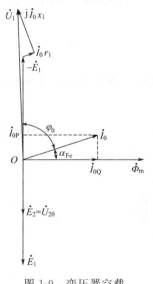

图 1-9 变压器空载运行时的相量图

相量图的作法如下：

① 取主磁通 $\dot{\Phi}_m$ 作参考相量，画在水平线上；

② 根据 $\dot{E}_1$ 和 $\dot{E}_2$ 滞后 $\dot{\Phi}_m$ 90°，可画出 $\dot{E}_1$ 和 $\dot{E}_2$；

③ 做 $\dot{I}_{0Q}$ 与 $\dot{\Phi}_m$ 同相，做 $\dot{I}_{0P}$ 相位超前 $\dot{\Phi}_m$ 90°，$\dot{I}_{0Q}$ 和 $\dot{I}_{0P}$ 的合成相量即是空载电流 $\dot{I}_0$，$\dot{I}_0$ 超前 $\dot{\Phi}_m$ 一个不大的铁耗角 α_{Fe}；

④ 在 $-\dot{E}_1$ 的末端作 $\dot{I}_0 r_1$ 平行于 $\dot{I}_0$，在 $\dot{I}_0 r_1$ 的末端作 $j\dot{I}_0 x_1$ 超前 $\dot{I}_0$ 90°，其末端与原点相连，即为相量 $\dot{U}_1$。

图1-9所示为单相变压器空载运行时的相量图。

应强调的是，一次绕组的漏阻抗压降一般均小于 $0.5\%U_{1N}$，为了清楚起见，画相量图时，有意对其放大了比例。

由图1-9可知，$\dot{U}_1$ 与 $\dot{I}_0$ 之间的相位角 φ_0 接近 90°，因此变压器空载功率因数较低，一般 $\cos\varphi_0=0.1\sim 0.2$。

【例 1-2】　一台容量为 180kV·A 的铝线变压器，已知 $U_{1N}/U_{2N}=10000V/400V$，Yyn 接线，铁芯截面积 $S_{Fe}=160cm^2$，铁芯中最大磁密度 $B_m=1.445T$。试求变压器一、二次绕组匝数及变比。

解：变压器变比

$$k=\frac{U_1}{U_2}=\frac{10000/\sqrt{3}}{400/\sqrt{3}}=25$$

铁芯中磁通

$$\Phi_m = B_m S_{Fe} = 1.445 \times 160 \times 10^{-4} = 231 \times 10^{-4}(\text{Wb})$$

一次绕组匝数为

$$N_1 = \frac{U_1}{4.44 f \Phi_m} = \frac{10000}{\sqrt{3} \times 4.44 \times 50 \times 231 \times 10^{-4}} = 1125(\text{匝})$$

二次绕组匝数为

$$N_2 = \frac{N_1}{k} = \frac{1125}{25} = 45(\text{匝})$$

1.3 变压器的负载运行

当变压器一次绕组加电源电压 $\dot{U}_1$，二次绕组接上负载 Z_L，则变压器就投入了负载运行。图 1-10 所示为单相变压器的负载运行示意图。

1.3.1 变压器负载运行时的电磁关系

变压器负载运行时，二次绕组中流过电流 $\dot{I}_2$，产生磁动势 $\dot{F}_2 = \dot{I}_2 N_2$，由于二次绕组的磁动势也作用在同一条主磁路上，所以负载时的主磁通由一、二次绕组的磁动势共同建立。根据楞次定律，该磁动势力图削弱空载时的主磁通 Φ_m，因而引起 $\dot{E}_1$ 的减小。由于电源电压 $\dot{U}_1$ 不变，所以 $\dot{E}_1$ 的减小会导致一次绕组电流的增加，由 $\dot{I}_0$ 增加到 $\dot{I}_1$。其增加的磁动势足以抵消 $\dot{I}_2 N_2$ 对空载主磁通的去磁作用，使负载时的主磁通基本回升至原来空载时的值，使得电磁关系达到新的平衡。

1.3.2 基本方程

（1）电动势平衡方程　参照图 1-10 所示正方向的规定，负载时一次绕组电动势平衡方程式为

$$\dot{U}_1 = -\dot{E}_1 + \dot{I}_1 r_1 + j\dot{I}_1 x_1 = -\dot{E}_1 + \dot{I}_1 Z_1 \tag{1-22}$$

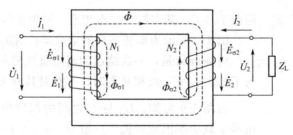

图 1-10　变压器负载运行

负载电流 $\dot{I}_2$ 所产生的磁通中，有很小一部分磁通 $\dot{\Phi}_{\sigma2}$，称作二次漏磁通。它不穿过一次绕组，只穿过二次绕组本身，产生的漏磁电动势为 $\dot{E}_{\sigma2}$。$\dot{E}_{\sigma2}$ 也可用漏阻抗电动势形式表示，即

$$\dot{E}_{\sigma2} = -j\dot{I}_2 x_2 \tag{1-23}$$

此外，$\dot{I}_2$ 通过二次绕组还产生电阻压降 $\dot{I}_2 r_2$，所以二次绕组电动势平衡方程为

$$\dot{U}_2 = \dot{E}_2 - \dot{I}_2(r_2 + \mathrm{j}x_2) = \dot{E}_2 - \dot{I}_2 Z_2 \tag{1-24}$$

式中，$Z_2 = r_2 + \mathrm{j}x_2$ 为二次绕组的漏阻抗，r_2 和 x_2 为二次绕组的电阻和漏电抗。

另外
$$\dot{U}_2 = \dot{I}_2 Z_L \tag{1-25}$$

（2）磁动势平衡方程式 变压器空载时，磁路上只有一次磁动势 $\dot{I}_0 N_1$，它产生主磁通 Φ，并在一次绕组中感生电动势 $-\dot{E}_1$，因为 $Z_1 = r_1 + \mathrm{j}x_1$ 很小，$\dot{I}_0$ 也很小，所以可略去一次漏阻抗压降 $\dot{I}_0 Z_1$，认为 $\dot{U}_1 \approx -\dot{E}_1$。变压器负载运行时，由于二次磁动势 $\dot{I}_2 N_2$ 的出现，磁路上出现两个磁动势 $\dot{I}_0 N_1$ 和 $\dot{I}_2 N_2$，因此磁路中的总磁动势为 $\dot{I}_0 N_1 + \dot{I}_2 N_2$，这一合成磁动势产生总磁通 Φ，使一次电流由 $\dot{I}_0$ 增加到 $\dot{I}_1$，尽管 $\dot{I}_1$ 比 $\dot{I}_0$ 增加了很多，但压降 $\dot{I}_1 Z_1$ 比起 $-\dot{E}_1$ 还是很小（仅为 $5\%U_{1N}$），故仍可略去不计，所以变压器负载运行时仍可认为 $\dot{U}_1 \approx -\dot{E}_1$ ＝常量，就是说变压器在负载运行时，只要外加电压和频率不变，$\dot{E}_1$ 就基本保持不变，而 $E_1 \propto \Phi_m$，所以 Φ_m 也基本不变，即主磁通的大小基本上不随负载而变动。由此推论：同一台变压器空载和负载时磁路的主磁通基本相同，则产生主磁通的磁动势就应当相等，空载时励磁磁动势为 $\dot{F}_0 = \dot{I}_0 N_1$，负载时励磁磁动势为 $\dot{F}_1 + \dot{F}_2 = \dot{I}_1 N_1 + \dot{I}_2 N_2$，故有

$$\dot{F}_0 = \dot{F}_1 + \dot{F}_2 \tag{1-26}$$

即
$$\dot{I}_0 N_1 = \dot{I}_1 N_1 + \dot{I}_2 N_2 \tag{1-27}$$

或
$$\dot{I}_1 N_1 = \dot{I}_0 N_1 + (-\dot{I}_2 N_2) \tag{1-28}$$

将式（1-28）两边除以 N_1，则得到电流方程式

$$\dot{I}_1 = \dot{I}_0 + \left(-\dot{I}_2 \frac{N_2}{N_1}\right) = \dot{I}_0 + \left(-\frac{\dot{I}_2}{k}\right) = \dot{I}_0 + \dot{I}_{1L} \tag{1-29}$$

由式（1-29）可知，负载时 $\dot{I}_1$ 由两个分量组成：一个是励磁电流 $\dot{I}_0$，用于建立主磁通 $\dot{\Phi}_m$；另一个是负载电流分量（$\dot{I}_{1L} = -\dot{I}_2/k$），用来补偿或抵消二次绕组磁动势 $\dot{I}_2 N_2$ 对主磁通的影响，以保持主磁通基本不变。

式（1-29）还表明变压器负载运行时，通过磁动势平衡关系，将一、二次绕组电流紧密地联系在一起。在外加电压和频率不变的条件下，磁通 $\dot{\Phi}$ 和空载电流 $\dot{I}_0$ 是不变的，而 $\dot{I}_{1L}$ 只伴随着负载的出现而存在，且与二次电流成正比例地变化。所以，$\dot{I}_2$ 的增加或减小必然同时引起 $\dot{I}_1$ 的增加或减小，以平衡二次电流所产生的去磁影响。相应地，二次绕组输出功率的变化，必然引起 次绕组输入功率的变化，电能就是通过这种电磁感应、磁动势平衡的方式从一次侧传递到二次侧的。

当负载增大到接近额定值时，$\dot{I}_0$ 与 $\dot{I}_{1L}$ 相比是很小的，常将 $\dot{I}_0$ 忽略不计，则式（1-29）为

$$\dot{I}_1 \approx -\frac{N_2}{N_1} \dot{I}_2 = -\frac{\dot{I}_2}{k} \tag{1-30}$$

上式表明，$\dot{I}_1$、$\dot{I}_2$ 相位上相差接近 $180°$，考虑数值关系时，有

$$\frac{I_1}{I_2} \approx \frac{N_2}{N_1} \tag{1-31}$$

上式说明，一次侧和二次侧电流的大小近似与它们的匝数成反比，因此高压绕组匝数

多，通过的电流小，而低压绕组匝数少，通过的电流大。

综合以上分析，可得到变压器负载运行时的基本方程式为

$$\begin{cases} \dot{U}_1 = -\dot{E}_1 + \dot{I}_1 Z_1 \\ \dot{U}_2 = \dot{E}_2 - \dot{I}_2 Z_2 \\ \dot{E}_1 = -\dot{I}_0 Z_m \\ E_1 = kE_2 \\ \dot{I}_1 N_1 + \dot{I}_2 N_2 = \dot{I}_0 N_1 \end{cases}$$

1.3.3 变压器的折算

利用变压器负载运行的基本方程，可以分析计算变压器的运行性能，但实际计算时不仅十分繁琐，而且在变比 k 较大时，精确度也差。为此，希望能有一个既正确反映变压器内部电磁过程，又便于工程计算的等效电路来代替实际的变压器。采用绕组折算的方法可得到等效电路。

绕组折算就是将变压器的一、二次绕组折算成同样的匝数，通常是将二次绕组折算到一次绕组，即取 $N_2' = N_1$，则 E_2 变为 E_2'，使 $E_2' = E_1$。折算仅仅是一种数学手段，它不改变折算前后的电磁关系，即折算前后功率、损耗、磁动势平衡关系等均保持不变。对于一次绕组来说，折算后的二次绕组与实际的二次绕组是等效的。由于折算前后二次绕组匝数不同，因此折算后的二次绕组的各物理量数值与折算前的不同，折算量用原来的符号加"′"表示。

（1）二次侧电动势和电压的折算　由于二次绕组折算后，$N_2' = N_1$，根据电动势大小与匝数成正比，则有

$$\frac{E_2'}{E_2} = \frac{N_2'}{N_2} = \frac{N_1}{N_2} = k$$

即
$$E_2' = kE_2 = E_1 \tag{1-32}$$

同理
$$E_{2\sigma}' = kE_{2\sigma} \tag{1-33}$$

$$U_2' = kU_2 \tag{1-34}$$

（2）二次电流的折算　为保持二次绕组磁动势在折算前后不变，即 $I_2' N_2' = I_2 N_2$，则有

$$I_2' = \frac{N_2}{N_2'} I_2 = \frac{N_2}{N_1} I_2 = \frac{1}{k} I_2 \tag{1-35}$$

（3）二次阻抗的折算　根据折算前后消耗在二次绕组电阻及漏电抗上的有功功率、无功功率不变的原则，则有

$$I_2'^2 r_2' = I_2^2 r_2 \qquad r_2' = \frac{I_2^2}{I_2'^2} r_2 = k^2 r_2 \tag{1-36}$$

$$I_2'^2 x_2' = I_2^2 x_2 \qquad x_2' = \frac{I_2^2}{I_2'^2} x_2 = k^2 x_2 \tag{1-37}$$

相应地
$$Z_2' = r_2' + j x_2' = k^2 Z_2 \tag{1-38}$$

负载阻抗 Z_L 的折算值为

$$Z_L' = \frac{U_2'}{I_2'} = \frac{kU_2}{\dfrac{I_2}{k}} = k^2 \frac{U_2}{I_2} = k^2 Z_L \tag{1-39}$$

综上所述，若将二次绕组折算到一次绕组，折算值与原值的关系：①凡是电动势、电压都乘以变比 k；②凡是电流都除以变比 k；③凡是电阻、电抗、阻抗都乘以变比 k 的平方；④凡是磁动势、功率、损耗等，值不变。

【例 1-3】 一台单相变压器，额定电压为 1100V/220V，它的二次绕组电阻 $r_2=0.6$，漏电抗 $x_2=0.8$，当一次侧接上额定电压的电源，二次侧有负载时的端电压 $U_2=205V$，电流 $I_2=5A$，求它们折算到一次侧的数值。

解： 单相变压器的变比等于匝数比为

$$k=\frac{1100}{220}=5$$

折算到一次侧的各电磁量为

$$U_2'=kU_2=5\times205=1025(\text{V})$$

$$I_2'=I_2/k=\frac{5}{5}=1(\text{A})$$

$$r_2'=k^2r_2=5^2\times0.6=15(\Omega)$$

$$x_2'=k^2x_2=5^2\times0.8=20(\Omega)$$

1.3.4 变压器的等效电路及相量图

经过折算的变压器，其基本方程式变为

$$
\begin{cases}
\dot{U}_1=-\dot{E}_1+\dot{I}_1Z_1 \\
\dot{U}_2'=\dot{E}_2'-\dot{I}_2'Z_2' \\
\dot{E}_1=\dot{E}_2'=-\dot{I}_0Z_\text{m} \\
\dot{I}_0=\dot{I}_1+\dot{I}_2'
\end{cases}
\tag{1-40}
$$

根据式(1-40)，可以分别画出变压器的部分等效电路，如图 1-11 所示，其中变压器一、二次绕组之间的磁耦合作用，由主磁通在绕组中产生的感应电势 $\dot{E}_1$、$\dot{E}_2$ 反映出来，经过绕组折算后，$\dot{E}_2'=\dot{E}_1$，构成了相应主磁场励磁部分的等效电路。根据 $\dot{E}_1=\dot{E}_2'=-\dot{I}_0Z_\text{m}$ 和 $\dot{I}_0=\dot{I}_1+\dot{I}_2'$ 的关系式，可将一次绕组、二次绕组的等效电路和励磁支路连在一起，构成变压器的 T 形等效电路，如图 1-12 所示。

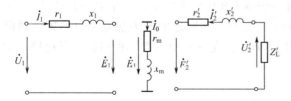

图 1-11 根据式(1-40)画出的部分等效电路

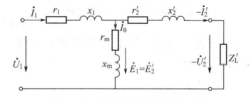

图 1-12 变压器 T 形等效电路

根据 T 形等效电路，可以画出变压器有负载时的相量图。相量图可直观地表达出变压器运行时各物理量的大小及相位关系。图 1-13 所示为感性负载时的相量图。

假如给定 U_2、I_2、$\cos\varphi_2$、k 及各个参数，设变压器的负载为感性，作图步骤如下：

① 以 $\dot{U}_2'$ 为参考相量，而 $\dot{I}_2'$ 滞后 $\dot{U}_2'$ 一个 φ_2 角，画出 $\dot{U}_2'$ 及 $\dot{I}_2'$；

② 在 $\dot{U}_2'$ 相量上加上 $\dot{I}_2'r_2'$，再加上 $j\dot{I}_2'x_2'$，得出 $\dot{E}_2'$；

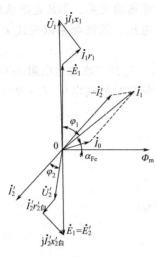

图 1-13 感性负载时的相量图

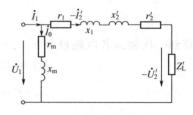

图 1-14 变压器近似等效电路

③ $\dot{E}_1 = \dot{E}_2'$；

④ 画出超前 $\dot{E}_1$ 90°的主磁通 Φ_m；

⑤ 根据 $\dot{I}_0 = -\dot{E}_1/Z_m$，画出 $\dot{I}_0$，它超前 $\dot{\Phi}_m$ 一个铁耗角 $\alpha_{Fe} = \arctan(r_m/x_m)$；

⑥ 画出 $\dot{I}_2'$，它与 $\dot{I}_0$ 的相量和为 $\dot{I}_1$；

⑦ 画出 $-\dot{E}_1$，加上 $\dot{I}_1 r_1$，再加上 $j\dot{I}_1 x_1$，得到一次侧电源电压 $\dot{U}_1$ 相量。

$\dot{U}_1$ 与 $\dot{I}_1$ 之间的夹角为 φ_1，φ_1 是一次侧功率因数角。$\cos\varphi_1$ 是变压器负载运行时一次侧的功率因数。由图 1-13 可见，在感性负载下，变压器二次侧电压 $\dot{U}_2' < \dot{E}_2'$。

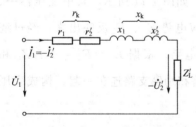

图 1-15 变压器简化等效电路

T 形等效电路虽然能正确地表达变压器内部的电磁关系，但它属于混联电路，进行运算比较繁琐。考虑到一般变压器中 $Z_m \gg Z_1$，若把励磁支路前移，即可得到近似等效电路，如图 1-14 所示。近似等效电路是一个并联电路，不仅大大简化了计算，所引起的误差也很小。

由于一般电力变压器运行时 I_0 只占 $(2\sim10)\% I_{1N}$，工程计算时，可进一步把励磁电流 I_0 忽略不计，即将励磁支路去掉，得到变压器的简化等效电路。简化等效电路是一个更为简单的阻抗串联电路，如图 1-15 所示。

图 1-15 中

$$\begin{cases} r_k = r_1 + r_2' \\ x_k = x_1 + x_2' \\ Z_k = Z_1 + Z_2' = r_k + jx_k \end{cases} \quad (1\text{-}41)$$

式中，Z_k 为变压器的短路阻抗；r_k 为短路电阻；x_k 为短路电抗。

分析变压器内部的电磁关系可采用基本方程、等效电路和相量图三种分析方法。由于求解基本方程组比较麻烦，因此工程上如作定性分析可采用相量图，如做定量计算则可采用等效电路，特别是简化等效电路比较方便。

1.4 变压器的参数测定

通过上面的分析可知，用基本方程、等效电路或相量图可分析和计算变压器的运行性能，但必须先知道变压器绕组的电阻、漏电抗及励磁阻抗等参数。对于一台已制成的变压器，可以通过空载实验和短路实验的方法来求得各个参数。

1.4.1 空载实验

空载实验的目的是测定空载电流 I_0、空载损耗 p_0，求得变压器的变比 k 和励磁参数 r_m、x_m、Z_m。

对于单相变压器，做空载实验可按图 1-16 接线。考虑到空载实验时所加的电压较高（为额定电压），电流较小（为空载电流），为了实验安全与仪表选择便利起见，空载实验一般在低压侧加压实验，高压侧开路。为了测出空载电流和空载损耗随电压变化的曲线，外施电压要能在一定的范围内进行调节，即电压 U_1 由零逐渐升至 $1.2U_N$，分别测出它所对应的 U_{20}、I_0 及 p_0，且可画出空载电流、空载损耗随电压变化的空载特性曲线 $I_0 = f(U_1)$、$p_0 = f(U_1)$，如图 1-17 所示。

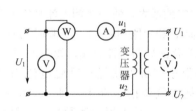

图 1-16 变压器空载实验电路图   图 1-17 变压器空载特性曲线

变压器空载运行时，输入功率 P_0 为铁芯损耗 p_{Fe} 与空载铜耗 $I_0^2 r_1$ 之和，由于 $I_0^2 r_1 \ll p_{Fe}$ 可忽略不计，故可认为变压器空载时的功率 P_0 完全用来补偿变压器的铁芯损耗，即 $P_0 \approx p_{Fe}$。

根据空载等效电路，忽略 r_1、x_1，可求得变比及励磁参数

$$k = \frac{N_1(高压)}{N_2(低压)} \approx \frac{U_1}{U_{20}} \tag{1-42}$$

$$\begin{cases} Z_m = \dfrac{U_{1N}}{I_0} \\ r_m = \dfrac{P_0}{I_0^2} \\ x_m = \sqrt{Z_m^2 - r_m^2} \end{cases} \tag{1-43}$$

应当注意的是：①由于励磁参数与磁路的饱和程度有关，所以应取额定电压下的数据来计算励磁参数；②由于空载实验是在低压侧进行的，所以测得的励磁参数是对应低压侧的数值，如果需要折算到高压侧，应将式(1-43)求取的参数乘以 k^2；③对于三相变压器，U_1、I_0、P_0 均为每相值。

另外，变压器空载运行时功率因数很低（$\cos\varphi_0 < 0.2$）。为减小误差，应采用低功率因数的功率表来测量空载功率。

1.4.2 短路实验

短路实验的目的是测定变压器的短路电压 U_k、短路损耗 p_k，然后根据测得的参数求出短路电压百分比 u_k 及短路参数 r_k、x_k、Z_k。

单相变压器短路实验接线如图 1-18 所示。

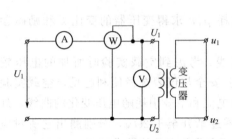
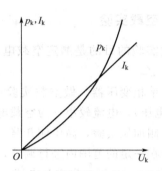

图 1-18　变压器短路实验接线图　　　　图 1-19　变压器短路特性曲线

由于短路实验时电流较大（加到额定电流），而外加电压却很低，一般短路电压约为额定电压的 $(4\sim10)\%$，因此为便于测量，一般在高压侧实验，将低压侧短路。

短路实验时，用调压器调节输出电压，从零开始缓慢地增大，使一次侧电流从零升到额定电流 $1.2I_{1N}$，分别测出它所对应的短路电压 U_k，短路电流 I_k 和短路损耗 p_k，实验时同时记录实验室的室温 $\theta(℃)$，并且画出短路电流、短路损耗随电压变化的短路特性曲线，如图 1-19 所示。

由于短路实验时外加电压很低，铁芯中主磁通很小，所以铁耗和励磁电流均可忽略不计，这时输入的功率（短路损耗）p_k 可认为完全消耗在绕组的铜耗上，即 $p_{Cu} \approx p_k = I_k^2 r_k$。也就是说可以认为等效电路中的励磁支路处于开路状态，于是根据所测数据，由简化等效电路计算室温下的短路参数（取 $I_k = I_{1N}$）。

$$
\begin{cases}
Z_k = \dfrac{U_k}{I_k} = \dfrac{U_k}{I_{1N}} \\[2mm]
r_k \approx \dfrac{p_k}{I_k^2} = \dfrac{p_k}{I_{1N}^2} \\[2mm]
x_k = \sqrt{Z_k^2 - r_k^2}
\end{cases}
\tag{1-44}
$$

对于"T"形等效电路，可认为

$$
r_1 \approx r_2 = \frac{1}{2} r_k
$$

$$
x_1 \approx x_2 = \frac{1}{2} x_k
$$

由于绕组的电阻值将随温度的变化而改变，而短路实验一般在室温下进行，所以经过计算所得的电阻必须换算到基准工作温度时的数值。按国家标准规定，油浸式变压器的短路电阻值应换算到 75℃ 的值。所以

$$
\begin{cases}
r_{k75℃} = r_k \dfrac{K+75}{K+\theta} \\[2mm]
Z_{k75℃} = \sqrt{r_{k75℃}^2 + x_k^2} \\[2mm]
p_{kN75℃} = I_{1N}^2 r_{k75℃} \\[2mm]
U_{kN75℃} = I_{1N} Z_{k75℃}
\end{cases}
\tag{1-45}
$$

式中，θ 为实验时的室温，℃；K 为常数，对于铜导线 $K=235$，对于铝导线 $K=228$；$p_{kN75℃}$ 为标准温度下的额定短路损耗；$U_{kN75℃}$ 为标准温度下的额定短路电压。

由于短路实验一般在高压侧进行，故测定的短路参数是属于高压侧的数值，若需要折算到低压侧时，应除以变比 k 的平方。

短路实验时，使短路电流为额定电流时一次侧所加的电压，称为短路电压，记作 U_k。由等效电路得 $U_k=Z_{k75℃}I_{1N}$，它为额定电流在短路阻抗上的压降，故亦称作阻抗电压。

短路电压通常以额定电压的百分值表示，即

$$u_k=\frac{U_{kN75℃}}{U_{1N}}\times100\%=\frac{I_{1N}Z_{k75℃}}{U_{1N}}\times100\% \tag{1-46}$$

短路电压的大小直接反映了短路阻抗的大小，而短路阻抗又直接影响变压器的运行性能。从运行的角度上看，希望 u_k 值小一些，可使负载变化时变压器输出电压的波动小些；但从短路故障的角度来看，则希望 u_k 值大些，可使变压器在发生短路故障时短路电流小一些。如电炉用变压器，由于短路的机会多，因此 u_k 值设计得比一般电力变压器的 u_k 值要大得多。一般中小容量电力变压器的 u_k 为（4～10.5）%，大容量变压器的 u_k 约为（12.5～17.5）%。

以上所分析的是单相变压器参数的计算方法，对于三相变压器，变压器的参数是指一相的参数，因此只要采用相电压、相电流、一相的功率（或损耗），即每相的数值进行计算即可。

【例 1-4】 SL-100/6 型三相铝线电力变压器，$S_N=100kV\cdot A$，$U_{1N}/U_{2N}=6000V/400V$，$I_{1N}I_{2N}=9.63A/144.5A$，一、二次侧都接成 Y 形，在室温 25℃ 时做空载实验和短路实验，实验数据如下。

实验项目	电压/V	电流/A	功率/W	备　注
空载	400	9.37	600	电源加在低压侧
短路	325	9.63	2014	电源加在高压侧

试求折算到高压侧的励磁参数和短路参数。

解： 由空载实验数据，先求低压侧的励磁参数如下

$$Z_m=\frac{U_{1\Phi}}{I_{0\Phi}}=\frac{400}{\sqrt{3}\times9.37}\approx24.6(\Omega)$$

$$r_m=\frac{p_{0\Phi}}{I_{0\Phi}^2}=\frac{600}{3\times9.37^2}\approx2.28(\Omega)$$

$$x_m=\sqrt{Z_m^2-r_m^2}=\sqrt{24.6^2-2.28^2}\approx24.5(\Omega)$$

折算到高压侧的励磁参数如下

$$k=\frac{6000/\sqrt{3}}{400/\sqrt{3}}=15$$

所以

$$Z_m'=k^2Z_m=15^2\times24.6=5535(\Omega)$$

$$r_m'=k^2r_m=15^2\times2.28=513(\Omega)$$

$$x_m'=k^2x_m=15^2\times24.5\approx5513(\Omega)$$

由短路实验数据，计算高压侧室温下的短路参数为

$$Z_k=\frac{U_{k\Phi}}{I_{k\Phi}}=\frac{325}{\sqrt{3}\times9.63}\approx19.5(\Omega)$$

$$r_k \approx \frac{p_{k\Phi}}{I_{k\Phi}^2} = \frac{2014}{3 \times 9.63^2} \approx 7.24(\Omega)$$

$$x_k = \sqrt{Z_k^2 - r_k^2} = \sqrt{19.5^2 - 7.24^2} \approx 18.1(\Omega)$$

换算到标准工作温度时 75℃时

$$r_{k75℃} = r_k \frac{228 + 75}{228 + \theta} = 7.24 \times \frac{228 + 75}{228 + 25} \approx 8.67(\Omega)$$

$$Z_{k75℃} = \sqrt{r_{k75℃}^2 + x_k^2} = \sqrt{8.67^2 + 18.1^2} \approx 20.1(\Omega)$$

额定短路损耗为

$$p_{kN75℃} = 3I_{1N}^2 r_{k75℃} = 3 \times 9.63^2 \times 8.67 \approx 2412(\Omega)$$

阻抗电压百分数为

$$u_k = \frac{U_{kN75℃}}{U_{1N}} \times 100\% = \frac{9.63 \times 20.1}{6000/\sqrt{3}} \times 100\% \approx 5.58\%$$

1.5 变压器的运行特性

电压变化率和效率是变压器的两个重要的运行特性。

1.5.1 电压变化率

(1) 电压变化率的定义 在变压器分析过程中，通常用电压变化率 $\Delta U\%$ 来衡量端电压变化的程度。电压变化率指的是一次绕组加额定电压，负载功率因数一定，由空载至某一负载时二次侧电压的变化对二次额定电压的百分率，即

$$\Delta U\% = \frac{U_{20} - U_2}{U_{2N}} \times 100\% = \frac{U_{2N} - U_2}{U_{2N}} \times 100\% = \frac{U_{1N} - U_1'}{U_{1N}} \times 100\% \qquad (1-47)$$

电压变化率 $\Delta U\%$ 是变压器的主要性能指标，它反映了电源电压的稳定性，一定程度上反映了电能的质量。一般情况下，变压器的负载为感性，在 $\cos\varphi_2 = 0.8$ 时，额定负载时电压变化率约为 5%。

(2) 电压变化率的近似计算公式 通过对变压器负载运行时简化相量图的分析，可得到电压变化率的近似计算公式为

$$\Delta U\% = \beta \frac{I_{1N}r_k\cos\varphi_2 + I_{1N}x_k\sin\varphi_2}{U_{1N}} \times 100\% \qquad (1-48)$$

式中，β 为变压器负载系数，$\beta = \frac{I_1}{I_{1N}} = \frac{I_2}{I_{2N}}$。

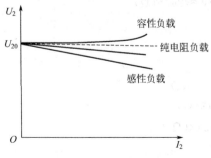

图 1-20 变压器在不同负载时的电压变化率

从式(1-48) 可看出，电压变化率 $\Delta U\%$ 不仅与短路参数 r_k、x_k 和负载系数 β 有关，还与负载功率因数 $\cos\varphi_2$ 有关。

(3) 外特性 变压器的外特性是指一次绕组加额定电压，负载功率因数 $\cos\varphi_2$ 一定时，二次侧端电压 U_2 随负载电流 I_2 变化的规律，即 $U_2 = f(I_2)$。根据式(1-48)，可以画出变压器的外特性曲线，如图 1-20所示。由图 1-20 可知，变压器二次电压的大小不仅与负载电流的大小有关，而且还与负载的功率

因数有关。

在实际变压器中，$x_k \gg r_k$，所以在纯电阻性负载，即 $\cos\varphi_2 = 1$ 时，$\Delta U\%$ 很小；感性负载时，$\varphi_2 > 0$，$\cos\varphi_2$ 和 $\sin\varphi_2$ 均为正值，$\Delta U\%$ 也为正值，说明二次侧电压 U_2 随负载电流 I_2 的增大而下降，而且在相同的负载电流 I_2 下，感性负载时 U_2 的下降比纯电阻负载时 U_2 下降得大；容性负载时 $\varphi_2 < 0$，$\cos\varphi_2 > 0$ 而 $\sin\varphi_2 < 0$，如果 $|I_1 r_k \cos\varphi_2| < |I_1 x_k \sin\varphi_2|$ 时，$\Delta U\%$ 为负值，表明二次侧电压 U_2 随负载电流 I_2 的增加而升高，外特性呈上翘的特性。

【例 1-5】 一台单相变压器，额定电压 $U_{1N}/U_{2N} = 10000V/230V$，额定容量 $S_N = 50kV \cdot A$。当该变压器向 $R = 0.82\Omega$、$X = 0.62\Omega$ 的感性负载供电时变压器满载工作，求其额定电流 I_{1N}、I_{2N} 及电压变化率 $\Delta U\%$。

解： 变压器的额定电流为

$$I_{1N} = \frac{S_N}{U_{1N}} = \frac{50 \times 10^3}{10^4} = 5(\text{A})$$

$$I_{2N} = \frac{S_N}{U_{2N}} = \frac{50 \times 10^3}{230} \approx 217(\text{A})$$

负载阻抗为

$$Z = \sqrt{R^2 + X^2} = \sqrt{0.82^2 + 0.62^2} \approx 1.03(\Omega)$$

满载时的二次侧端电压为

$$U_2 = I_{2N} Z = 217 \times 1.03 \approx 224(\text{V})$$

电压变化率为

$$\Delta U\% = \frac{U_{2N} - U_2}{U_{2N}} \times 100\% = \frac{230 - 224}{230} \times 100\% \approx 2.61\%$$

1.5.2 变压器的效率

变压器的效率 η 是指它的输出功率 P_2 与输入功率 P_1 之比，用百分数表示，即

$$\eta = \frac{P_2}{P_1} \times 100\% \tag{1-49}$$

由于电力变压器效率很高，一般都在 95% 以上，用直接负载法测量 P_2 和 P_1 来确定效率，很难得到准确的结果，因此工程上常用间接法，通过求取损耗的方法计算效率。

变压器的总损耗包括铁芯损耗和绕组铜损耗，即 $\sum p = p_{Cu} + p_{Fe}$，用 $P_1 = P_2 + p_{Cu} + p_{Fe}$ 代入式(1-49) 得

$$\eta = \frac{P_2}{P_2 + p_{Cu} + p_{Fe}} \times 100\% \tag{1-50}$$

变压器铁损可由空载实验求出。在额定电压下，忽略空载铜损耗不计时，$p_{Fe} = p_0 =$ 常量，铁耗不随负载大小而变，称为不变损耗。铜损耗随负载大小而变，称为可变损耗。

变压器铜损耗可由短路实验求出，在忽略 I_0 时，则有

$$p_{Cu} = I_1^2 r_1 + I_2'^2 r_2' = I_1^2 r_k = (\beta I_{1N})^2 r_k = \beta^2 I_{1N}^2 r_k = \beta^2 p_{kN} \tag{1-51}$$

变压器负载时二次侧输出功率，若假定 $U_2 \approx U_{2N}$，忽略电压变化，则可写出

$$P_2 = U_2 I_2 \cos\varphi_2 = U_{2N} \beta I_{2N} \cos\varphi_2 = \beta S_N \cos\varphi_2 \tag{1-52}$$

式中，$S_N = U_{2N} I_{2N}$，称为变压器额定视在容量。

将上述关系代入式(1-50) 得变压器的效率

$$\eta = \frac{\beta S_N \cos\varphi_2}{\beta S_N \cos\varphi_2 + p_0 + \beta^2 p_{kN}} \times 100\% \tag{1-53}$$

对于给定的变压器，p_0 和 p_{kN} 是一定的，当负载功率因数 $\cos\varphi_2$ 一定时，效率只与负载系数 β 有关。把 $\eta = f(\beta)$ 的关系曲线称为效率特性，如图 1-21 所示。

由图 1-21 效率特性上可看出，当负载较小时，效率随负载的增大而快速上升，当负载达到一定值时，负载的增大反而使效率下降，因此，在 $\eta = f(\beta)$ 曲线上有一个最高的效率点 η_{max}。

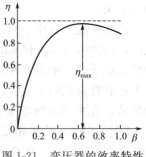

图 1-21　变压器的效率特性

为了求出在某一负载下的最高效率，可以令 $\dfrac{\mathrm{d}\eta}{\mathrm{d}\beta} = 0$，从而求得发生最大效率时的 β_m 值，然后将此值代入式(1-52) 即可求得最高效率 η_{max}。按上述方法计算的结果表明，当可变损耗与不变损耗相等时，效率达最大值，即

$$p_0 = \beta_m^2 p_{kN}$$

由此

$$\beta_m = \sqrt{\frac{p_0}{p_{kN}}} \tag{1-54}$$

将式(1-54) 代入式(1-53)，即可求得变压器的最大效率 η_{max}，由于变压器常年接在线路上，总有铁损，而铜损耗却随负载的变化而变化，同时，变压器不可能总在满载下运行，因此取铁损小一些对提高全年的效率比较有利。一般取 $\dfrac{p_0}{p_{kN}} = \dfrac{1}{4} \sim \dfrac{1}{2}$，故最大效率 η_{max} 发生在 $\beta_m = 0.5 \sim 0.7$ 范围内。

【例 1-6】　用【例 1-4】中的数据，已知负载功率因数 $\cos\varphi_2 = 0.8$，电流滞后。求：

（1）额定负载时的电压变化率和二次侧电压；

（2）额定负载时的效率；

（3）变压器的最大效率。

解：　（1）根据式(1-48)计算额定负载时的电压变化率

$$\Delta U\% = \beta \frac{I_{1N} r_k \cos\varphi_2 + I_{1N} x_k \sin\varphi_2}{U_{1N}} \times 100\%$$

$$= 1 \times \frac{9.63 \times 8.67 \times 0.8 + 9.63 \times 18.1 \times 0.6}{6000/\sqrt{3}} \times 100\% \approx 4.95\%$$

二次侧电压

$$U_2 = (1 - \Delta U\%) U_{2N} = (1 - 0.0495) \times 400 = 380.2(\text{V})$$

（2）根据式(1-53)计算额定负载时的效率

$$\eta = \frac{\beta S_N \cos\varphi_2}{\beta S_N \cos\varphi_2 + p_0 + \beta^2 p_{kN}} \times 100\%$$

$$= \frac{1 \times 100 \times 10^3 \times 0.8}{1 \times 100 \times 10^3 \times 0.8 + 600 + 1^2 \times 2412} \times 100\% \approx 96.4\%$$

（3）最大效率时的负载系数

$$\beta_m = \sqrt{\frac{p_0}{p_{kN}}} = \sqrt{\frac{600}{2412}} \approx 0.5$$

最大效率

$$\eta_{max} = \frac{\beta_m S_N \cos\varphi_2}{\beta_m S_N \cos\varphi_2 + p_0 + \beta_m^2 p_{kN}} \times 100\%$$

$$= \frac{0.5 \times 100 \times 10^3 \times 0.8}{0.5 \times 100 \times 10^3 \times 0.8 + 600 + 0.5^2 \times 2412} \times 100\% \approx 97.1\%$$

1.6 三相变压器

电力系统一般采用三相制供电,因而三相变压器得到了广泛的应用。三相变压器可以用三个单相变压器组成,称为三相变压器组或组式变压器。也可用铁轭把三个铁芯柱连在一起而构成,称为三相芯式变压器。从运行原理和分析方法来说,三相变压器在对称负载下运行时,各相电压和电流大小相等,相位上彼此相差120°,故可取其一相进行讨论。这时,三相变压器的任意一相和单相变压器并没有什么区别。所以,分析单相变压器所用的方法和所得的结论完全适用于对称负载运行时的三相变压器。但三相变压器有它自己的一些特殊问题,如三相变压器的磁路系统、三相绕组连接法、感应电动势的波形以及三相变压器的并联运行等问题。

1.6.1 三相变压器的磁路系统

(1)三相变压器组的磁路 三相变压器组是由三台单相变压器组成的,如图1-22所示。由于三相磁通各有自己单独的磁路,彼此互不相关,当一次绕组施以对称三相电压时,各相主磁通必然对称,各相空载电流也是对称的。

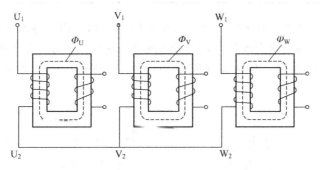

图1-22 三相变压器组的磁路系统

(2)三相心式变压器的磁路 三相心式变压器的铁芯是由三台单相变压器的铁芯合在一起演变而来的,如图1-23所示。这种铁芯构成的磁路其特点是三相磁路互相关联,各相磁通要借另外两相磁路闭合。如果把三台单相变压器的铁芯按图1-23(a)所示的位置靠拢在一起,在外施对称三相电压时,三相主磁通是对称的,此时中间铁芯柱内的磁通为 $\dot{\Phi}_U + \dot{\Phi}_V + \dot{\Phi}_W = 0$,因此可以省掉中间心柱,如图1-23(b)所示。为了制造方便和节省硅钢片,将三相铁芯柱布置在同一平面内,如图1-23(c)所示,即演变成常用的三相心式变压器的铁芯。这种铁芯结构由于三相磁路长度不相等,中间V相最短,两边的U、W相较长,所以三相磁阻不相等。当外施对称三相电压时,三相空载电流便不相等,V相最小,$I_{0U} = I_{0W} = (1.2 \sim 1.5)I_{0V}$,但由于变压器的空载电流很小,因而三相心式变压器空载电流的不对称对变压器

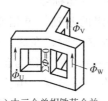

(a)由三个单相铁芯合并

(b)省去中间铁芯柱

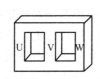

(c)三个铁芯柱在一个平面上

图1-23 三相芯式变压器磁路系统

负载运行的影响很小，可不予考虑。工程上空载电流取三相平均值。

目前国内外用得较多的是三相芯式变压器，它具有消耗材料少、效率高、维护简单、占地面积小等优点。但在大容量的巨型变压器中以及运输条件受到限制的地方，为了便于运输及减少备用容量，往往采用三相组式变压器。

1.6.2 三相变压器的电路——连接组别

三相变压器的绕组连接是一个很重要的问题，它关系到变压器电磁量中的谐波问题以及并联运行等一些运行上的问题。

（1）三相绕组的连接方法　在三相变压器中，绕组的连接主要采用星形和三角形两种方法。为表明连接方法，对绕组的首端和末端标记规定如表1-2所示。

表1-2　绕组首端和末端标记

绕组名称	单相变压器		三相变压器		中性点
	首端	末端	首端	末端	
高压绕组	U_1	U_2	U_1、V_1、W_1	U_2、V_2、W_2	N
低压绕组	u_1	u_2	u_1、v_1、w_1	u_2、v_2、w_2	n

做星形连接时，用 Y（或 y）表示，如果有中点引出，则用 YN（或 yn）表示，如图1-24(a)、(b) 所示。做三角形连接时，用 D（或 d）表示。三角形连接可分为逆连（按 U_1-U_2-W_1-W_2-V_1-V_2-U_1 连接）和顺连（按 U_1-U_2-V_1-V_2-W_1-W_2-U_1 连接）两种接法，如图1-24(c)、(d) 所示。

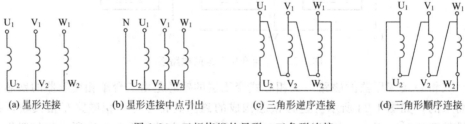

(a) 星形连接　　(b) 星形连接中点引出　　(c) 三角形逆序连接　　(d) 三角形顺序连接

图1-24　三相绕组的星形、三角形连接

（2）变压器的连接组　由于三相变压器的高、低压绕组可以采用不同的连接方法，使得高、低压绕组中的线电动势具有不同的相位差，因此按高、低压绕组线电动势的相位关系，把三相变压器绕组的连接法分成各种不同的组合，称为绕组的连接组。对于三相绕组，无论采用哪种连接法，一、二次侧线电动势的相位差总是30°的倍数，因此，采用时钟表面上的12个数字（0、1、2、…、11）来表示这种相位差较为简明，这种方法称为时钟表示法。即把高压侧线电动势的相量作为钟表上的长针，始终指向"0"，而把低压侧线电动势的相量作为短针，它所指的数字即表示高、低压侧线电动势相量间的相位差，这个数字称为三相变压器连接组标号。

首先讨论单相变压器的连接组，它是研究三相变压器连接组的基础。单相变压器的高、低压绕组在同一铁芯柱上，它们被同一主磁通 Φ 所交链。当 Φ 交变时，在高、低压绕组中感应的电动势有一定的极性关系，即任一瞬间，一个绕组的某一端点的电位为正时，另一绕组必有一个端点的电位也为正。这两个对应的同极性的端点称为同名端，用符号"·"表示，同名端可能在两个绕组的相同端，如图1-25(a) 所示，也可能在绕组的不同端，如图1-25(b) 所示，这取决于两个绕组的绕向是否相同。

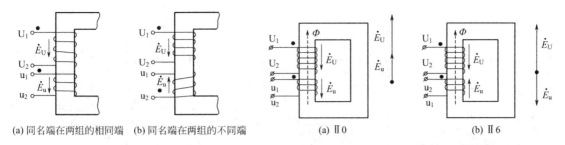

(a) 同名端在两组的相同端　(b) 同名端在两组的不同端　　　　(a) Ⅱ0　　　　　　(b) Ⅱ6

图 1-25　单相变压器绕组的极性　　　　图 1-26　单相变压器的两种不同连接

单相变压器绕组的首端和末端有两种不同的标法，随着标法的不同，所得高、低压侧绕组电动势之间的相位差也不相同。一种是将高、低压绕组的同名端都标为首端（或末端），如图 1-26(a) 所示，这时一、二次侧绕组电动势 $\dot{E}_U$ 与 $\dot{E}_V$ 同相位（感应电动势的正方向均规定从首端指向末端），此时把代表高压侧电动势的分针指向 12 点，则代表低压侧电动势的时针也指向 12 点，用Ⅱ0 表示。其中Ⅱ表示高、低压侧都是单相绕组，0 表示连接组标号。

另一种标法是把高、低压绕组的非同名端标为首端（或末端），如图 1-26(b) 所示，这时 $\dot{E}_U$ 与 $\dot{E}_V$ 方向相差 180°，用Ⅱ6 表示，也就是说其连接组标号为 6。

国家标准规定，单相变压器采用Ⅱ0 作为标准连接组。

由以上分析可知，单相变压器高、低压侧相电动势的相位关系，取决于绕组的绕向和首末端的标记。

上面介绍了单相变压器的连接组号，下面再来讨论三相变压器的连接组。三相变压器的连接组是用二次侧线电动势与一次侧对应线电动势的相位差来决定的。它不仅与绕组的绕向和首末端的标记有关，而且还与三相绕组的接法有关。国家标准规定的连接组可归并为 Y，y 和 Y，d 两大类。

确定三相变压器连接组标号的步骤如下：

① 按规定绕组的出线端标志连接成所规定的连接法，画出连接图；

② 作出高压侧电动势的相量图，确定某一线电动势的方向（如 $\dot{E}_{UV}$ 相量）；

③ 确定高、低压侧绕组对应的相电动势的相位关系（同相位或反相位），作出低压侧的电动势相量图，确定对应的线电动势相量的方向（如 $\dot{E}_{UV}$ 相量），为方便比较，将高、低压侧的电动势相量图画在一起，取 U 与 u 点重合；

④ 根据高、低压侧对应线电动势的相位关系确定连接组标号。

· Y，y 连接组。图 1-27(a) 是 Y，y 接法时三相变压器绕组连接图。图中将高、低压绕组的同名端标为首端，这时一、二次侧对应的相电动势同相，同时高、低压侧线电动势 $\dot{E}_{UV}$ 与 $\dot{E}_{uv}$ 也同相位，当 $\dot{E}_{UV}$ 指向时钟面的 "0"（也就是 "12"）时，$\dot{E}_{uv}$ 也指向 "0" 点。所以标号为 "0"，即为 Y，y0 连接组，相量图如图 1-27(b) 所示。

如将上例中非同名端作为首端，如图 1-28(a) 所示，这时高、低压侧对应的相电动势相位相反，则高、低压侧线电动势 $\dot{E}_{UV}$ 与 $\dot{E}_{uv}$ 也相差 180°，如图 1-28(b) 所示。这就是 Y，y6 连接组。

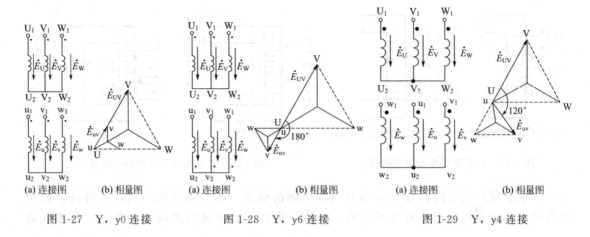

(a) 连接图　(b) 相量图　　(a) 连接图　(b) 相量图　　(a) 连接图　(b) 相量图

图 1-27　Y，y0 连接　　　　图 1-28　Y，y6 连接　　　　图 1-29　Y，y4 连接

图 1-29(a) 仍是 Y，y 连接的三相变压器绕组的连接图，但是它将二次侧的 v 相绕组作为 u 相，w 相绕组作为 v 相，而 u 相绕组作为 w 相。此为二次绕组做相间平移一次，用类似上面的方法画出的线电动势 $\dot{E}_{UV}$ 与 $\dot{E}_{uv}$ 有 120°的相位差，因而连接组别是 Y，y4，相量图如图 1-29(b) 所示。可以依此方法将二次绕组再进行相间平移一次，即将二次侧的 w 相绕组作为 u 相，而 u 相绕组作为 v 相，v 相绕组作为 w 相，画出线电动势 $\dot{E}_{UV}$ 与 $\dot{E}_{uv}$ 后可知此时的连接组别是 Y，y8，读者可自行分析。

• Y，d 连接组。图 1-30(a) 是二次绕组逆序角接的 Y，d 接法三相变压器的连接图。将一、二次绕组的同名端标为首端，这时一、二次侧对应相的相电动势同相位，但一次侧线电动势 $\dot{E}_{UV}$ 与二次侧线电动势 $\dot{E}_{uv}$ 相位差为 11×30°＝330°，如图 1-30(b) 所示。当 $\dot{E}_{UV}$ 指向 12 点时，则 $\dot{E}_{uv}$ 指向 11 点，所以得 Y，d11 连接组。

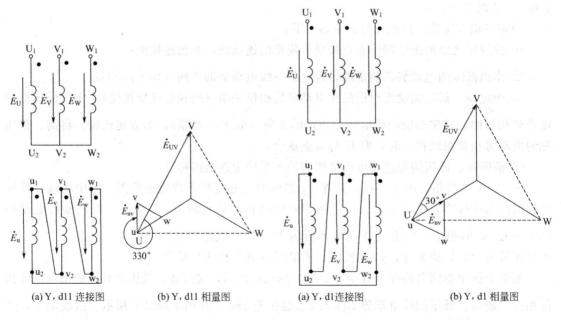

(a) Y，d11 连接图　(b) Y，d11 相量图　　　(a) Y，d1 连接图　(b) Y，d1 相量图

图 1-30　Y，d11 连接　　　　　　　图 1-31　Y，d1 连接

如将上例中二次绕组改成顺序角接，如图 1-31(a) 所示，这时 $\dot{E}_{UV}$ 与 $\dot{E}_{uv}$ 相位差为 30°，而且 $\dot{E}_{uv}$ 滞后于 $\dot{E}_{UV}$，所以为 Y，d1 连接组，其相量图如图 1-31(b) 所示。

综上所述可得，Y，y 连接可得到 0、2、4、6、8、10 六个偶数连接组别；Y，d 连接可得到 1、3、5、7、9、11 六个奇数连接组别。

连接组的数目很多，为便于制造和并联运行，国家标准规定，电力变压器的连接组有"Y，yn0"、"Y，d11"、"YN，d11"、"YN，y0"、"Y，y0"等五种作为三相双绕组电力变压器的标准连接组，其中前三种最常用。Y，yn0 连接组的二次侧可引出中性线，成为三相四线制，用作配电变压器时可兼供动力和照明负载；Y，d11 连接组用于低压侧电压超过400V 的线路中，这时二次侧接成三角形，对运行有利；YN，d11 连接组主要用于高压输电线路中，使电力系统的高压侧可以接地。

【知识扩展】

1.7 变压器的并联运行

1.7.1 并联运行的条件

电力系统中常采用两台或两台以上的变压器并联运行。所谓并联运行，就是将两台或两台以上变压器的一、二次绕组分别并联到一、二次的公共母线上，共同向负荷供电的运行方式，如图 1-32 所示。

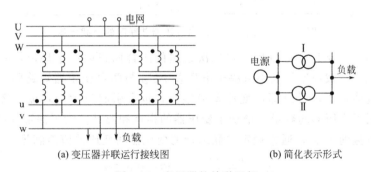

(a) 变压器并联运行接线图　　　(b) 简化表示形式

图 1-32　变压器的并联运行

（1）变压器并联运行的优点

① 提高供电的可靠性。并联运行时，如果某台变压器发生故障或需要检修时，可以将其从电网切除，而不中断向重要用户供电。

② 可以根据负荷大小调整投入并联运行的变压器的台数，以提高运行效率。

③ 可以减少备用容量，并可随着用电量的增加，分期分批地安装新的变压器，以减少初次投资。

当然并联的变压器台数过多，也是不经济的，因为一台大容量的变压器，其造价要比总容量相同的几台小变压器的造价低，占地面积小。

变压器并联运行的理想状态如下。

① 空载时各台变压器的二次绕组之间没有环流。环流不仅会引起附加损耗，使温升升高，效率降低，而且还占用设备容量。

② 带负载后，各变压器所分担负载的大小与其额定容量成正比，即各变压器负载系数应相等，使各台变压器的容量都能得到利用。

③ 负载时各台变压器对应相的电流应同相位，总负载电流等于各台变压器负载电流的代数和。

（2）并联运行的条件　为达到上述理想状态，并联运行的变压器应满足以下三个条件：

① 各台变压器的一、二次额定电压应相等，即各台变压器的变比相等；

② 各变压器的连接组标号相同；

③ 各台变压器的阻抗电压相等。

以上三个条件中的条件②必须严格保证，条件①、③允许有较小的差别。

1.7.2　并联运行条件不满足时的运行分析

（1）变比不等时的并联运行　以两台变压器的并联运行为例。假设两台变压器并联运行，仅变比不相等，即 $k_{I} \neq k_{II}$，由于并联运行的两台变压器一次绕组接在同一电源上，则二次绕组的空载电压不等，即 $\dfrac{U_1}{k_I} \neq \dfrac{U_1}{k_{II}}$，因此，在二次绕组并联前，开关 Q 间就存在电压差 $\Delta U_{20} = \dfrac{U_1}{k_I} - \dfrac{U_1}{k_{II}}$，如图 1-33 所示。

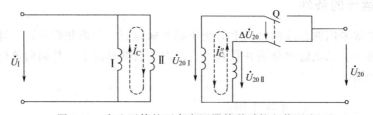

图 1-33　变比不等的两台变压器并联时的空载环流

由于 $\Delta U_{20} \neq 0$，合上开关 Q 后，在二次绕组的闭合回路内产生环流，一次绕组也随之出现对应的环流。空载环流的大小取决于电压差 ΔU_{20} 与两台变压器短路阻抗之比。由于变压器的短路阻抗值很小，所以即使变比差值很小，也会引起较大的环流。环流不是负载电流，但它却占据了变压器的容量，增加了变压器的损耗和温升。为了保证并联运行时空载环流不超过额定电流的 10%，通常规定并联运行的变压器间变比差值需满足

$$\Delta k = \frac{k_I - k_{II}}{\sqrt{k_I k_{II}}} \times 100\% \leqslant 0.5\%$$

（2）连接组标号不同时的并联运行　如果并联运行的两台变压连接组标号不同，造成的后果会十分严重，因为两台变压器二次绕组线电动势的相位不同，至少相差 30°，因此会产生很大的电压差。例如两台连接组标号分别为 Y，y0 和 Y，d11 的变压器并联，二次绕组线电压之间的相位差如图 1-34 所示，则两台变压器的电压差 ΔU_{20} 为

$$\Delta U_{20} = 2U_{2N} \sin(30°/2) = 0.52 U_{2N}$$

由于变压器短路阻抗很小，所以将产生很大的环流，其数值会超过额定电流很多倍，会烧毁绕组，这是绝对不允许的。所以连接组标号不同的变压器严禁并联运行。

（3）阻抗电压不等时的变压器并联运行　如果并联运行

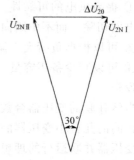

图 1-34　Y，y0 和 Y，d11 两台变压器并联运行的电位差

的两台变压器变比相等，连接组标号相同，但两台变压器的阻抗电压不等，会使两台变压器的负载分配不均，出现阻抗电压大的变压器满载时，阻抗电压小的变压器就要过载，反之，当阻抗电压小的变压器满载时，阻抗电压大的变压器处于轻载，出现一台变压器欠载，另一台变压器过载的情况。所以为了充分利用变压器的容量，理想地分配负载，并联运行的各变压器阻抗电压应相等。

1.8 其他变压器简介

随着科学技术的不断发展，不仅在电力工业部门中大量采用双绕组的电力变压器，而且也出现了多种满足用户特殊要求的变压器。下面将介绍几种应用广泛的特殊变压器的工作原理和特点。

1.8.1 自耦变压器

（1）自耦变压器的结构 普通双绕组变压器的一、二次绕组之间仅有磁的耦合，并无电的联系。而自耦变压器仅有一个绕组，一次绕组的一部分兼作二次绕组用（指自耦降压变压器），或二次绕组的一部分兼作一次绕组用（指自耦升压变压器），所以一、二次绕组之间既有磁的耦合，又有电的联系。自耦变压器结构示意图如图 1-35 所示。图中，U_1、U_2 为一次侧绕组，u_1、u_2 为公共绕组。

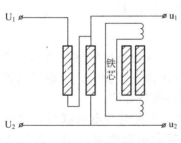

图 1-35 自耦变压器结构示意图

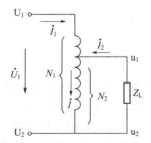

图 1-36 自耦降压变压器绕组原理图

（2）自耦变压器电压、电流与容量的关系 下面以降压自耦变压器为例来分析其电压、电流和容量的关系。在普通双绕组变压器中，通过电磁感应将功率从一次绕组传递到二次绕组，而在自耦变压器中，除了通过电磁感应传递功率外，还由于一、二次绕组之间电路相通，而直接传递一部分功率。图 1-36 所示为自耦变压器绕组原理图。

当在一次绕组中施加电源电压 $\dot{U}_1$ 时，由于主磁通 $\dot{\Phi}$ 的作用，在一、二次绕组中产生感应电动势 $\dot{E}_1$ 和 $\dot{E}_2$，其有效值为 $E_1 = 4.44 f N_1 \Phi_m$，$E_2 = 4.44 f N_2 \Phi_m$。

如不考虑绕组漏阻抗压降，则自耦变压器的变化为

$$k = \frac{U_1}{U_{20}} \approx \frac{E_1}{E_2} = \frac{N_1}{N_2} \tag{1-55}$$

当自耦变压器负载运行时，根据磁动势平衡关系，负载时合成磁动势建立的主磁通与空载磁动势建立的主磁通相同，则有

$$\dot{I}_1(N_1 - N_2) + \dot{I} N_2 = \dot{I}_0 N_1$$

$$\dot{I}_1(N_1 - N_2) + (\dot{I}_1 + \dot{I}_2)N_2 = \dot{I}_0 N_1$$

即
$$\dot{I}_1 N_1 + \dot{I}_2 N_2 = \dot{I}_0 N_1$$

由于空载电流 $\dot{I}_0$ 很小，若忽略不计，则

$$\dot{I}_1 N_1 + \dot{I}_2 N_2 \approx 0$$

即

$$\dot{I}_1 = -\frac{N_2}{N_1}\dot{I}_2 = -\frac{\dot{I}_2}{k} \tag{1-56}$$

式(1-56)表明，忽略空载电流时，一、二次绕组电流大小与绕组匝数成反比，相位差 $180°$。公共绕组中的电流应为

$$\dot{I} = \dot{I}_1 + \dot{I}_2 = \dot{I}_2\left(1 - \frac{1}{k}\right) \tag{1-57}$$

对自耦降压变压器，$I_2 > I_1$，且相位差 $180°$。所以公共绕组中电流的大小为

$$I = I_2 - I_1 = I_2\left(1 - \frac{1}{k}\right) \tag{1-58}$$

由于自耦变压器的变比 k 一般接近于 1，由式(1-58)可知，这时 I_1 和 I_2 的数值相差不大，公共绕组中的电流 I 较小，这表明绕组公共部分的导线截面可以缩小（相对双绕组变压器而言）。

由式(1-58)还可以得出：$I_2 = I + I_1$，即二次绕组电流 I_2 是绕组的公共部分电流 I 和直接从电源流来的电流 I_1 的代数和。

由此得出，自耦变压器二次绕组的输出功率（视在功率）应为

$$U_2 I_2 = U_2 I + U_2 I_1 = U_2 I_2\left(1 - \frac{1}{k}\right) + U_2 I_1$$

$$S_2 = S_2' + S_2'' \tag{1-59}$$

式中的 $S_2' = U_2 I$ 称为电磁功率，它是由绕组公共部分通过电磁感应的方式传到二次绕组的一部分功率；$S_2'' = U_2 I_1$ 称为传导功率，它是由变压器一次绕组直接通过电传导的方式传递到二次绕组的一部分功率。传导功率是自耦变压器所特有的。

式(1-59)表明，自耦变压器由于其二次绕组和一次绕组有电的联系，使其功率传递的形式与普通变压器有所不同。它的二次绕组能直接向电源吸取功率，而且这一部分功率并不增加绕组的容量。由此可知，自耦变压器负载上的功率不是全部通过磁耦合关系从一次侧得到的，而是有一部分功率可直接从电源得到，这是自耦变压器和双绕组变压器的根本区别。

（3）自耦变压器的特点　与额定容量相同的双绕组变压器相比，自耦变压器主要优点如下：

① 自耦变压器设计容量小于额定容量，故在同样的额定容量下，自耦变压器的尺寸小，有效材料（硅钢片和铜线）和结构材料（钢材）都较节省，从而降低了成本；

② 有效材料的减少使得铜损耗和铁损耗也相应减少，因而自耦变压器效率高；

③ 自耦变压器的尺寸小，重量减轻，便于运输及安装，占地面积小。

自耦变压器主要缺点如下：

① 自耦变压器一、二次绕组之间有电的直接联系，因此要求变压器内部绝缘和过电压保护都必须加强，以防止高压侧的过电压传递到低压侧，一般情况下一、二次侧均装设避雷器；

② 和相应的普通双绕组变压器相比，自耦变压器的短路阻抗小，当发生短路时，短路电流较大；

③ 为防止高压侧发生单相接地时引起低压侧非接地相对地电压升得较高，造成对地绝缘击穿，自耦变压器中性点必须可靠接地。

自耦变压器应用很广，在高电压大容量的输电系统中，三相自耦变压器主要用来连接两个电压等级相近的电力网，做联络变压器之用。此外自耦变压器也可做交流电动机降压启动设备和实验室调压设备等。

1.8.2 仪用互感器

仪用互感器是一种用于测量的专用设备，它能将高电压降为低电压，大电流变为小电流后再进行测量，有电流互感器和电压互感器两种，它们的工作原理与变压器相同。

使用互感器的好处是：使测量回路与被测回路隔离，保证测量人员和仪表的安全，并可使用普通量程的电压表和电流表测量高电压和大电流，扩大仪表的量程。

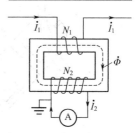

图 1-37　电流互感器原理图

（1）电流互感器　电流互感器实质上是一台二次绕组在短路状态下工作的升压变压器，它的一次绕组由一匝或几匝截面较大的导线构成，将其串联在需要测量电流值的电路中。二次绕组的匝数较多，截面较小，它与阻抗很小的负载（电流表、功率表的电流线圈）接成闭路，如图 1-37 所示。

从工作原理上看，电流互感器仍然是一种变压器。为了减小测量误差，电流互感器铁芯中的磁通密度一般设计得较低，所以励磁电流很小。若忽略励磁电流，由磁动势平衡关系可得

$$\frac{I_1}{I_2} = \frac{N_2}{N_1} = k_i$$

即

$$I_2 = \frac{N_1}{N_2}I_1 = \frac{1}{k_i}, \quad I_2 = \frac{I_1}{k_i} \tag{1-60}$$

式中，k_i 为电流互感器的变流比。由式（1-60）可知，利用一、二次绕组不同的匝数关系，可将被测电路的大电流 I_1 变换成检测仪表上显示的小电流 I_2。

通常电流互感器的二次侧额定电流均设计为 5A，而一次侧额定电流的范围可为 5～2500A，当与测量仪表配套使用时，电流表指示的数值已按变流比被放大，即电流表按一次侧的电流值标出，从电流表上可直接读出被测电流值。电流互感器的额定电流等级有 100A/5A、500A/5A、2000A/5A 等。

电流互感器在测量时存在着误差。根据误差的大小，电流互感器的准确度可分为 0.2、0.5、1.0、3.0 和 10.0 五个等级。例如 0.5 级，表示在额定电流时，一、二次侧电流变比的误差不超过±0.5%。

使用电流互感器时要注意的事项如下。

① 二次绕组绝对不允许开路。因为二次绕组开路时，互感器成为空载运行，$I_2 = 0$，而 I_1 为恒值，一次绕组中的被测大电流全部成为励磁电流，使铁芯中的磁密猛增，磁路严重饱和。一方面铁耗增大，铁芯过热，烧坏绕组绝缘；另一方面二次绕组将会感应出很高的电压，可能击穿绝缘，危及仪表及操作人员的安全。因此，电流互感器二次绕组中绝对不允许装熔断器。运行中如需要拆下电流表等测量仪表，应先将二次绕组短路。

② 电流互感器的二次绕组及铁芯必须可靠接地，以免绝缘损坏时，二次侧出现高压，

发生事故。

另外，在实际工作中，为了方便检测带电现场线路中的电流，工程上常采用一种钳形电流表，其外形结构如图 1-38 所示，而工作原理和电流互感器相同。其结构特点是：铁芯像一把钳子可以张合，二次绕组与电流表串联组成一个闭合回路。在测量导线中电流时，不必断开被测电路，只要压动手柄，将铁芯钳口张开，把被测导线夹于其中即可，此时被测载流导线就充当一次绕组（只有一匝），借助电磁感应作用，由二次绕组所接的电流表直接读出被测导线中电流的大小。一般钳形电流表都有几个量程，使用时应根据被测电流值适当选择量程。

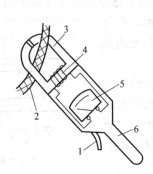

图 1-38　钳形电流表

1—活动手柄；2—被测导线；3—铁芯；

4—二次绕组；5—表头；6—固定手柄

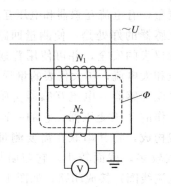

图 1-39　电压互感器原理图

（2）电压互感器　电压互感器的原理如图 1-39 所示。它的一次绕组匝数很多，直接并联到被测的高压线路上；二次绕组匝数较少，接在高阻抗的电压表或瓦特表的电压线圈上。由于二次绕组接在高阻抗的仪表上，因而二次电流 I_2 很小，所以电压互感器的运行情况相当于是普通变压器的空载运行。如果忽略漏阻抗压降，则有

$$\frac{U_1}{U_2} = \frac{N_1}{N_2} = k_\mathrm{u}$$

即

$$U_2 = \frac{U_1}{k_\mathrm{u}} \tag{1-61}$$

式中，k_u 为电压互感器的变比。式（1-61）表明，利用一、二次侧不同的匝数比可将线路上的高电压转换成低电压。电压互感器二次侧额定电压通常设计为 100V。如果电压表与电压互感器配套，则电压表指示的数值已按变压比被放大，可直接读取被测电压数值。电压互感器的额定电压等级有 3000V/100V、10000V/100V 等。

为了提高电压互感器的准确度，必须减少励磁电流和一、二次绕组的漏阻抗，所以电压互感器的铁芯一般采用性能较好的硅钢片制成，并使其磁路不饱和。但误差总是存在的，根据误差的大小，电压互感器的准确度分为 0.2、0.5、1.0 和 3.0 四个等级。

使用电压互感器应注意的事项如下。

① 二次侧绝对不允许短路，由于电压互感器正常运行时接近空载，因而若二次侧短路，会产生很大的短路电流，使绕组过热而烧坏互感器。因此使用时，二次侧电路中应串接熔断器作短路保护。

② 为了使用安全，二次绕组及铁芯必须可靠接地，以防绝缘损坏时，一次侧的高电压

传到铁芯及二次侧，危及仪表及操作人员安全。

③ 二次侧不宜接过多的仪表，以免电流过大引起较大的漏阻抗压降，影响互感器的准确度。

1.8.3 电焊机变压器

交流电焊机的电源通常是电焊变压器，实质上它是一台特殊的降压变压器。为了保证电焊的质量和电弧燃烧的稳定性，对电焊变压器有以下几点要求。

① 电焊变压器空载时应有足够的起弧电压，大约 60～75V。

② 起弧后变压器工作在弧光短路的情况下，其电压要求迅速下降。为了维持电弧，在额定负载下，要求有约 30V 左右的电压。

③ 在直接短路时，短路电流不应太大，否则焊条过热，工件易烧穿。

④ 当电弧长度发生变化时，焊接电流不应产生较大的波动，即要求电流比较稳定，以保证焊接质量。为了适应不同焊件和不同规格的焊条，要求能调节焊接电流的大小。

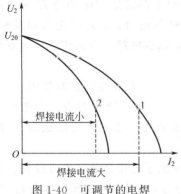

图 1-40　可调节的电焊
变压器的外特性

满足上述要求的电焊变压器的外特性曲线如图 1-40 所示。为了获得上述的特性，电焊变压器必须具有较大的电抗，而且可以调节。因此电焊变压器的一、二次绕组一般分装在两个铁芯柱上，而不是同心地套装在一起。为了得到迅速下降的外特性，以及焊接电流可调，可采用串联可变电抗器法和磁分路法，由此产生了不同类型的电焊变压器。

（1）带电抗器的电焊变压器　带电抗器的电焊变压器原理如图 1-41 所示，它在二次绕组中串联一个可变电抗器，使负载端电压下降很快，以得到迅速下降的外特性，通过螺杆调节可变电抗器的气隙，以改变焊接电流的大小。当可变电抗器的气隙增大时，电抗器的电抗减小，焊接电流增大；反之，当气隙减小时，电抗器的电抗增大，焊接电流减小。另外，通过一次绕组的抽头，可以调节起弧电压的大小。

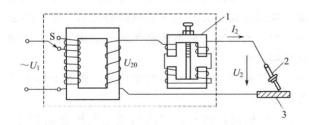

图 1-41　带电抗器的电焊变压器
1—可变电抗器；2—焊条；3—焊件

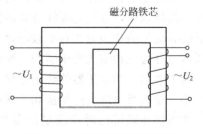

图 1-42　磁分路的电焊变压器

（2）磁分路的电焊变压器　磁分路的电焊变压器原理如图 1-42 所示，它在一次绕组和二次绕组的两个铁芯柱之间安装了一个磁分路动铁芯。由于磁分路动铁芯的存在，增加了漏磁通，增大了漏电抗，从而得到迅速下降的外特性。通过调节螺杆可将磁分路动铁芯移进或移出到适当位置，使得漏磁通增大或减小（漏电抗随之增大或减小），由此改变焊接电流的大小。另外，通过二次绕组的抽头可调节起弧电压的大小。

【本章小结】

变压器是一种变换交流电能的静止电气设备。它利用一、二次绕组匝数的不同，通过电磁感应作用，将一种电压等级的交流电能变换成同频率的另一种电压等级的交流电能。

为了正确分析变压器中各交变电磁量，首先要确定变压器中各电磁量的正方向，只有遵循规定的正方向，其方程式和相量图才能正确反映各电磁量之间的关系。

在变压器中，既有电路问题，又有磁路问题，通过磁耦合将磁路和电路，即一、二次绕组联系起来，因此变压器中存在着电动势平衡和磁动势平衡两种基本电磁关系。

变压器磁场的分布很复杂，为了便于研究，可把它等效为两部分磁通，即主磁通和漏磁通。因为这两部分磁通经过的磁路性质不同，它们所起的作用也不同。主磁通沿铁芯闭合，由于铁芯饱和，使得磁路是非线性的。主磁通在一、二次绕组中同时感应电动势 E_1 和 E_2，将电功率从一次绕组传递到二次绕组。漏磁通则经过非磁性材料而闭合，磁路无饱和现象，是一种线性的磁路。漏磁通在各自的绕组中产生漏磁电动势，起到电抗压降的作用，而不直接参与能量的传递。

对于这两部分磁通可以分别用励磁电抗 x_m 和漏磁电抗 x_1、x_2 来描述它们的作用。x_1、x_2 分别与一、二次绕组的漏磁通相对应，可以认为是常量；x_m 与主磁通相对应，随磁路饱和程度不同而有所变化，但在通常的工作条件下，外加电压和频率不变时，可以认为 x_m 是常量。这样就把电磁场的问题简化成线性电路的问题来处理。

通过对变压器空载和负载运行时内部电磁关系的分析，导出了变压器的基本方程式、等效电路和相量图。由于基本方程式的求解比较复杂，所以在实际应用中，如作定性分析时，采用相量图比较直观和简便；如作定量分析计算时，采用等效电路比较方便。但应用等效电路时，必须注意到一、二次绕组中各量的折算关系。

衡量变压器的运行性能主要有两个指标，即电压变化率和效率。电压变化率的大小反映了变压器负载运行时，二次侧端电压的稳定性，直接影响供电的质量。而效率的高低则直接影响变压器运行的经济性。

三相变压器在对称情况下运行时，可用单相变压器的类似方法进行分析。但应注意三相变压器的特殊性，也就是要注意其磁路系统、绕组的连接方式及空载电动势波形，不同的磁路系统和绕组的连接方式对空载电动势波形有很大的影响。根据磁路系统的结构不同，三相变压器可分为三相组式变压器和三相心式变压器两种。

为了表示三相变压器的绕组连接方法和一、二次绕组线电动势的相位差，铭牌上标出了连接组。连接组由绕组连接法和连接组标号构成。

变压器并联运行时应满足的条件是：①变比相同，即一、二次侧额定电压分别相等；②阻抗电压相等；③连接组标号相同。这样才能保证并联运行的变压器在空载时不致产生环流，同时，负载可按变压器容量进行分配，使设备得以充分利用。

【思考题与习题】

1-1 变压器是根据什么原理进行变压的？它有哪些用途？变压器的一次绕组一定是高压侧吗？

1-2　为什么要高压输电、低压用电？变压器有哪些种类？

1-3　变压器原副边电压和原副边绕组匝数有什么关系？原副边电流又和原副绕组匝数有什么关系？

1-4　变压器铁芯有什么作用？为什么要用硅钢片叠成？为什么要交错叠装？

1-5　用变压器能否改变直流电源的电压？为什么？

1-6　高低压绕组在铁芯柱上的布置方式有哪些？为什么不把高低压线圈分别套在两个铁芯柱上？

1-7　变压器中的主磁通与漏磁通的性质和作用有何不同？在分析变压器时是怎样反映它们的作用的？

1-8　变压器空载运行时，一次侧加额定电压，已知一次侧绕组电阻很小，为什么电流并不大？为什么空载功率因数很低？

1-9　一台单相变压器，额定电压为 220V/110V，如果不慎将低压侧误接到 220V 电源上，对变压器有何影响？

1-10　变压器有负载时，二次绕组电流变化，为什么一次绕组电流也发生相应的变化？它们有什么关系？

1-11　一台额定电压为 220V/110V 的变压器，变比 $k=N_1/N_2=2$，试回答能否一次绕组用两匝？二次绕组用一匝？为什么？

1-12　为什么变压器的空载损耗可以近似看成是铁损耗，短路损耗可以近似看成是铜损耗？

1-13　为什么空载实验时常常在低压绕组侧接电源，而短路实验又常常在高压绕组侧接电源？在高压绕组侧接电源做空载实验与在低压绕组侧接电源做空载实验所求的数据有什么不同？

1-14　阻抗电压的大小取决于哪些因素？对变压器的运行有何影响？

1-15　变压器的电压变化率是如何定义的？它与哪些因素有关？变压器电源电压一定时，当负载（$\varphi_2>0$）电流增大时，一次电流如何变化？二次电压如何变化？当二次电压偏低时，应如何调节分接头？

1-16　变压器二次侧加电感性负载和电容性负载时，其电压变化率有何不同？

1-17　变压器的效率与哪些因素有关？在什么情况下效率最高？

1-18　变压器负载后的二次电压是否总比空载时的低？会不会比空载时高？为什么？

1-19　三相组式变压器和三相心式变压器在磁路上各有什么特点？

1-20　什么是三相变压器的连接组？如何用时钟表示法来表示并确定连接组标号？

1-21　三相变压器有哪五种标准连接组？试分别画出它们的连接图。

1-22　什么叫变压器的并联运行？研究并联运行有什么实际意义？

1-23　变压器并联运行的条件有哪些？其中哪个条件必须严格保证？

1-24　变压器并联运行时连接组标号不同有什么危害？

1-25　互感器有什么作用？使用电压互感器和电流互感器时各应注意哪些问题？

1-26　自耦变压器有什么主要特点？

1-27　电弧焊对电焊变压器有什么要求？用什么办法才能满足这些要求？

1-28　一台 S-50/10 型变压器，低压侧额定电压为 400V，求高、低压侧额定电流。

1-29　有一单相变压器，已知其额定电压为 220V/110V，不知其线圈的匝数，为求高压侧加额定电压时铁芯中的磁通最大值 Φ_m，可在铁芯上临时绕 $N=100$ 匝测量线圈，如图 1-43 所示。当高压侧加 $f=50$Hz 的额定电压时，测得测量线圈的端电压为 11V，求此时铁

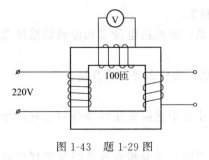

图 1-43 题 1-29 图

芯中的磁通 Φ_m 为多少？高低压绕组匝数有多少？

1-30 DJN-50/10 型变压器，额定容量为 $S_N = 50kV \cdot A$，额定电压 10000V/230V，空载损耗 $P_0 = 340W$，短路损耗 $p_{kN} = 1150W$，阻抗电压 $u_k = 4.2\%$，空载电流 $I_0 = 8.5\% I_{1N}$。试求：

(1) 电源加在高电压侧的空载电流及励磁阻抗；

(2) 折算到高电压侧的短路阻抗；

(3) $\cos\varphi_2 = 0.8$，额定感性负载时的电压变化率和效率。

1-31 变压器铭牌数据如下：$S_N = 750kV \cdot A$，$U_{1N}/U_{2N} = 10000/400V$，Y，y 接线，在低压侧做空载实验数据为：$U_{20} = 400V$，$I_{20} = 65A$，$P_0 = 4.1kW$；在高压侧做短路实验数据为：$U_{1K} = 380V$，$I_{1K} = 30A$，$p_k = 4.6kW$，求变压器的参数，画出 T 形等效电路（设折算过的一、二次绕组漏阻抗相等）。

1-32 SL-1000/35 型三相铜线电力变压器，$S_N = 1000kV \cdot A$，$U_{1N}/U_{2N} = 35/0.4kV$，一、二次侧都接成星形，在室温 25℃时做空载实验和短路实验，实验数据记录如下：

空载实验（低压边接电源），$U_0 = 400V$，$I_0 = 72.2A$，$P_0 = 8300W$；

短路实验（高压边接电源），$U_k = 2270V$，$I_k = 16.5A$，$p_k = 24000W$。

试求：(1) 折算到高压边的 T 形等效电路各参数（工程上一般近似为 $r_1 \approx r_2$，$x_1 \approx x_2$）；

(2) 阻抗电压及其百分值。

1-33 题 1-32 中的变压器，一次侧加额定电压，试求：

(1) 额定负载且 $\cos\varphi_2 = 0.8$（滞后）时的电压变化率、二次端电压和效率；

(2) 额定负载 $\cos\varphi_2 = 1$ 时的电压变化率、二次端电压和效率；

(3) 额定负载且 $\cos\varphi_2 = 0.8$（超前）时的电压变化率、二次端电压和效率。

1-34 某变压器高、低压绕组按图 1-44 连接。试用电动势相量图判断连接组标号。

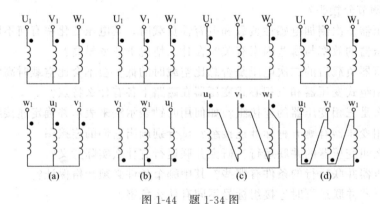

图 1-44 题 1-34 图

【自我评估】

一、填空题

1. 变压器利用_____原理，将一种电压等级的交流电能变换成_____的另一种电压等级的_____。

2. 变压器是一种静止电器，它可以改变_____、_____和_____。

3. 变压器的一次绕组接交流电源后，将产生交变的磁通，该磁通分为_____和_____。既和一次绕组交链又和二次绕组交链的磁通为_____，仅和一次绕组交链的磁通为_____。

4. 对于一台已出厂的变压器，其主磁通的大小只与_____、_____有关，与磁路材料的性质和几何尺寸_____（填有关或无关）。

5. 变压器二次侧的额定电压指_____。

6. 通过_____和_____实验可求取变压器的参数。

7. 三相变压器采用 Y, d1 连接，连接组标号 1 表示低压侧线电压_____高压侧对应线电压_____度。

8. 在_____情况下，变压器效率最高。

9. 变压器运行时基本铜耗可视为_____，基本铁耗可视为_____。

10. 电压互感器运行时二次侧不允许_____，电流互感器运行时二次侧不允许_____。

11. 一台变压器，原设计的频率为 50Hz，现将它接到 60Hz 的电网上运行，额定电压不变，励磁电流将_____，铁耗将_____。（填增加、减小或不变）

12. 三相心式变压器的连接组标号为 Y, y8，其中"8"的物理含义为_____。

二、判断题（正确画"√"，错误画"×"）

1. 变压器的种类多种多样，但就其工作原理而言都是按照电磁感应原理制成的。（　　）

2. 三相变压器铭牌上的额定电流为相电流。（　　）

3. 电力变压器是由铁芯、绕组和其他附件组成的。（　　）

4. SJL-560/10 表示三相油浸自冷式变压器，额定功率为 560kW。（　　）

5. 电力变压器绕组的结构形式一般有心式和壳式。（　　）

6. 变压器铁芯所采用硅钢片是硬磁材料。（　　）

7. 调节变压器的分接开关，就可以改变变压器的输入电压。（　　）

8. 做变压器空载实验时，为了便于选择仪表和设备以及保证实验安全，一般使低压侧开路，高压侧接仪表和电源。（　　）

9. 变压器短路实验是在低压侧短路的条件下进行的。（　　）

10. 变压器带感性负载时，其外特性曲线是下降的；而带容性负载时，外特性曲线是上升的。（　　）

11. 几台变压器并联运行时变比、短路电压允许有极小的差别，但变压器的连接组别必须绝对相同。（　　）

12. 变比不相同（设并联运行的其他条件皆满足）的变压器并联运行，变压器一定会烧坏。（　　）

13. 互感器既可以用于交流电路，又可以用于直流电路。（　　）

14. 为了防止短路造成的危害，在电流互感器和电压互感器副边电路中都必须装设熔断器。（　　）

15. 变压器在原边外加额定电压不变的条件下，副边电流大，导致原边电流也大，因此变压器的主磁通也大。（　　）

16. 变压器的二次额定电压是指当一次侧加额定电压、二次侧开路时的空载电压值。（　　）

三、选择题

1. S9-500/10 型变压器的容量为（　　）。

(A) 500kV·A (B) 400kV·A (C) 490kV·A (D) 510kV·A

2. 油浸式电力变压器中，变压器油的作用是（　　）。

    (A) 绝缘和冷却 (B) 灭弧 (C) 润滑

3. 变压器分接开关的作用是（　　）。

    (A) 调节变压器输出电压 (B) 调节变压器输入电压

    (C) 调节频率 (D) 改变磁通

4. 如果将额定电压为220V/36V的变压器接入220V的直流电源，则将发生（　　）。

    (A) 输出36V的直流电压

    (B) 输出电压低于36V

    (C) 输出36V电压，原绕组过热

    (D) 没有电压输出，原绕组严重过热而烧坏

5. 变压器铁芯采用相互绝缘的薄硅钢片叠压制成，目的是为了降低（　　）损耗。

    (A) 杂散 (B) 铜 (C) 铁 (D) 磁

6. 用一台电力变压器向某车间的异步电动机供电，当启动的电动机台数增多时，变压器的端电压将（　　）。

    (A) 升高 (B) 不变

    (C) 降低 (D) 可能升高也可能降低

7. 变压器带感性负载运行时，其电压变化率为（　　）。

    (A) $\Delta U > 0$ (B) $\Delta U < 0$

    (C) $\Delta U = 0$ (D) 前三种情况都有可能

8. 变压器空载损耗（　　）。

    (A) 全部为铜损耗 (B) 全部为铁损耗

    (C) 主要为铜损耗 (D) 主要为铁损耗

9. 一台变压器在（　　）时效率最高。

    (A) $\beta = 1$ (B) $P_0/P_S =$ 常数 (C) $p_{Cu} = p_{Fe}$ (D) $S = S_N$

10. 变压器的最高效率发生在其负载系数为（　　）时。

    (A) $\beta = 0.2$ (B) $\beta = 0.6$ (C) $\beta = 1$ (D) $\beta > 1$

11. 电压互感器副边回路中仪表或继电器必须（　　）。

    (A) 串联 (B) 并联 (C) 混联 (D) 串并联都可以

12. 如果不断电拆装电流互感器副边的仪表，则必须（　　）。

    (A) 先将副绕组断开 (B) 先将副边绕组短接

    (C) 直接拆装 (D) 无特殊要求

13. 两台容量相同的变压器并联运行时，出现负载分配不均的原因是（　　）。

    (A) 阻抗电压不相等 (B) 连接组号不同

    (C) 电压比不相等 (D) 变比不相等

14. 变压器并联运行的目的是（　　）。

    (A) 提高电网功率因数 (B) 提高电网电压

    (C) 电压比不相等 (D) 改善供电质量

15. 提高输电电压可以减少输电线中的（　　）。

    (A) 功率损耗 (B) 电压降

    (C) 无功损耗 (D) 功率损耗和电压降

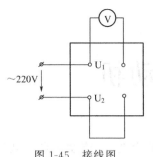

图 1-45　接线图

四、简答题

1. 变压器并联运行的条件是什么？哪一个条件要求绝对严格？

2. 变压器空载运行时，是否从电网吸收电功率？起什么作用？为什么小负荷用户使用大容量变压器对电网和用户均不利？

3. 电压为 220V/110V 的变压器进行极性实验，接线图如图 1-45 所示，将一次绕组的 U_2 与二次绕组的一端相连，在 U_1 端与二次绕组的另一端接电压表，在 U_1、U_2 两端加 220V 电压。如果 U_2 是与二次绕组的 u_2 相接（即同名端相连），则电压表的读数为多少伏？如果是异名端相连，则电压表的读数又为何值？

4. 在制造时如将一台变压器的铁芯截面比原设计做小了，试问当额定电压和绕组匝数不变时，这台变压器的磁通量、励磁电流和励磁阻抗等是否会发生变化？

五、作图题

画出图 1-46 的相量图并判别连接组别。

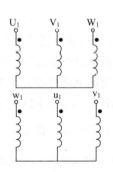
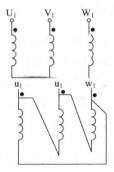

图 1-46　连接图

六、计算题

1. 有一台 6000V/230V 单相变压器，其铁芯截面 $S=150\text{cm}^2$，铁芯中的最大磁密 $B_m=1.2\text{T}$，电源频率 $f=50\text{Hz}$，试求高低压绕组匝数。

2. 三相变压器的额定值 $S_N=5600\text{kV}\cdot\text{A}$，$U_{1N}/U_{2N}=6000\text{V}/3300\text{V}$，Y，y 接线，空载损耗 $P_0=18\text{kW}$，短路 $p_{kN}=56\text{kW}$，阻抗电压 $u_k=5.5\%$。试求：（1）当输出电流 $I_2=I_{2N}$，$\cos\varphi_2=0.8$ 时的效率；（2）求出折算到高电压侧的短路参数；（3）$I_2=I_{2N}$，$\cos\varphi_2=0.8$ 感性负载时的电压变化率。

第2章 三相异步电动机

【学习目标】

掌握：①三相异步电动机的旋转原理；②同步转速、转差率的含义；③笼式和绕线式异步电动机的基本结构；④三相异步电动机的功率和电磁转矩求取。

了解：①异步电动机的结构、分类及额定值等；②三相异步电动机空载与负载运行；③三相交流绕组的连接规律；④异步电动机功率及转矩平衡关系；⑤三相异步电动机的工作特性。

2.1 概　　述

2.1.1 异步电动机的分类

交流电机可分为交流发电机和交流电动机两大类。目前广泛采用的交流发电机是同步发电机。这是一种由原动机拖动旋转（例如水电站的水轮机、火电站的汽轮机等）产生交流电能的装置。当前世界各国的电能几乎均由同步发电机产生。交流电动机则是指由交流电源供电，将交流电能转变为机械能的装置。根据电动机转速变化的情况，可分为同步电动机和异步电动机两类。

同步电动机是指电动机的转速始终保持与交流电源的频率同步，即 $n_1 = \dfrac{60f}{p}$，当电网频率 f 和极对数 p 一定时，转速 n_1 等于常数，不随负载大小而变。而交流异步电动机的转速会随负载变化而变化，这是目前使用最多的一类电机。当异步电动机的定子绕组接上交流电源以后，建立磁场，依靠电磁感应作用，使转子绕组感生电流，从而产生电磁转矩，实现机电能量转换。因其转子电流是由电磁感应作用而产生的，因而交流异步电动机也称作感应电动机。

异步电动机的种类很多，可分为以下几种。

（1）按定子相数分　单相异步电动机、两相异步电动机和三相异步电动机。

（2）按转子结构分　绕线式异步电动机和笼式异步电动机（其中又包括单笼异步电动机、双笼异步电动机和深槽式异步电动机）。

（3）按有无换向器分　换向器异步电动机和无换向器异步电动机。

（4）按定子绕组电压高低　高压异步电动机和低压异步电动机。

（5）按机壳的防护型式　防护式、封闭式、开启式和防爆式异步电动机等。

另外，还有高启动转矩异步电动机、高转差率异步电动机和高转速异步电动机等。

2.1.2 异步电动机的主要用途

同步电动机主要用于功率较大、转速不要求调节的生产机械，如大型水泵、空气压缩机、矿井机和通风机等。而异步电机则主要用作电动机，异步电动机在工农业、交通运输、国防工业以及其他各行各业中应用非常广泛。在工业方面，用于拖动中小型轧钢设备、各种金属切割机床、轻工机械和矿山机械等；在农业方面，用于拖动水泵、脱粒机、粉碎机以及其他农副产品的加工机械等；在民用电器方面，用于驱动电风扇、洗衣机、电冰箱和空调等。

异步电动机的特点是结构简单、制造方便、运行可靠、价格低廉、坚固耐用和运行效率较高。特别是同容量的异步电动机，其重量约为直流电动机的一半，而价格仅为直流电动机的1/3。但异步电动机也有一些缺点，如不能经济地实现范围宽广的平滑调速；由于是感性元件，必须从电网吸取滞后的励磁电流，使电网功率因数变坏等。由于大部分生产机械并不要求大范围的平滑调速，而电网的功率因数又可以采用其他办法进行补偿，因而三相异步电动机仍得到广泛应用。

2.2　三相异步电动机的旋转原理

三相异步电动机的旋转原理，就是首先产生一个旋转磁场，由这个旋转磁场借感应作用在转子绕组内感生电流，然后由旋转磁场与转子电流相互作用，以产生电磁转矩来实现拖动作用。所以在三相异步电动机中实现能量变换的前提是产生一种旋转磁场。

2.2.1　旋转磁场的产生

图 2-1 所示为三相异步电动机的旋转原理图，其中 U_1U_2、V_1V_2、W_1W_2 为定子三相绕组，三个完全相同的绕组在空间上彼此互差 $120°$，分布在定子铁芯的内圆周上，构成了三相对称绕组。当三相对称绕组接上三相交流电源时，在绕组中将流过三相对称电流。经理论分析与实践证明得出如下结论。

当异步电动机定子三相对称绕组中通入三相对称电流时，在气隙中会产生一旋转磁场。该旋转磁场的转速称做同步转速，用 n_1 表示，n_1 的大小与电动机的磁极对数 p 和交流电的频率 f 有关，即 $n_1 = \dfrac{60f}{p}$。该旋转磁场的转向取决于定子三相电流的相序，即从电流超前相转向电流滞后相，若要改变旋转磁场的方向，只需将三相电源进线中的任意两相对调即可。

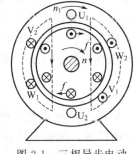

图 2-1　三相异步电动机的旋转原理图

【例 2-1】　通入三相异步电动机定子绕组中的交流电频率 $f =$ 50Hz，试分别求出电动机磁极对数分别为 $p=1$、$p=2$、$p=3$、$p=4$ 时旋转磁场的转速 n_1。

解：当 $p=1$ 时

$$n_1 = \frac{60f}{p} = \frac{60 \times 50}{1} = 3000(\text{r/min})$$

当 $p=2$ 时
$$n_1 = \frac{60f}{p} = \frac{60 \times 50}{2} = 1500(\text{r/min})$$

同理，当 $p=3$ 时，$n_1 = 1000\text{r/min}$；当 $p=4$ 时，$n_1 = 750\text{r/min}$。

上述四个数据非常重要，目前广泛使用的各类异步电动机的额定转速与上述同步转速密切相关，但额定转速均略小于同步转速。例如

Y132S-2：$p=1$，$n_1 = 3000\text{r/min}$，$n_N = 2900\text{r/min}$；

Y132S-4：$p=2$，$n_1 = 1500\text{r/min}$，$n_N = 1440\text{r/min}$；

Y132S-6：$p=3$，$n_1 = 1000\text{r/min}$，$n_N = 960\text{r/min}$；

Y132S-8：$p=4$，$n_1 = 750 \text{r/min}$，$n_N = 710\text{r/min}$。

2.2.2　三相异步电动机的旋转原理

（1）旋转原理　根据图 2-1 所示的三相异步电动机旋转原理图，已知旋转磁场 n_1 的方向

为图 2-1 所示的顺时针方向，转子上的六个小圆圈表示自成闭合回路的转子导体。该旋转磁场将切割转子导体，在转子导体中产生感应电动势。由于转子导体是闭合的，将在转子导体中形成电流，由右手定则判定电流方向，如图 2-1 所示，即电流从转子上半部的导体中流出，流入转子下半部导体中。有电流流过的转子导体将在旋转磁场中受到电磁力 f 的作用，由左手定则判定电磁力 f 的方向。图 2-1 中箭头所示为 f 方向。电磁力 f 在转轴上形成电磁转矩 T，使电动机转子以转速 n 的速度旋转。由此可归纳三相异步电动机的旋转原理为：

① 当异步电动机定子三相绕组中通入三相交流电时，在气隙中形成旋转磁场；

② 旋转磁场切割转子绕组，在转子绕组中感应电动势和电流；

③ 载流转子绕组在磁场中受到电磁力的作用，形成电磁转矩，驱动电动机转子转动。

异步电动机转子的旋转方向始终与旋转磁场的旋转方向一致，而旋转磁场的转向取决于定子三相电流的相序，要改变三相异步电动机的旋转方向，只要改变定子三相电流的相序，即将三相电源进线中的任意两相对调，即可实现电动机反转。

（2）转差率　由异步电动机的旋转原理可知，转子转动的方向虽然与旋转磁场转动的方向相同，但转子的转速 n 不能达到同步转速 n_1，即 $n < n_1$。这是因为，两者如果相等，转子与旋转磁场就不存在相对切割运动，转子绕组中也就不再感应出电动势和电流，转子不会受到电磁转矩的作用，不可能继续转动。电动机转子的转速 n 与旋转磁场的转速 n_1 存在一定的差异，这是三相异步电动机产生电磁转矩的必要条件。由于电动机转速 n 与旋转磁场转速 n_1 不同步，故称为异步电动机。

定子旋转磁场的转速 n_1 与转子的转速 n 之差 $\Delta n = n_1 - n$ 称为转差。将转差 $(n_1 - n)$ 与旋转磁场的转速 n_1 的比值称为异步电动机的转差率，用 s 表示，即

$$s = \frac{n_1 - n}{n_1} \tag{2-1}$$

转差率是异步电动机的一个重要参数，在很多情况下，用 s 表示电动机的转速比直接用 n 方便得多，使很多计算分析大为简化。由于电动机额定转速 n_N 与定子旋转磁场的转速 n_1 接近，所以一般额定转差率 s_N 为 0.01～0.06。当转子静止，即 $n = 0$ 时，$s = 1$；当 $n = n_1$ 时，$s = 0$，因此，异步电动机正常运行时 s 值的范围是 0～1。

【例 2-2】　某三相异步电动机的额定转速 $n_N = 720 \text{r/min}$，频率是工频 50Hz，试求该电机的额定转差率和极对数。

解： 因为 $n_N = 720 \text{r/min}$，额定转差率 s_N 在 0.01～0.06 之间，可以判定 $n_1 = 750 \text{r/min}$。

将 $n_1 = 750 \text{r/min}$ 及 $f = 50 \text{Hz}$ 代入同步转速 $n_1 = \frac{60f}{p}$ 中，得

$$p = \frac{60f_1}{n_1} = \frac{60 \times 50}{750} = 4$$

其额定转差率

$$s_N = \frac{n_1 - n_N}{n_1} = \frac{750 - 720}{750} = 0.04$$

（3）三相异步电机的三种运行状态　根据转差率 s 的大小和正负不同，异步电机可有三种运行状态。

① 电动机运行状态　从电动机基本工作原理的分析可知，当转子转速小于同步转速且与旋转磁场转向相同时（$n < n_1$，$0 < s < 1$），异步电机为电动机运行状态。这时，转子感应电流与旋转磁场相互作用，在转子上产生电磁力，并形成电磁转矩，如图 2-2(b) 所示，图中 N、S 表示定子旋转磁场的等效磁极；转子导体中的"×"和"·"表示转子感应电动势

及电流的有功分量方向；f 表示转子受到的电磁力。由分析判断可知：电磁转矩方向与转子转向相同，为驱动性质。电机在电磁转矩作用下克服制动的负载转矩做功，向负载输出机械功率。也就是说，电机把从电网吸收的电功率转换为机械功率，输送给转轴上的负载。

可见，当转差率为 $0<s<1$ 时，异步电机处于电动机运行状态。

② 发电机运行状态　当原动机驱动异步电机，使其转子转速 n 超过旋转磁场的转速 n_1，且两者同方向（$n>n_1$，$-\infty<s<0$）时，定子旋转磁场切割转子导体，产生的转子电流与电动机状态时相反。定子旋转磁场与该转子电流相互作用，将产生制动性质的电磁力和电磁转矩，如图 2-2(c) 所示。若要维持转子转速 n 大于 n_1，原动机必须向异步电机输入机械功率，克服电磁转矩做功，将输入的机械功率转化为定子侧的电功率输送给电网。此时，异步电机运行于发电机状态。

可见，当转差率为 $-\infty<s<0$ 时，异步电机处于发电机运行状态。

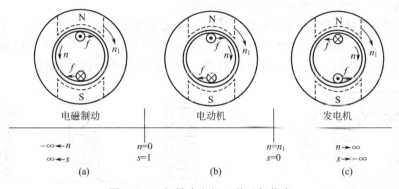

图 2-2　三相异步电机三种运行状态

③ 电磁制动运行状态　异步电机定子绕组流入三相交流电流产生转速为 n_1 的旋转磁场，同时，一个外施转矩驱动转子以转速 n 逆着旋转磁场的方向旋转（$n<0$，$s>1$），这时定子旋转磁场切割转子导体的方向与电动机状态相同，产生的电磁力和电磁转矩与电动机状态相同，但电磁转矩方向与电机转向相反，是制动性质的，如图 2-2(a) 所示。这种由电磁感应产生制动作用的运行状态称为电磁制动运行状态。此时，一方面定子从电网吸收电功率，另一方面驱动转子旋转的外加转矩克服电磁转矩做功，向异步电机输入机械功率，两方面输入的功率都转变为电机内部的热能消耗掉。

可见，当转差率为 $1<s<\infty$ 时，异步电机处于电磁制动状态。

由此可知，区分异步电机三种运行状态的依据是转差率 s 的大小。

2.3　三相异步电动机的结构、铭牌及主要系列

2.3.1　三相异步电动机的结构

三相异步电机主要由定子和转子两大部分组成，定、转子之间有气隙。图 2-3 所示为笼型异步电动机的结构。

（1）定子部分

① 定子铁芯　定子铁芯是异步电动机磁路的一部分，装在机座里。为了减少旋转磁场在铁芯中引起的涡流损耗和磁滞损耗，定子铁芯由导磁性能较好、厚度为 0.5mm 且冲有一

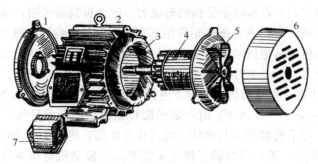

图 2-3　笼型异步电动机结构图

1—端盖；2—定子；3—定子绕组；4—转子；5—风扇；6—风扇罩；7—接线盒

定槽形的硅钢片叠压而成。对于容量较大（10kW 以上）的电动机，在硅钢片两面涂以绝缘漆，作为片间绝缘。图 2-4 所示为定子铁芯示意图。

在定子铁芯内圆开有均匀分布的槽，槽内放置定子绕组。图 2-5 所示为定子铁芯槽，其中图（a）是开口槽，用于大中型容量的高压异步电动机；图（b）是半开口槽，用于中型 500V 以下的异步电动机；图（c）是半闭口槽，用于低压小型异步电动机。

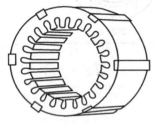

图 2-4　定子铁芯示意图

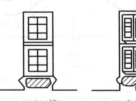

(a) 开口槽　　(b) 半开口槽　　(c) 半闭口槽

图 2-5　定子铁芯槽

② 定子绕组　定子绕组是异步电动机定子的电路部分，它由许多线圈按一定的规律连接而成。定子绕组嵌放在定子铁芯的内圆槽内。小型异步电机的定子绕组一般采用高强度漆包圆铜线或圆铝线绕成，大中型异步电机定子绕组一般采用高强度漆包扁铜线或扁铝线绕成。

三相异步电动机的定子绕组是一个三相对称绕组，它由三个完全相同的绕组所组成，每个绕组即一相，三个绕组在空间相差 120°电角度，每相绕组的两端分别用 U_1-U_2、V_1-V_2、W_1-W_2 表示，可以根据需要接成 Y 形或△形。图 2-6 所示为三相异步电动机定子绕组接线图。具体采用哪种接线方式取决于每相绕组能承受的电压设计值。例如一台相绕组能承受 220V 电压的三相异步电动机，铭牌上标有额定电压 380V/220V，Y/△连接，表明若电源电压为 380V，则采用 Y 连接；若电源电压为 220V，则采用△连接。两种情况下，每相绕组承受的电压都是 220V。

③ 机座　机座的作用主要是为了固定与支撑定子铁芯，所以要求它有足够的机械强度和刚度。对中小型异步电机，通常采用铸铁机座；对大型电机，一般采用钢板焊接的机座。

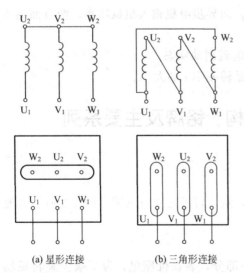

(a) 星形连接　　(b) 三角形连接

图 2-6　三相异步电动机定子绕组接线

（2）转子部分

① 转子铁芯　转子铁芯的作用与定子铁芯相同，一方面作为电动机磁路的一部分，另一方面用来安放转子绕组。它用厚0.5mm且冲有转子槽形的硅钢片叠压而成。中小型电机的转子铁芯一般都直接固定在转轴上，而大型异步电机的转子则套在转子支架上，然后让支架固定在转轴上。

② 转子绕组　转子绕组的作用是产生感应电动势、流过电流并产生电磁转矩。按其结构型式分为笼型和绕线型两种。下面分别说明这两种绕组的特点。

• 笼型转子绕组。在转子铁芯的每一个槽内插入一铜条，在铜条两端各用一铜环把所有的导条连接起来，称为铜排转子，如图2-7(a)所示；也可用铸铝的方法，用熔铝浇铸而成短路绕组，即将导条、端环和风扇叶片一次铸成，称为铸铝转子，如图2-7(b)所示；100kW以下的异步电动机，一般采用铸铝转子。如果去掉铁芯，仅由导条和端环构成转子绕组，外形像一个松鼠笼子，所以称笼型转子绕组，笼型绕组的电动机称为笼型异步电动机。笼型转子结构简单、制造方便、成本低、运行可靠，从而得到广泛应用。

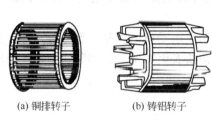

(a) 铜排转子　　(b) 铸铝转子

图2-7　笼型转子绕组

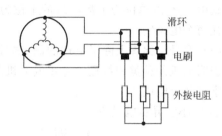

图2-8　绕线型转子绕组与外加变阻器的连接

• 绕线型转子绕组。与定子绕组相似，它是在绕线转子铁芯的槽内嵌有三相对称绕组，一般做星形连接，三个端头分别接在与转轴绝缘的集电环上，通过电刷装置与外电路相接。如图2-8所示，它可以把外接电阻串联到转子绕组回路中去，以便改善异步电动机的启动及调速性能。为了减少电刷引起的摩擦损耗，中等容量以上的电机还装有一种提刷短路装置。绕线型转子绕组的电动机称为绕线型异步电动机。

对于绕线型异步电动机通过改变转子回路串入的附加电阻，可以改善电动机的启动性能或调节电动机的转速。但与笼型电动机相比，绕线型电动机的结构复杂，维修较麻烦，造价高。因此，对启动性能要求较高和需要调速的场合才选用绕线型异步电动机。

（3）其他部分及气隙　除了定子、转子外，还有端盖、风扇等。端盖除了起防护作用外还装有轴承，用以支撑转子轴。风扇则用来通风冷却。

异步电动机定子与转子之间存在气隙，气隙大小对异步电动机的性能、运行可靠性影响较大。气隙过大，将使磁阻增大，使励磁损耗增大，由电网供给的励磁电流随之增大，电动机的功率因数 $\cos\varphi$ 变低，使电动机的性能变坏；但气隙过小又容易使运行中的转子与定子碰擦，发生"扫膛"给启动带来困难，从而降低了运行的可靠性，另外也给装配带来困难。中小型异步电机的气隙一般为0.1～1mm。

2.3.2　三相异步电动机的铭牌数据

（1）额定值　三相异步电动机在铭牌上表明的额定值主要有以下几项。

① 额定功率 P_N　是指电动机在额定运行时，转轴上输出的机械功率，单位是kW。

② 额定电压 U_N　是指额定运行时，电网加在定子绕组上的线电压，单位是V或kV。

③ 额定电流 I_N　是指电动机在额定电压下，输出额定功率时，定子绕组中的线电流，单位是 A。

④ 额定转 n_N　是指额定运行时电动机的转速，单位是转/分（r/min）。

⑤ 额定频率 f_N　是指电动机所接电源的频率，单位是 Hz。中国的电网频率为 50Hz。

⑥ 额定功率因数 $\cos\varphi_N$　是指额定运行时，定子电路的功率因数。一般中小型异步电动机 $\cos\varphi_N$ 为 0.8 左右。

⑦ 接法　用 Y 或 △ 表示。表示在额定运行时，定子绕组应采用的连接方式。

此外，铭牌上还标有定子绕组的相数 m_1、绝缘等级、温升以及电动机的额定效率 η_N、工作方式等。绕线型异步电动机还标有转子绕组的线电压和线电流。

额定值之间有如下关系

$$P_N = \sqrt{3}U_N I_N \cos\varphi_N \eta_N \tag{2-2}$$

对于 380V 的低压异步电动机，其 $\eta_N\cos\varphi_N \approx 0.8$，代入式（2-2）得

$$I_N \approx 2P_N \tag{2-3}$$

式中，P_N 的单位为千瓦，I_N 的单位为安培。由此可以估算出额定电流，即所谓的"一个千瓦两个电流"。

（2）型号　铭牌上除了上述的额定数据外，还标明了电动机的型号。型号是一种产品代号，表明电机的种类和特点。异步电动机的型号由汉语拼音大写字母、国际通用符号和阿拉伯数字三部分组成。

① 中小型异步电动机

② 大型异步电动机

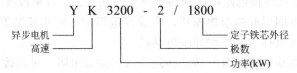

2.3.3　三相异步电动机的主要系列简介

（1）Y 系列　是一般用途的小型笼型电动机系列，取代了原先的 JO2 系列。额定电压为 380V，额定频率为 50Hz，功率范围为 0.55～90kW，同步转速为 750～3000r/min。外壳防护型式为 IP44 和 IP23 两种，B 级绝缘。Y 系列的技术条件已符合国际电工委员会（IEC）的有关标准。

（2）JDO2 系列　该系列是小型三相多速异步电动机系列。它主要用于各式机床以及起重传动设备等需要多种速度的传动装置。

（3）JR 系列　该系列是中型防护式三相绕线转子异步电动机系列，容量为 45～410kW。

（4）YR 系列　是一种大型三相绕线转子异步电动机系列，容量为 250～2500kW，主要用于冶金工业和矿山中。

（5）YCT 系列　该系列是电磁调速异步电动机，主要用于纺织、印染、化工、造纸及要求变速的机械上。

【例 2-3】　有一台 Y 系列的三相异步电动机，额定功率 $P_N = 75$kW，额定电压 $U_N =$

3kV，额定转速 $n_N = 975r/min$，额定效率 $\eta_N = 93\%$，额定功率因数 $\cos\varphi_N = 0.83$，电网频率 $f = 50Hz$，试求：（1）同步转速 n_1；（2）电动机的极对数 p；（3）电动机的额定电流 I_N；（4）额定转差率 s_N。

解：（1）因为 $n_N = 975r/min$，所以判定同步转速 $n_1 = 1000r/min$。

（2）电机的极对数

$$p = \frac{60f}{n_1} = \frac{60 \times 50}{1000} = 3$$

（3）额定电流

$$I_N = \frac{P_N}{\sqrt{3}U_N\cos\varphi_N\eta_N} = \frac{75 \times 10^3}{\sqrt{3} \times 3 \times 10^3 \times 0.83 \times 0.93} \approx 18.7(A)$$

（4）额定转差率

$$s_N = \frac{n_1 - n_N}{n_1} = \frac{1000 - 975}{1000} = 0.025$$

2.4 三相异步电动机的定子绕组

2.4.1 交流绕组的基本知识

（1）三相交流绕组的分类　三相交流绕组按照槽内元件边的层数，分为单层绕组和双层绕组。单层绕组按连接方式不同分为链式、交叉式和同心式绕组等；双层绕组则分为双层叠绕组和波绕组。

单层绕组与双层绕组相比，电气性能稍差，但槽利用率高，制造工时少，因此小容量电动机（$P_N < 10kW$）一般都采用单层绕组。

（2）交流绕组常用的名词术语

① 电角度　电动机圆周在几何上分成 $360°$，这个角度称为机械角度。从电磁观点来看，若电动机的极对数为 p，则经过一对磁极，磁场变化一周，相当于 $360°$ 电角度。因此，电动机圆周按电角度计算就有 $p \times 360°$，即

$$电角度 = p \times 机械角度$$

② 槽距角 α　相邻两个槽之间的电角度称为槽距角 α。由于定子槽在定子内圆上均匀分布，所以当定子槽数为 Z，电机极对数为 p 时，得

$$\alpha = \frac{p \times 360°}{Z} \tag{2-4}$$

③ 每极每相槽数 q　每一个极下每相所占有的槽数称为每极每相槽数 q，若绕组相数为 m_1，得

$$q = \frac{Z}{2m_1 p} \tag{2-5}$$

若 q 为整数，称为整数槽绕组；若 q 为分数，称为分数槽绕组。分数槽绕组一般用在大型、低速的同步电机中。

④ 相带　每相绕组在一对极下所连续占有的宽度（用电角度表示）称为相带。因为每个磁极占有的电角度是 $180°$ 电角度，而三相绕组在每个极距内均分，所以对三相绕组而言，每个极距内每相绕组占有的电角度是 $60°$，即每个相带为 $60°$ 电角度。所以排列的三相对称绕组为 $60°$ 相带绕组。由于三相绕组在空间彼此相距 $120°$ 电角度，且相邻磁极下导体感应电

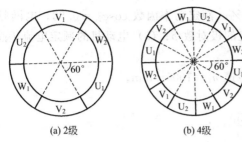

(a) 2级 (b) 4级

图 2-9 60°相带三相绕组

动势方向相反，因此一对磁极范围内相带的划分顺序为 U₁、W₂、V₁、U₂、W₁、V₂，如图 2-9 所示，其中图（a）和图（b）分别为对应 2 极和 4 极的 60°相带。

2.4.2 单层绕组

单层绕组的每个槽内只放置一个线圈边，整台电机的线圈总数等于定子槽数的一半。单层绕组分为链式绕组、交叉式绕组和同心式绕组。

（1）单层链式绕组 单层链式绕组是由形状、几何尺寸和节距都相同的线圈连接而成，就整个外形来说，形如长链，故称为链式绕组。下面以 $Z=24$，$2p=4$ 的三相异步电动机定子绕组为例，说明链式绕组的构成。

【例 2-4】 一台三相异步电动机，定子槽数 $Z=24$，磁极数 $2p=4$，其定子绕组采用单层链式绕组，试说明单层链式绕组的构成原理并绘出绕组展开图。

解 ① 计算极距 τ、每极每相槽数 q 和槽距角 α。

$$\tau=\frac{Z}{2p}=\frac{24}{4}=6$$

$$q=\frac{Z}{2mp}=\frac{24}{2\times3\times2}=2$$

$$\alpha=\frac{p\times360°}{Z}=\frac{2\times360°}{24}=30°$$

② 划分相带。在平面上画 24 根垂直直线表示定子的 24 个槽和槽中的线圈边，并且按 1、2、3…顺序编号；按每极每相槽数 $q=2$ 来划分相带，即相邻两个槽组成一个相带，两对极共有 12 个相带。每对极按 U₁、W₂、V₁、U₂、W₁、V₂ 的顺序给相带命名，如表 2-1 所示。由表 2-1 可知，属于 U 相的槽号有 1、2、7、8、13、14、19、20，共 8 个槽。

表 2-1 单层链式绕组 60°相带排列表

	相带	U₁	W₂	V₁	U₂	W₁	V₂
第一对极	槽号	1、2	3、4	5、6	7、8	9、10	11、12
第二对极	相带	U₁	W₂	V₁	U₂	W₁	V₂
	槽号	13、14	15、16	17、18	19、20	21、22	23、24

③ 组成线圈，构成一相绕组。

将属于 U 相的 2-7、8-13、14-19、20-1 号线圈边分别连接成 4 个节距相等的线圈，并按电动势相加的原则，将 4 个线圈按"头接头，尾接尾"的规律相连，构成 U 相绕组，展开图如图 2-10 所示。这种接法称为链式绕组。

同样，V、W 两相绕组的首端依次与 U 相首端相差 120°和 240°空间电角度，可画出 V、W 两相展开图。图 2-11 所示为 24 槽三相 4 极单层链式绕组展开图，由图 2-11 可以看出 U 相绕组引出线的首端 U₁ 定在第 2 个槽，而 V 相的首端 V₁ 应定在第 6 个槽，W 相的首端 W₁ 应定在第 10 个槽，U₁、V₁、W₁ 依次相差 4 个槽，槽距角是 $\alpha=30°$，这样就保证了三相绕组的引出线互差 120°电角度，构成三相对称绕组。

链式绕组的每个线圈节距相等，制造方便；线圈端部连线较短，省铜。链式绕组主要用于 $q=2$ 的 4、6、8 极小型三相异步电动机中。

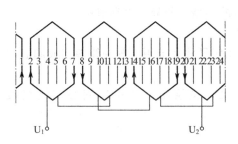

图 2-10　单层链式绕组（U 相）展开图

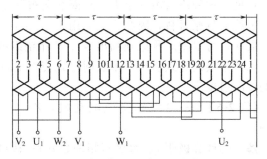

图 2-11　24 槽三相 4 极单层链式绕组展开图

（2）单层交叉式绕组　单层交叉式绕组的特点是线圈个数和节距都不相等，但同一组线圈的形状、几何尺寸和节距都相同，各线圈组的端部互相交叉。

【例 2-5】　一台三相交流电动机，$Z=36$，$2p=4$，试绘出三相单层交叉式绕组展开图。

解　① 计算极距 τ、每极每相槽数 q 和槽距角 α。

$$\tau=\frac{Z}{2p}=\frac{36}{4}=9$$

$$q=\frac{Z}{2mp}=\frac{36}{4\times3}=3$$

$$\alpha=\frac{p\times360°}{Z}=\frac{2\times360°}{36}=20°$$

② 划分相带。

由 $q=3$，按 60°相带顺序列表，如表 2-2 所示。

表 2-2　交叉式单层绕组 60°相带排列表

第一对极	相带	U_1	W_2	V_1	U_2	W_1	V_2
	槽号	1、2、3	4、5、6	7、8、9	10、11、12	13、14、15	16、17、18
第二对极	相带	U_1	W_2	V_1	U_2	W_1	V_2
	槽号	19、20、21	22、23、24	25、26、27	28、29、30	31、32、33	34、35、36

根据 U 相绕组所占槽数不变的原则，把 U 相所属的每个相带内的槽导体分成两部分，一部分是把 2 号与 10 号槽、3 号和 11 号槽内导体相连，形成两个节距 $y=8$ 的"大线圈"，并串联成一组；另一部分是把 1 号和 30 号槽内导体有效边相连，组成另一个节距 $y=7$ 的线圈。同样将第二对极下的 20 号和 28 号槽、21 号和 29 号槽内导体组成 $y=8$ 的线圈，19 号和 12 号槽组成 $y=7$ 的线圈，然后根据电动势相加的原则，把这 4 组线圈按"头接头，尾接尾"的规律相连，即得 U 相交叉绕组，其展开图如图 2-12 所示。

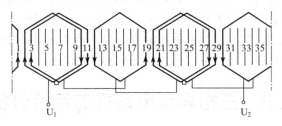

图 2-12　三相单层交叉式（U 相）绕组展开

同样，可根据对称原则画出 V、W 相绕组展开图。

可见，这种绕组由两个大小线圈交叉布置，故称交叉式绕组。交叉式绕组的端部连线较短，节约大量原材料，因此广泛应用于 $q>1$ 且为奇数的小型三相异步电动机中。

同样，可根据对称原则画出 V、W 相绕组展开图。

（3）单层同心式绕组　单层同心式绕组是由几个几何尺寸和节距不等的线圈连成同心形状的线圈组构成。

【例 2-6】　一台三相交流电动机，$Z=24$，$2p=2$，试绘出三相单层同心式绕组展开图。

解　① 计算极距 τ、每极每相槽数 q 和槽距角 α。

$$\tau=\frac{Z}{2p}=\frac{24}{2}=12$$

$$q=\frac{Z}{2mp}=\frac{24}{2\times3}=4$$

$$\alpha=\frac{p\times360°}{Z}=\frac{1\times360°}{24}=15°$$

② 划分相带。

由 $q=4$ 和 60°相带的划分顺序，分相列表，填入表 2-3。

表 2-3　同心式单层绕组 60°相带排列表

相带	U_1	W_2	V_1	U_2	W_1	V_2
第一对极　槽号	1、2	5、6	9、10	13、14	17、18	21、22
	3、4	7、8	11、12	15、16	19、20	23、24

把属于 U 相的每一相带内的槽分为两半，把 3 槽和 14 槽内导体的有效边连成一个节距 $y=11$ 的线圈，4 槽和 13 槽内导体连成一个节距 $y=9$ 的线圈，再把这两个线圈组成一组同心式线圈，同样，把 2 槽和 15 槽内导体、1 槽和 16 槽内导体构成另一个同心式线圈。两组同心式线圈再按"头接头，尾接尾"的规律相连，得 U 相同心式线圈的展开图如图 2-13 所示。用同样的方法，可以得到 V 相和 W 相绕组的连接规律。

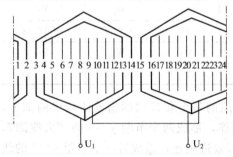

图 2-13　单层同心式（U 相）绕组展开图

2.4.3　双层绕组

双层绕组每个槽内有上下两个线圈边，每个线圈的一边在一个槽的上层，另一个线圈边放在相隔节距 y_1 的另一个槽的下层，因此总的线圈数等于槽数。

双层绕组相带的划分与单层绕组相同，10kW 以上的电机一般采用双层绕组。双层绕组有叠绕组和波绕组两种，读者可参阅其他有关书籍，这里不再讨论。

综上所述，一般三相绕组的排列和连接的方法为：计算极距；计算每极每相槽数；划分相带；组成线圈组；按极性对电流方向的要求分别构成相绕组。

2.5　三相异步电动机的运行分析

三相异步电动机是根据电磁感应原理把能量从定子侧传递到转子侧的，定子、转子之间仅有磁的耦合，没有电的直接联系，这一点和变压器的电磁关系很相似。定子绕组相当于变压器的一次绕组，转子绕组相当于变压器的二次绕组，因此对三相异步电动机的运行分析，可以参照变压器的分析方法进行。

2.5.1 空载运行分析

空载运行是指异步电动机定子三相绕组接到三相交流电源上，转子轴上不带机械负载的运行状态。异步电动机空载运行时，定子绕组中流过的电流称为空载电流，用 $\dot{I}_0$ 表示。

当定子绕组接到三相对称电源时，定子绕组中流过三相对称电流，建立定子旋转磁动势 $\overline{F}_0$，产生以同步转速 n_1 旋转的旋转磁场。该旋转磁场切割定子绕组，并在其中产生感应电动势。但由于转子空载转速 n_0 非常接近于旋转磁场的同步转速 n_1，因此，$\Delta n = n_1 - n_0 \approx 0$，$s \approx 0$。此时定子旋转磁场几乎不切割转子，转子感应电动势和感应电流近似为零，即 $\dot{E}_2 \approx 0$，$\dot{I}_2 \approx 0$，转子磁动势可忽略。

和变压器空载运行相似，电动机空载运行时，主要由定子旋转磁动势 $\overline{F}_0$ 产生主磁通。这时的定子电流，即空载电流 $\dot{I}_0$，近似等于励磁电流 $\dot{I}_m$。异步电动机的空载电流比变压器的空载电流大得多，空载电流的大小约为额定电流的 $20\% \sim 50\%$。这是因为异步电动机的磁路中有气隙存在。

定子三相绕组流入三相对称电流时，除产生主磁通 $\dot{\Phi}_0$ 外，还要产生定子漏磁通 $\dot{\Phi}_{1\sigma}$。主磁通是经过气隙且同时交链定子和转子绕组的磁通，在定子绕组中感应电动势为 $\dot{E}_1$。漏磁通是仅与定子绕组交链，不进入转子磁路的那部分磁通，仅在定子绕组中感应漏电动势 $\dot{E}_{1\sigma}$。

此外，每相定子绕组中还有电阻 r_1，当电流 $\dot{I}_0$ 通过定子绕组时，还将引起电阻压降 $\dot{I}_0 r_1$。

空载运行时的定子每相绕组感应电动势的大小为

$$E_1 = 4.44 f_1 N_1 k_{w1} \Phi_0 \tag{2-6}$$

式中　Φ_0——气隙主磁通；

　　　k_{w1}——定子的基波绕组系数；

　　　N_1——定子绕组每相串联匝数。

与分析变压器相似，感应电动势 $\dot{E}_1$ 可以用空载电流 $\dot{I}_0$ 在励磁阻抗 Z_m 上的阻抗压降来表示，即

$$\dot{E}_1 = -\dot{I}_0 (r_m + jx_m) = -\dot{I}_0 Z_m \tag{2-7}$$

式中，Z_m 为励磁阻抗，$Z_m = r_m + jx_m$；r_m 为励磁电阻，与铁芯损耗相对应的等效电阻；x_m 为励磁电抗，与主磁通 $\dot{\Phi}_0$ 相对应的等效电抗。

定子漏磁通感应的漏电动势 $\dot{E}_{1\sigma}$ 也可以用漏电抗压降来表示，即

$$\dot{E}_{1\sigma} = -j\dot{I}_0 x_1 \tag{2-8}$$

式中，x_1 为定子每相绕组的漏电抗，与定子漏磁通相对应。

定子每相电动势平衡方程为

$$\dot{U}_1 = -\dot{E}_1 + j\dot{I}_0 x_1 + \dot{I}_0 r_1 = -\dot{E}_1 + \dot{I}_0 Z_1 \tag{2-9}$$

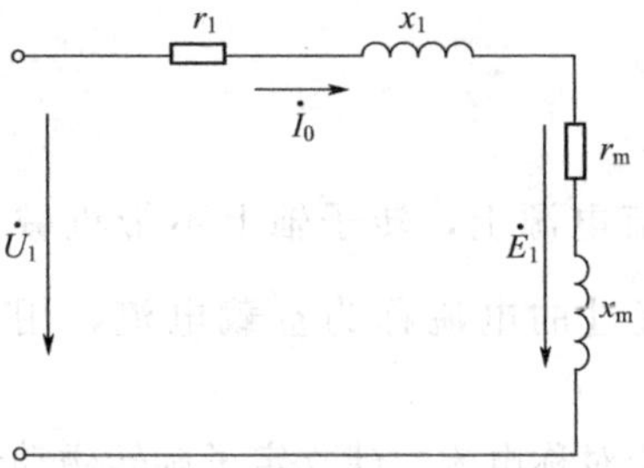

式中，Z_1 为定子绕组的漏阻抗，$Z_1 = r_1 + jx_1$。

由于定子绕组的漏阻抗压降 $\dot{I}_0 Z_1$ 与外加电压相比很小，可忽略不计，故

$$\dot{U}_1 \approx -\dot{E}_1$$

或

$$U_1 \approx E_1 = 4.44 f_1 N_1 k_{w1} \Phi_0 \tag{2-10}$$

对于给定的异步电动机，N_1、k_{w1} 均为常数，当频率一定时，主磁通 Φ_0 与电源电压 U_1 成正比，如果外施电压不变，主磁通 Φ_0 也基本不变。这一特点与变压器相同，对分析异步电动机的运行很重要。

图 2-14　异步电动机空载运行时等效电路

根据式(2-7)、式(2-9) 可画出异步电动机空载运行时的等效电路，如图 2-14 所示。

2.5.2　负载运行分析

负载运行是指异步电动机的定子三相绕组接到三相交流电源上，转子带上机械负载时的运行状态。

电动机负载运行时，定子三相对称绕组通入三相对称电流，产生的旋转磁场仍以 n_1 旋转，而转轴上机械负载的阻转矩使转子转速从 n_0 下降到某值 n，$n < n_1$，即电动机以低于同步转速 n_1 的速度旋转，这时，定子旋转磁场以相对速度 $\Delta n = n_1 - n$ 切割转子绕组，转子绕组中将感应电动势。由于转子绕组是短路的，所以在转子感应电动势作用下，转子绕组中也将流过感应电流 $\dot{I}_2$。

负载运行时，电动机除了定子电流 $\dot{I}_1$ 产生一个定子磁动势 $\overline{F}_1$ 外，转子电流 $\dot{I}_2$ 还将建立一个转子旋转磁动势 $\overline{F}_2$。由 $\overline{F}_1$ 和 $\overline{F}_2$ 共同产生气隙主磁通 $\dot{\Phi}_0$。主磁通分别在定、转子绕组中感应电动势 $\dot{E}_1$、$\dot{E}_{2s}$。同时，定、转子侧的 $\overline{F}_1$ 和 $\overline{F}_2$ 还分别产生仅交链于本侧绕组的漏磁通 $\dot{\Phi}_{1\sigma}$、$\dot{\Phi}_{2\sigma}$，漏磁通在绕组中分别感应相应的漏电动势 $\dot{E}_{1\sigma}$、$\dot{E}_{2ds}$。此外，定、转子电流分别流过各自的绕组，还将引起电阻压降 $\dot{I}_1 r_1$ 和 $\dot{I}_2 r_2$。

定子旋转磁动势的转速是 n_1，负载运行时，转子转速为 n，则气隙旋转磁场以相对速度 $\Delta n = n_1 - n$ 切割转子绕组，在转子绕组中感应出电动势和电流，其频率为

$$f_2 = \frac{p\Delta n}{60} = \frac{p(n_1 - n)}{60} = s\frac{pn_1}{60} = sf_1 \tag{2-11}$$

当转子静止时，$n = 0$，$s = 1$，$f_2 = f_1$。

负载运行时定子侧电动势平衡方程为

$$\dot{U}_1 = -\dot{E}_1 + j\dot{I}_1 x_1 + \dot{I}_1 r_1 = -\dot{E}_1 + \dot{I}_1 Z_1 \tag{2-12}$$

电动机负载运行时，由于转子绕组中感应电动势的频率为 $f_2 = sf_1$，所以旋转时转子感应电动势的有效值为

$$E_{2s} = 4.44 f_2 N_2 k_{w2} \Phi_0 = s4.44 f_1 N_2 k_{w2} \Phi_0 \tag{2-13}$$

当转子静止时，$s = 1$，$f_2 = f_1$，此时转子感应电动势

$$E_2 = 4.44 f_1 N_2 k_{w2} \Phi_0 \tag{2-14}$$

将式(2-13) 与式(2-14) 相比较，可得

$$E_{2s} = sE_2 \tag{2-15}$$

上式说明转子旋转时感应电动势是转子静止时感应电动势的 s 倍，可见正常运行时转差率很小，转子频率很低（$0.5 \sim 3\mathrm{Hz}$），相应的转子电动势就较小，转子静止时其电动势最大。

与定子侧相似，转子漏电动势也可以用漏电抗压降来表示，即

$$\dot{E}_{2\sigma s} = -\mathrm{j}\dot{I}_2 x_{2s} \tag{2-16}$$

式中，x_{2s} 为转子旋转时转子绕组漏电抗，与转子漏磁通相对应的等效电抗。

电抗的大小与电流频率有关，即

$$x_{2s} = 2\pi f_2 L_2 = 2\pi s f_1 L_2 = s x_2 \tag{2-17}$$

式中，x_2 为转子静止时转子绕组漏电抗。

由于转子绕组短路，$U_2 = 0$，因此感应电动势全部被转子阻抗压降平衡，则转子侧电动势平衡方程为

$$\dot{E}_{2s} = \dot{I}_2 (r_2 + \mathrm{j} x_{2s}) \tag{2-18}$$

转子每相电流有效值为

$$I_2 = \frac{E_{2s}}{\sqrt{r_2^2 + x_{2s}^2}} = \frac{sE_2}{\sqrt{r_2^2 + (sx_2)^2}} \tag{2-19}$$

转子回路的功率因数为

$$\cos\varphi_2 = \frac{r_2}{\sqrt{r_2^2 + x_{2s}^2}} = \frac{r_2}{\sqrt{r_2^2 + (sx_2)^2}} \tag{2-20}$$

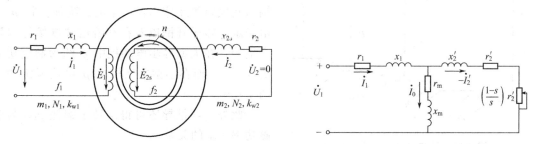

图 2-15　定、转子磁耦合电路　　　　图 2-16　异步电动机的 T 形等效电路

异步电动机与变压器一样，定子电路与转子电路之间只有磁的耦合而无电的直接联系。为了便于分析和简化计算，要设法将电磁耦合的定、转子电路（如图 2-15 所示），变为有直接电联系的电路。但由于异步电动机定、转子绕组的有效匝数、绕组系数不相等，因此在推导等效电路时与变压器相仿，必须要进行相应的绕组折算。此外，由于定、转子电流频率也不相等，还要进行频率折算。在折算时，必须保证转子对定子绕组的电磁作用和异步电动机的电磁性能不变。根据定、转子电动势平衡方程，通过分析可推导出异步电动机的 T 形等效电路，如图 2-16 所示。

由图 2-16 可知，经过绕组折算和频率折算后，异步电动机的等效电路和一个二次侧接有可变电阻 $\frac{1-s}{s} r_2'$ 的变压器等效电路相似，因此从等效电路的角度，可把 $\frac{1-s}{s} r_2'$ 看作是异步电动机的负载电阻。$\frac{1-s}{s} r_2'$ 称为附加电阻，附加电阻 $\frac{1-s}{s} r_2'$ 上的损耗代表异步电动机轴上产生的总机械功率 P_Ω。

2.6　三相异步电动机的功率和电磁转矩

2.6.1　功率关系

异步电动机由定子绕组输入电功率，从转子轴输出机械功率，在机电能量转换过程中，不可避免地要产生一些损耗。

异步电动机在负载时，从定子绕组输入电动机的功率为输入功率 P_1。P_1 的一小部分消耗在定子绕组电阻 r_1 上，称为定子铜耗 p_{Cu1}（$p_{Cu1}=3I_1^2 r_1$），还有一小部分消耗在励磁电阻 r_m 上，称为定子铁耗 p_{Fe}（$p_{Fe}=p_{Fe1}=3I_0^2 r_m$）。由于异步电动机正常运行时，转子额定频率很低，$f_2$ 仅为 $1\sim 3\,\mathrm{Hz}$，转子铁耗很小，所以定子铁耗实际上也就是整个电动机的铁耗。

输入的电功率扣除这部分损耗后，余下的功率便由气隙旋转磁场通过电磁感应传递到转子，这部分功率称为电磁功率 P_{em}

$$P_{em}=P_1-(p_{Cu1}+p_{Fe}) \tag{2-21}$$

电磁功率减去转子绕组的铜耗 p_{Cu2}（$p_{Cu2}=3I_2'^2 r_2'$）之后，得总机械功率

$$P_\Omega=P_{em}-p_{Cu2} \tag{2-22}$$

总机械功率减去机械损耗 p_m 和附加损耗 p_s 后，才是转子轴上输出的机械功率

$$P_2=P_\Omega-p_m-p_s \tag{2-23}$$

电动机内部各功率和各损耗的关系可用功率流程图表示，如图 2-17 所示。

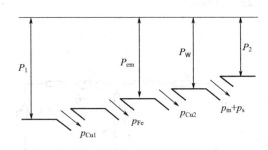

图 2-17　异步电动机功率流程图

机械损耗 p_m 是三相异步电动机在运行时，轴承及风阻等摩擦损耗产生的。附加损耗 p_s 是由于定、转子开槽以及存在着谐波磁场等因素产生的，在大型异步电动机中 p_s 约为额定功率的 0.5%，而在小型电动机中 p_s 可达额定功率的 1%～3%。

此外，经推导还可得出转子铜耗 p_{Cu2} 与电磁功率 P_{em} 的关系

$$p_{Cu2}=sP_{em} \tag{2-24}$$

总机械功率 P_Ω 与电磁功率 P_{em} 的关系

$$P_\Omega=(1-s)P_{em} \tag{2-25}$$

式(2-24) 和式(2-25) 说明，由定子经气隙传递到转子侧的电磁功率 P_{em} 有一部分 sP_{em} 转变为转子铜耗 p_{Cu2}，p_{Cu2} 因与转差率成正比，故也称转子铜耗 p_{Cu2} 为转差功率。电磁功率的绝大部分 $(1-s)P_{em}$ 转变为总的机械功率 P_Ω。转差率 s 越大，消耗在转子铜耗中的比重就越大，总机械功率就越小，电动机效率就越低。

2.6.2　转矩关系

当电动机稳定运行时，电磁转矩等于整个阻转矩。阻转矩又包括空载制动转矩 T_0 和负载的反作用转矩 T_2，即

$$T=T_2+T_0 \tag{2-26}$$

式(2-26) 就是稳态运行时，电动机的转矩平衡方程。三相异步电动机稳态运行时，驱动性质的电磁转矩与制动的负载转矩及空载制动转矩相平衡。

式(2-26) 也可从式(2-23) $P_2 = P_\Omega - p_m - p_s$ 求得。

由于旋转体上的转矩等于相应的功率除以它的机械角速度，即 $T = \dfrac{P}{\Omega}$，所以在式(2-23) 两边同除以机械角速度 Ω，可得稳态运行时异步电动机的转矩平衡方程为

$$T_2 = T - T_0 \tag{2-27}$$

式中，T 为电动机的电磁转矩，为驱动性质的转矩，$T = \dfrac{P_\Omega}{\Omega} = 9.55\dfrac{P_\Omega}{n}$；$T_2$ 为负载转矩，它是转子所拖动的负载制动转矩，$T_2 = \dfrac{P_2}{\Omega} = 9.55\dfrac{P_2}{n}$；$T_0$ 为空载转矩，它是由机械损耗 p_m 和附加损耗 p_s 所引起的制动转矩

$$T_0 = \dfrac{P_0}{\Omega} = 9.55\dfrac{p_0}{n}$$

其中

$$P_0 = p_m + p_s$$

$$\Omega = \dfrac{2\pi n}{60}\,\text{rad/s}$$

利用式(2-25) 可以推得

$$T = \dfrac{P_\Omega}{\Omega} = \dfrac{(1-s)P_{em}}{\dfrac{2\pi n}{60}} = \dfrac{P_{em}}{\dfrac{2\pi n_1}{60}} = \dfrac{P_{em}}{\Omega_1} \tag{2-28}$$

式中，Ω_1 为同步机械角速度，$\Omega_1 = \dfrac{2\pi n_1}{60}\,\text{rad/s}$。

由此可知，电磁转矩从转子方面看，等于总机械功率除以转子机械角速度；从定子方面看，它又等于电磁功率除以同步机械角速度。

【例 2-7】 一台笼型三相异步电动机有关数据如下：$P_N = 10\text{kW}$，$U_N = 380\text{V}$，工频 $f_1 = 50\text{Hz}$，$n_N = 1452\text{r/min}$。定子铜耗 $p_{Cu1} = 520\text{W}$，铁耗 $p_{Fe} = 320\text{W}$，机械损耗与附加损耗 $p_\Omega + p_s = 150\text{W}$。当电机额定运行时，试求：(1) 转子电流频率 f_2；(2) 总机械功率 P_Ω；(3) 转子铜损耗 p_{Cu2}；(4) 额定效率 η_N；(5) 电磁转矩 T。

解：
$$S_N = \dfrac{n_1 - n_N}{n_1} = \dfrac{1500 - 1452}{1500} = 0.032$$

(1)
$$f_2 = S_N f_1 = 0.032 \times 50 = 1.6(\text{Hz})$$

(2)
$$P_\Omega = P_N + p_\Omega + p_s = 10 \times 10^3 + 150 = 10150(\text{W})$$

(3)
$$p_{Cu2} = \dfrac{S_N}{1 - S_N}P_\Omega = \dfrac{0.032}{1 - 0.032} \times 10150 \approx 335(\text{W})$$

$$P_1 = P_\Omega + p_{Cu1} + p_{Fe} + p_{Cu2} = 10150 + 520 + 320 + 335 = 11325(\text{W})$$

(4)
$$\eta_N = \dfrac{P_N}{P_1} = \dfrac{10000}{11325} \approx 88.3\%$$

(5)
$$T = 9.55\dfrac{P_\Omega}{n_N} = 9.55 \times \dfrac{10150}{1452} \approx 66.75(\text{N} \cdot \text{m})$$

2.7 三相异步电动机的工作特性

三相异步电动机的工作特性是指在额定电压、额定频率下，电动机的转速 n、输出转矩 T_2、定子电流 I_1、功率因数 $\cos\varphi_1$ 及效率 η 与输出功率 P_2 的关系。图 2-18 所示为三相异步

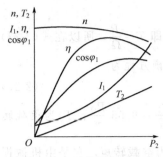

图 2-18　工作特性曲线

电动机的工作特性曲线。

（1）转速特性 $n=f(P_2)$　电动机转速 n 与输出功率 P_2 之间的关系 $n=f(P_2)$ 称为三相异步电动机的转速特性。

空载时，输出功率 $P_2=0$，电动机转子转速接近于同步转速，$s\approx0$；随着负载的增加，即输出功率增大时，转速 n 将略有下降，使转子绕组中的电动势及电流增加，以产生较大的电磁转矩与负载转矩相平衡。因此随着 P_2 的增加，电动机转速 n 稍有下降，但下降不多。一般异步电动机额定运行时，转差率很小，在 $0.01\sim0.06$ 范围内，相应的转速 n 随负载变化不大，与同步转速 n_1 接近，所以曲线 $n=f(P_2)$ 是一条稍向下倾斜的曲线，属于硬的转速特性。

（2）转矩特性 $T_2=f(P_2)$　电动机输出转矩 T_2 与输出功率 P_2 之间的关系 $T_2=f(P_2)$ 称为转矩特性。

异步电动机输出转矩为

$$T_2=9.55\frac{P_2}{n}$$

空载时，$P_2=0$，$T_2=0$；负载时，随着输出功率 P_2 的增加（由空载到满载时 n 变化不大，略有下降），T_2 近似成正比增加，即转矩特性曲线 $T_2=f(P_2)$ 近似为一条过原点的直线。

（3）定子电流特性 $I_1=f(P_2)$　异步电动机定子电流 I_1 与输出功率 P_2 之间的关系 $I_1=f(P_2)$ 称为定子电流特性。

空载时，转子电流 $I_2\approx0$，$P_2=0$，定子电流 $I_1=I_0$ 较小；当负载增加时，转子转速下降，转子电流增大，据 $\dot{I}_1=\dot{I}_0+(-\dot{I}_2')$ 可知，定子电流 I_1 也随之增加。因此定子电流 I_1 随输出功率 P_2 增加而增加，在正常的工作范围内 $I_1=f(P_2)$ 近似为一直线。

（4）功率因数特性 $\cos\varphi_1=f(P_2)$　异步电动机的定子功率因数 $\cos\varphi_1$ 与输出功率 P_2 之间的关系 $\cos\varphi_1=f(P_2)$ 称为功率因数特性。

三相异步电动机运行时需要从电网吸取感性无功功率来建立磁场，所以异步电动机的功率因数总是滞后的。空载时，定子电流 I_0 主要用于产生旋转磁场，为感性无功分量，功率因数很低，约为 0.2 左右。负载运行时，随着负载增加，功率因数逐渐上升。在额定负载附近，功率因数达到最高值，一般为 $0.8\sim0.9$。超过额定负载后，由于转速下降，转差率 s 增大，转子频率、转子漏阻抗增加，使功率因数略为下降。

（5）效率特性 $\eta=f(P_2)$　三相异步电动机效率与输出功率 P_2 之间的关系 $\eta=f(P_2)$ 称为效率特性。

异步电动机的效率

$$\eta=\frac{P_2}{P_1}=\frac{P_2}{P_2+\sum p}$$

式中，$\sum p$ 为异步电动机总损耗，$\sum p=p_{Cu1}+p_{Fe}+p_{Cu2}+p_m+p_s$。

异步电动机的损耗分为不变损耗与可变损耗，铁损耗 p_{Fe} 和机械损耗 p_m 不随负载的变化而变化，称为不变损耗；而铜损耗 $p_{Cu1}+p_{Cu2}$ 和附加损耗 p_s 随负载变化而变化，称为可变损耗。

空载时，$P_2=0$，$\eta=0$；带负载运行时，随着输出功率 P_2 的增加，效率 η 随之增加，当负载增加到使可变损耗等于不变损耗时，效率达最大值。若负载继续增加，由于定、转子电流增加，可变损耗增加很快，效率反而下降。对中小型异步电动机，通常在 $(0.7 \sim 1.1)P_N$ 范围内效率最高。异步电动机的额定效率通常为 $74\% \sim 94\%$，电动机容量越大，其额定效率越高。效率特性也是异步电动机的一个重要性能指标。

由于额定负载附近的功率因数及效率均较高，所以电动机应运行在额定负载附近。在选用电动机时，应使电动机容量与负载容量相匹配。若电动机容量选择过大，电动机长期处于轻载运行，容量得不到充分利用，投资、运行费用高，不经济。电动机容量选择过小，将使电动机过载而造成发热，影响其寿命，甚至损坏。

【知识扩展】

2.8 三相异步电动机的参数测定

与变压器一样，对于制造好的异步电动机，可以通过空载、短路实验来求取参数 r_1、r_2'、x_1、x_2'、r_m 和 x_m，以便进一步通过等效电路对电动机的运行进行分析和计算。

（1）空载实验 空载实验的目的就是测定励磁回路参数 r_m、x_m 以及铁耗 p_{Fe} 和机械损耗 p_m。实验时，电动机轴上不带任何机械负载，定子三相绕组接到额定频率的三相对称电源，通过改变定子绕组外加电压，使所加电压从 $(1.1 \sim 1.3)U_N$ 开始，逐渐降低电压，直到电动机转速明显下降，定子电流开始回升为止。在这个过程中，测量几组对应的端电压 U_1、空载电流 I_0 和空载输入功率 P_0，绘出 $I_0 = f(U_1)$ 和 $P_0 = f(U_1)$ 两条曲线，如图 2-19 所示。

① 铁损耗和机械损耗的确定 空载时，因为转子电流很小，转子铜耗可以忽略不计，所以输入功率 P_0 完全消耗在定子铜耗 p_{Cu1}、铁耗 p_{Fe} 和机械损耗 p_m 上，即

$$P_0 = p_m + p_{Fe} + p_{Cu1} \tag{2-29}$$

从 P_0 中减去定子铜耗，得

$$P_0' = P_0 - p_{Cu1} = p_m + p_{Fe} \tag{2-30}$$

式中，p_{Fe} 近似与电压的平方成正比，而 p_m 则与电压 U_1 无关，仅仅取决于电动机转速，在整个空载实验中可以认为转速无显著变化，可以认为 p_m 等于常数。因此若以 U_1^2 为横坐标，则 $p_{Fe} + p_m = f(U_1^2)$ 近似为一直线，当 $U=0$ 时，$p_{Fe}=0$，此直线与纵坐标的交点即为 p_m 的值，如图 2-20 所示。求得 p_m 后，即可求出 $U_1=U_N$ 时的 p_{Fe} 值。

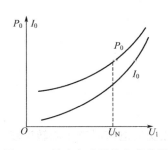

图 2-19 异步电动机的空载特性

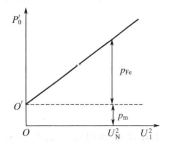

图 2-20 机械损耗的求取

② 励磁参数的确定 根据空载实验，求得额定电压时的 I_0、P_0 与 p_{Fe}，即可算出

$$Z_0 = \frac{U_0}{I_0} \tag{2-31}$$

$$r_0 = \frac{P_0 - p_m}{3I_0^2} \tag{2-32}$$

$$x_0 = \sqrt{Z_0^2 - r_0^2} \tag{2-33}$$

式中，U_0 为实验时定子绕组相电压，V；I_0 为实验时定子绕组相电流，A。

空载时，$I_2 = 0$，从 T 形等效电路来看，相当于转子开路，所以

$$x_m = x_0 - x_1 \tag{2-34}$$

通过堵转实验求得 x_1 后，即可求得励磁电抗 x_m。

$$r_m = \frac{p_{Fe}}{m_1 I_0^2} \text{ 或 } r_m = r_0 - r_1 \tag{2-35}$$

（2）短路（堵转）实验　短路实验的目的是确定异步电动机短路电阻 r_k 和短路电抗 x_k，转子电阻 r_2' 及定、转子漏电抗 x_1、x_2'。

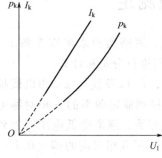

图 2-21　异步电动机的短路特性

实验时，将转子堵住不动，这时 $s = 1$，则在等效电路中的附加电阻 $\frac{1-s}{s}r_2' = 0$，相当于转子电路本身短接，此时定、转子电流将很大。为保证设备的安全，实验时应适当降低电源电压，约从 $0.4U_N$ 逐渐降低，在此过程中，记录多组相应的定子相电压 U_1、定子相电流 I_k 和输入功率 p_k，即可画出短路特性 $I_k = f(U_1)$ 和 $p_k = f(U_1)$，如图 2-21 所示（注意：为避免绕组过热烧坏，实验应尽快完成）。

从等效电路可知，因为 $Z_m \gg Z_2'$，短路实验时，实验所加电压较小，可以认为励磁支路开路，$I_0 = 0$，铁耗忽略不计，因此，输入功率全部消耗在定、转子的铜耗上，即

$$p_k = m_1 I_1^2 r_1 + m_1 I_2'^2 r_2' = m_1 I_1^2 (r_1 + r_2') = m_1 I_1^2 r_k \tag{2-36}$$

根据等效电路，有

$$Z_k = \frac{U_k}{I_k} \tag{2-37}$$

$$r_k = r_1 + r_2' = \frac{p_k}{m_1 I_k^2} \tag{2-38}$$

$$x_k = x_1 + x_2' = \sqrt{Z_k^2 - r_k^2} \tag{2-39}$$

对于大、中型电动机，可以认为

$$r_2' = r_k - r_1 \tag{2-40}$$

$$x_1 = x_2' = \frac{x_k}{2} \tag{2-41}$$

【本章小结】

在三相异步电动机定子对称三相绕组中通以对称三相交流电流时产生旋转磁场。旋转磁场以同步转速 $n_1 = 60f/p$ 切割转子绕组，在转子绕组中感应出电动势及电流，转子电流与旋转磁场相互作用产生电磁转矩，使转子旋转。由于三相异步电动机是靠电磁感应作用来工作的，所以又称为感应电机。

异步电动机的转向与旋转磁场的转向相同，而旋转磁场的转向取决于电流的相序，因而

改变电流相序就可以改变电动机的转向。即任意对调电动机的两根电源线，便可使电动机反转。

在异步电动机中，只有在转子与旋转磁场有相对运动时，才能在转子绕组中感应出电势以及电流，所以异步电动机的转速 n 与旋转磁场的同步转速 n_1 之间总存在着转差 $(n_1 - n)$。这是异步电动机运行的必要条件，为此引入转差率 s，$s = (n_1 - n)/n_1$，转差率是异步电机的一个重要参数。

三相异步电动机由定子和转子两大部分组成。三相异步电动机的定子绕组是一个三相对称绕组，可以根据需要接成 Y 形或 △ 形。

根据转子结构的不同，三相异步电动机可分为笼型异步电动机和绕线型异步电动机。笼型转子铁芯槽中的导条与槽外的端环自成闭合回路。绕线转子铁芯中放置三相对称绕组，连接成 Y 形后，经电刷和滑环引到外电路和外电路的附加设备相连接，以改善电机的运行性能。

笼型异步电动机因结构简单、运行可靠而得到广泛应用。异步电动机的定子用来产生旋转磁场，而转子绕组则是实现能量交换的场所。

额定值是电动机可靠工作并具有优良性能的保证。电动机额定运行时有

$$P_N = \sqrt{3} U_N I_N \cos\varphi_N \eta_N$$

三相异步电动机空载运行时，异步电动机的转速接近同步转速，转子电流接近于零，定子电流近似地等于励磁电流。负载运行时转速下降，转差率增大，旋转磁场与转子绕组的相对运动增大，转子电流与定子电流增大。当转子堵转时，定、转子电流将达到最大，若不及时切断电源，电动机会因为过热而烧毁。

从电磁关系看，异步电动机与变压器极为相似，因此其基本方程式和等效电路，无论是形式还是推导过程都很相似。但异步电动机与变压器之间存在差异，主要表现为异步电动机是旋转电机，而变压器是静止电机；异步电动机的定、转子之间存在气隙，所以异步电动机空载电流较大等。

经过频率折算和绕组折算后可得出三相异步电动机的等效电路。附加电阻 $\frac{1-s}{s} r_2'$ 上的电功率代表电机轴上的总机械功率。

在异步电动机的功率与转矩关系中，要充分理解电磁转矩、电磁功率及总机械功率之间的关系。三相异步电动机功率分析中有两个重要关系：$p_{Cu2} = sP_{em}$，$P_{\Omega} = (1-s)P_{em}$。为了减小转子铜损耗，提高电动机效率，三相异步电动机正常运行时转差率很小。

异步电动机的工作特性是指在额定电压和额定频率下，三相异步电动机的转速 n、输出转矩 T_2、定子电流 I_1、功率因数 $\cos\varphi_1$ 及效率 η 等物理量随输出功率 P_2 变化的关系。工作特性可以用来判断电动机运行性能的好坏。

通过空载和短路（堵转）实验可以测定三相异步电动机的参数。

【思考题与习题】

2-1　三相异步电动机同步转速由什么决定？试问两极、四极、六极三相异步电动机的同步转速各为多少？

2-2　三相异步电动机是如何旋转起来的？怎样改变三相异步电动机的转向？"异步"的含义是什么？

2-3 什么是三相异步电动机的转差率？电动机转速 n 增大时，转差率 s 有什么变化？通常异步电动机额定转差率 s_N 约为多少？启动瞬间的转差率是多少？

2-4 三相异步电动机为什么也称为感应式电动机？

2-5 三相异步电动机的定子绕组通入三相对称电源，而转子三相绕组开路，电动机能否转动？

2-6 异步电动机由哪几个部分组成？各组成部分有什么作用？

2-7 同容量的异步电动机和变压器，谁的空载电流更大？为什么？

2-8 三相异步电动机在额定电压下运行，若转子突然堵住不动，会产生什么后果？为什么？

2-9 三相异步电动机按转子结构的不同分为哪两类？说明此两类电机在结构上有什么不同？

2-10 一台三相异步电动机，铭牌上标明 Y/△、380V/220V，这说明当电源电压为 380V 和 220V 时定子绕组各应接成何种连接方式？定子每相绕组承受的额定电压为多少？

2-11 三相异步电动机定、转子之间气隙的大小对电动机运行性能有什么影响？

2-12 电工师傅在生产实践上估算 380V 的三相异步电动机的额定电流时，一般以每千瓦 2A 来计算，例如 10kW 的异步电动机 $I_N \approx 20A$，请说出这一估算的根据。

2-13 一台三相 4 极的异步电动机，已知电源频率 $f = 50Hz$，额定转速 $n_N = 1450r/min$，求转差率 s_N。

2-14 一台三相异步电动机 $f_N = 50Hz$，$n_N = 960r/min$，该电动机的极对数和额定转差率是多少？另有一台三相 4 极异步电动机，$s_N = 0.03$，其额定转速为多少？

2-15 已知一台三角形连接的 Y132M-4 型异步电动机，$P_N = 7.5kW$，$U_N = 380V$，$n_N = 1440r/min$，$\cos\varphi_N = 0.82$，$\eta_N = 87\%$，求其额定相电流和线电流。

2-16 一台三相异步电动机，Y/△接线，额定功率 $P_N = 5.5kW$，额定电压 380V/220V，额定功率因数 $\cos\varphi_N = 0.8$，额定效率 $\eta_N = 0.8$，额定转速 $n_N = 1450r/min$，求：（1）电动机接成 Y 形或△形时的额定电流；（2）同步转速 n_1 和电机的磁极对数 p；（3）额定负载时转差率 s_N。

2-17 一台三相异步电动机的输入功率 $P_1 = 10.7kW$，定子铜耗 $p_{Cu1} = 450W$，铁耗 $p_{Fe} = 200W$，转差率为 $s = 0.029$，试计算电动机的电磁功率 P_{em}、转子铜耗 p_{Cu2} 及总机械功率 P_Ω。

2-18 一台三相异步电动机，额定电压 $U_N = 380V$，定子△连接，50Hz，额定功率 $P_N = 7.5kW$，额定转速 $n_N = 960r/min$，额定负载时 $\cos\varphi_1 = 0.824$，定子铜耗 $p_{Cu1} = 474W$，铁耗 $p_{Fe} = 231W$，机械损耗 $p_m = 45W$，附加损耗 $p_s = 37.5W$，试计算额定负载时：（1）转差率 s_N；（2）转子电流的频率 f_2；（3）转子铜耗 p_{Cu2}；（4）效率 η；（5）定子电流 I_1。

【自我评估】

一、填空题

1. 一台三相四极异步电机的转速为 1550r/min，则转差率 $s = $ _____，此时电机工作于 _____状态。

2. 一台三相六极异步电机，工作于制动状态，当 $s = 2$ 时，转子相对定子的转速等于 _____r/min，此时转子转向与定子旋转磁场转向 _____。

3. 一台三相异步电动机的额定电压为 380V/220V，Y/△接法，其绕组额定电压为 _____。当三相对称电源线电压为 220V 时，必须将电机接成 _____。

4. 一台三相四极交流电机，定子槽数 $Z=24$，则极距 $\tau=$ _____，每极每相槽数 $q=$ _____，槽距角 $\alpha=$ _____。

5. 一台六极 50Hz 的异步电动机，$n_N=970$r/min，当转子静止时转子电势 $E_{20}=100$V，则额定运行时转子电动势 $E_2=$ _____，其频率 $f_2=$ _____ Hz。

6. 三相异步电动机根据转子结构的不同分为 _____ 和 _____ 两种类型。_____ 型三相异步电动机可以把外接电阻串联到转子绕组回路中去。

二、判断题（正确画"√"，错误画"×"）

1. 三相异步电动机也称为感应式电动机。（　）

2. 三相异步电动机的旋转方向决定于定子绕组中通入的三相电流的相序。（　）

3. 与同容量的变压器相比较，异步电动机的空载电流小。（　）

4. 只要改变三相异步电动机旋转磁场的旋转方向，就可以改变电动机的旋转方向。（　）

5. 三相异步电动机的额定功率 P_N 指轴上输出的机械功率。（　）

6. 三相异步电动机转子不动时，经由空气隙传递到转子侧的电磁功率全部转化为转子铜损耗。（　）

7. 三相异步电机当转了不动时，转子绕组电流的频率与定子电流的频率相同。（　）

8. 三相异步电动机空载运行时功率因数很高。（　）

9. 当三相异步电动机轴上负载增加时，其定子绕组电流增加，而转速有所下降。（　）

三、选择题

1. 三相异步电动机启动瞬间，转差率为（　）。
   （A）$s=0$　　　（B）$s=0.01\sim0.07$　　（C）$s=1$　　　（D）$s>1$

2. 三相异步电动机额定运行时，其转差率一般为（　）。
   （A）$s=0.004\sim0.007$　　　　　　（B）$s=0.01\sim0.07$
   （C）$s=0.1\sim0.7$　　　　　　　　（D）$s=1$

3. 三相异步电动机形成旋转磁场的条件是在（　）。
   （A）三相绕组中通入三相对称电流
   （B）三相绕组中通入三相电流
   （C）三相对称定子绕组中通入三相对称电流
   （D）三相对称定子绕组通入三相电流

4. 要想改变三相异步电动机的旋转方向，只要将原相序改接为（　）。
   （A）V-W-U　　　（B）W-V-U　　　（C）W-U-V　　　（D）可以任意

5. 三相异步电动机定子接三相电源空载运行时，气隙中每极磁通的值主要决定于（　）。
   （A）电源电压　　（B）气隙大小　　（C）磁路饱和程度

6. 三相异步电动机的气隙越大，则电动机的（　）。
   （A）空载电流越大，$\cos\varphi_1$ 越大　　（B）空载电流越小，$\cos\varphi_1$ 越小
   （C）空载电流越大，$\cos\varphi_1$ 越小　　（D）空载电流越小，$\cos\varphi_1$ 越大

7. 一台三相六极异步电动机，电源频率 $f=50$Hz，$s=0.02$，则定子旋转磁场以

（   ）速度切割转子绕组。

    （A）980r/min   （B）1000r/min   （C）1020r/min   （D）20r/min

    8. 三相异步电动机等效电路中附加电阻上消耗的功率代表（   ）。

    （A）定子铜耗   （B）定子铁耗   （C）电磁功率   （D）总机械功率

    9. 一台三相异步电动机，当 $s=0.03$ 时，由定子通过气隙传递给转子的功率中，有 3% 是（   ）。

    （A）机械功率   （B）机械损耗   （C）转子铜耗   （D）电磁功率

四、简答

    1. 试说明三相异步电动机旋转原理及如何改变三相异步电动机的旋转方向。

    2. 三相异步电动机空载运行时为什么功率因数很低？

    3. 什么是异步电动机的转差率？如何根据转差率的不同来区别各种不同的运行状态？

    4. 一台三相异步电动机铭牌上写明：额定电压 $U_N=380V/220V$，定子绕组 Y/△接线，试问：（1）使用时将定子绕组接成△形接于 380V 的三相电源上，能否带负载或空载运行？为什么？（2）使用时如果定子绕组接成 Y 形接于 220V 的三相电源上，能否带负载或空载运行？为什么？

五、计算

    1. 一台三相异步电动机，$P_N=4.5kW$，Y/△接线，380V/220V，$\cos\varphi_N=0.8$，$\eta_N=0.8$，$n_N=1450r/min$，试求：（1）接成 Y 形或△形时的定子额定电流；（2）同步转速 n_1 及定子磁极对数 p；（3）带额定负载时转差率 s_N。

    2. 8 极三相异步电动机电源频率 $f=50Hz$，额定转差率 $s_N=0.04$，试求：（1）额定转速；（2）在额定工作时，将电源相序改变，求电源相序改变瞬时的转差率。

    3. 一台笼型三相异步电动机有关数据如下：$P_N=10kW$，$U_N=380V$，定子 Y 形连接，电源频率 $f=50Hz$，$n_N=1452r/min$。额定运行时，$\cos\varphi_1=0.828$，$p_{Cu1}=520W$，$p_{Fe}=320W$，$P_\Omega+p_s=150W$。当电机额定运行时，试求：（1）转子电流频率 f_2；（2）总机械功率 p_Ω；（3）转子铜损耗 p_{Cu2}；（4）额定效率 η_N；（5）电磁转矩 T。

第3章　三相异步电动机的电力拖动

【学习目标】
　　掌握：①三相异步电动机的机械特性；②三相异步电动机的启动、制动和调速的方法。
　　了解：①三相异步电动机电磁转矩的表达形式；②三相异步电动机启动、制动和调速的原理、特点及适用范围。

3.1　三相异步电动机的机械特性

　　三相异步电动机的机械特性是指当电源电压、频率以及绕组参数都一定时，电动机的转速与电磁转矩之间的函数关系，即 $n=f(T)$。由于转差率与转速之间存在关系 $s=\dfrac{n_1-n}{n_1}$，因此通常也用 $s=f(T)$ 表示三相异步电动机的机械特性。

　　三相异步电动机的电磁转矩有三种表达形式，即物理表达式、参数表达式和实用表达式。

3.1.1　机械特性的物理表达式

　　三相异步电动机机械特性的物理表达式，即电磁转矩公式

$$T=C_T \Phi_m I_2' \cos\varphi_2 \tag{3-1}$$

　　式中，C_T 为异步电动机的转矩常数；Φ_m 为异步电动机的每极磁通；I_2' 为折算到定子侧的转子电流；$\cos\varphi_2$ 为转子电路的功率因数。

　　式(3-1) 表明电磁转矩是由气隙磁通 Φ_m 与转子电流的有功分量 $I_2' \cos\varphi_2$ 相互作用产生的。它是电磁力定律在异步电动机中的具体体现，利用它可以从物理概念上分析三相异步电动机的机械特性，因此将式(3-1) 称为三相异步电动机机械特性的物理表达式。

　　物理表达式虽然反映了异步电动机电磁转矩产生的物理本质，但并没有直接反映出电磁转矩与电动机参数之间的关系，更没有明显地表示电磁转矩与转速之间的关系，因此分析或计算异步电动机的机械特性时，一般不采用物理表达式，而是采用下面介绍的参数表达式。

3.1.2　机械特性的参数表达式

　　三相异步电动机的电磁转矩 T 可以用电磁功率 P_{em} 和同步角速度 Ω_1 表示，即

$$T=\frac{P_{em}}{\Omega_1}=\frac{3I_2'^2\dfrac{r_2'}{s}}{\dfrac{2\pi f_1}{p}} \tag{3-2}$$

　　式中，$\Omega_1=2\pi f_1/p$，p 为极对数。

　　根据三相异步电动机的简化等效电路，有

$$I_2'=\frac{U_1}{\sqrt{\left(r_1+\dfrac{r_2'}{s}\right)^2+(x_1+x_2')^2}} \tag{3-3}$$

将式(3-3) 代入式(3-2) 可得

$$T = \frac{3p}{2\pi f_1} \times \frac{U_1^2 \frac{r_2'}{s}}{\left(r_1 + \frac{r_2'}{s}\right)^2 + (x_1 + x_2')^2} \tag{3-4}$$

式(3-4) 即为用电动机的电压、频率及结构参数表示的三相异步电动机机械特性的参数表达式。按该式绘制的机械特性曲线如图3-1所示。

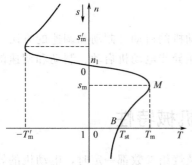

图 3-1　三相异步电动机机械特性曲线

① 在第Ⅰ象限，旋转磁场的转向与转子转向一致，而 $0 < n < n_1$，转差率 $0 < s < 1$。电磁转矩 T 及转子转速 n 为正，电动机处于电动运行状态。

② 在第Ⅱ象限，旋转磁场的转向与转子转向一致，$n > n_1 > 0$，所以 $s < 0$。而 $T < 0$，电动机处于发电制动运行状态，也称为回馈制动状态。

③ 在第Ⅳ象限，旋转磁场的转向与转子转向相反，$n_1 > 0$，$n < 0$，转差率 $s > 1$。此时 $T > 0$，$n < 0$，电动机处于制动状态，称为反接制动。

下面分析图3-1中第Ⅰ象限电动状态的最大转矩点 M 及启动点 B。在最大转矩点 M 点，电磁转矩为最大值 T_m，相应的转差率为 s_m。当 $1 > s > s_m$ 时，随着 T 增大，s 减小，n 升高，机械特性曲线的斜率为正；而当 $0 < s < s_m$ 时，随着 T 增大，s 也增大，n 降低，机械特性曲线的斜率为负，因此最大转矩点是三相异步电动机机械特性曲线斜率改变符号的分界点，因此称 s_m 为临界转差率。

为了求出 T_m，可对式(3-4) 求导 $\dfrac{\mathrm{d}T}{\mathrm{d}s}$，并令 $\dfrac{\mathrm{d}T}{\mathrm{d}s} = 0$，得到临界转差率为

$$s_m = \pm \frac{r_2'}{\sqrt{r_1^2 + (x_1 + x_2')^2}} \tag{3-5}$$

将式(3-5) 代入式(3-4) 得到最大电磁转矩

$$T_m = \pm \frac{3p}{4\pi f_1} \frac{U_1^2}{\left[\pm r_1 + \sqrt{r_1^2 + (x_1 + x_2')^2}\right]} \tag{3-6}$$

式(3-5)、式(3-4) 中"+"号为电动状态（Ⅰ象限）；"-"号为发电制动状态（Ⅱ象限）。

通常 $r_1 \ll (x_1 + x_2')$，忽略 r_1，故式(3-5) 和式(3-6) 可以近似为

$$s_m \approx \pm \frac{r_2'}{x_1 + x_2'} \tag{3-7}$$

$$T_m \approx \pm \frac{3p}{4\pi f_1} \frac{U_1^2}{(x_1 + x_2')} \tag{3-8}$$

由式(3-7) 和式(3-8) 可以得出：

① T_m 与 U_1^2 成正比，而 s_m 与 U_1 无关；

② s_m 与 r_2' 成正比，而 T_m 与 r_2' 无关；

③ T_m 和 s_m 都近似地与 $(x_1 + x_2')$ 成反比。

以上三点结论对后面研究电动机的人为机械特性是非常有用的。例如，当增加转子电阻 r_2 时，T_m 不变，但 s_m 则与 r_2' 成正比地增大，使机械特性变软。

最大电磁转矩对电动机来说具有重要意义。电动机运行时，若负载转矩短时突然增大，且大于最大电磁转矩，则电动机将因为承载不了而停转。为了保证电动机不会因为短时过载

而停转，一般电动机都具有一定的过载能力。显然，最大电磁转矩越大，电动机的短时过载能力越强，因此把最大电磁转矩与额定转矩之比称为电动机的过载能力（或过载系数），用 λ_m 表示，即

$$\lambda_m = \frac{T_m}{T_N} \qquad (3-9)$$

λ_m 是表征电动机运行性能的重要参数，它反映了电动机短时过载能力的大小。一般电动机的过载能力 $\lambda_m = 1.6 \sim 2.2$，对于起重、冶金机械专用电动机 $\lambda_m = 2.2 \sim 2.8$。

在起动点 B，有 $s=1$，$n=0$，此时的电磁转矩为启动转矩 T_{st}，它是异步电动机接至电源开始启动瞬间的电磁转矩。把 $s=1$ 代入式(3-4) 可得

$$T_{st} = \frac{3p}{2\pi f_1} \frac{U_1^2 r_2'}{(r_1 + r_2')^2 + (x_1 + x_2')^2} \qquad (3-10)$$

由式(3-10) 可以得出：

① T_{st} 与 U_1^2 成正比；

② 电抗参数 $(x_1 + x_2')$ 越大，T_{st} 就越小；

③ 在一定范围内增大 r_2' 时，T_{st} 增大，T_{st} 随 r_2' 增加非单调变化。

启动转矩 T_{st} 是反映异步电动机的另一个重要参数，在额定电压下，T_{st} 是一个恒值。T_{st} 与 T_N 之比称为启动转矩倍数，用 K_T 表示，即

$$K_T = \frac{T_{st}}{T_N} \qquad (3-11)$$

K_T 是表征笼型异步电动机性能的另一个重要参数，它反映了电动机启动能力的大小。显然，只有当启动转矩大于负载转矩（即 $T_{st} > T_L$）时，电动机才能启动起来。对于一般笼型电动机 $K_T = 1.0 \sim 2.0$，起重和冶金专用的笼型电动机 $K_T = 2.8 \sim 4.0$。

3.1.3 机械特性的实用表达式

机械特性的参数表达式清楚地表示了转矩与转差率及电动机参数之间的关系，便于分析各种参数对机械特性的影响，但在实际应用中这些参数不易得到。因此希望能够利用电动机的技术数据和铭牌数据求得电动机的机械特性，即机械特性的实用表达式。

机械特性的实用表达式推导过程如下。在忽略 r_1 的条件下，用式(3-6) 去除式(3-4)，并考虑到式(3-7) 的临界转差率，化简后可得电动机机械特性的实用表达式，即

$$T = \frac{2T_m}{\dfrac{s}{s_m} + \dfrac{s_m}{s}} \qquad (3-12)$$

式(3-12) 中的 T_m 和 s_m 可由电动机额定数据方便地求得，因此式(3-12) 在工程计算中是非常实用的机械特性表达式。

下面介绍 T_m 和 s_m 的求法。电动机的额定转矩 T_N 可以根据额定功率 P_N 及额定转速 n_N 求出，即

$$T_N = 9.55 \frac{P_N}{n_N} \qquad (3-13)$$

式中，P_N 的单位为 W；T_N 的单位为 N·m。

最大转矩为

$$T_m = \lambda_m T_N \qquad (3-14)$$

因为

$$s_N = \frac{n_1 - n_N}{n_1}$$

将 $s=s_N$、$T=T_N$ 及 $T_m=\lambda_m T_N$ 代入式(3-12)，可求得临界转差率为

$$s_m=s_N\left(\lambda_m+\sqrt{\lambda_m^2-1}\right) \tag{3-15}$$

把求得的 T_m、s_m 代入式(3-12)后，即可求出机械特性方程式。只要给定一系列的 s 值，就可求出相应的 T 值，即可画出机械特性曲线。

在 $0<s<s_m$ 的线性段上，可认为 $\dfrac{s}{s_m}\ll\dfrac{s_m}{s}$，忽略 s/s_m，于是式(3-12)变为

$$T=\frac{2T_m}{s_m}s \tag{3-16}$$

式(3-16)是一个简化的线性表达式，称为机械特性的近似公式，使用起来更为方便。但是在 $0<s<s_m$ 线性段上，s 越接近 s_m，其误差越大。在使用式(3-16)时，临界转差率可用 $s_m=2\lambda_m s_N$ 来计算。

上述三种表达式，虽然都能用来表征三相异步电动机机械特性的运行性能，但其应用场合各有不同。一般情况下，物理表达式适用于对电动机的运行作定性分析；参数表达式适用于分析各种参数变化对电动机运行性能的影响；实用表达式适用于电动机机械特性的工程计算。

3.1.4 三相异步电动机的固有机械特性

三相异步电动机的固有机械特性是指电动机在额定电压和额定频率下，定子绕组按规定方式接线，定子和转子电路不外接电阻或电抗时的机械特性。当三相异步电动机处于电动运行状态时，其固有机械特性曲线如图3-2所示。

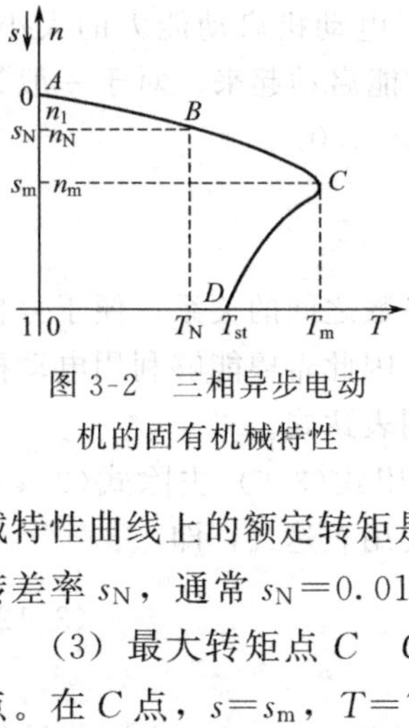

图 3-2 三相异步电动机的固有机械特性

下面介绍图3-2中三相异步电动机固有机械特性上的几个特殊点。

(1) 同步转速点 A　A 点是电动机的理想空载点，即转子转速达到了同步转速，在 A 点，$T=0$，$n=n_1$，$s=0$。

(2) 额定工作点 B　三相异步电动机带额定负载，电动机的转速、转矩、电流及功率均为额定值的点为额定工作点。机械特性曲线上的额定转矩是指额定电磁转矩，以 T_N 表示。与额定转速对应的转差率为额定转差率 s_N，通常 $s_N=0.01\sim0.06$。

(3) 最大转矩点 C　C 点是机械特性曲线中线性段（AC）与非线性段（CD）的分界点。在 C 点，$s=s_m$，$T=T_m$。一般情况下，电动机在线性段上工作是稳定的，而在非线性段上工作是不稳定的，所以 C 点也是电动机稳定运行的临界点，临界转差率 s_m 也是由此而得名。

(4) 启动点 D　电动机接通电源开始启动瞬间，$n=0$、$s=1$、$T=T_{st}$，定子电流 $I_1=I_{st}=(4\sim7)I_N$。对于普通三相异步电动机，启动电流 T_{st} 与额定电流 I_N 的比称为启动电流倍数，用 K_I 表示，即

$$K_I=\frac{I_{st}}{I_N} \tag{3-17}$$

【例 3-1】　一台三相四极笼型转子异步电动机，技术数据为 $P_N=5.5kW$，$U_N=380V$，$I_N=11.2A$，$n_N=1442r/min$，$\lambda_m=2.33$，试求出机械特性实用表达式，并绘制其机械特性。

解： 同步转速
$$n_1 = \frac{60}{p}f_1 = \frac{60}{2} \times 50 = 1500(\text{r/min})$$

电动机的额定转矩
$$T_N = 9.55\frac{P_N}{n_N} = 9.55 \times \frac{5.5 \times 10^3}{1442} \approx 36.4(\text{N} \cdot \text{m})$$

最大转矩
$$T_m = \lambda_m T_N = 2.33 \times 36.4 \approx 84.8(\text{N} \cdot \text{m})$$

额定转差率
$$s_N = \frac{n_1 - n_N}{n_1} = \frac{1500 - 1442}{1500} \approx 0.0387$$

临界转差率
$$s_m = s_N(\lambda_m + \sqrt{\lambda_m^2 - 1}) = 0.0387(2.33 + \sqrt{2.33^2 - 1}) \approx 0.172$$

实用机械特性方程式为
$$T = \frac{2\lambda_m T_N}{\frac{s_m}{s} + \frac{s}{s_m}} = \frac{169.6}{\frac{0.172}{s} + \frac{s}{0.172}}$$

把不同的 s 值代入上式，求出对应的值，列于表 3-1 中。

表 3-1　固有机械特性计算数据

s	0.02	0.0387	0.08	0.176	0.25	0.6	0.8	1.0
$T/(\text{N} \cdot \text{m})$	19.2	36.1	64.2	84.3	78.9	44.9	34.9	28.3

根据表 3-1 中数据，便可绘出电动机的机械特性曲线（参考图 3-2）。

3.1.5 三相异步电动机的人为机械特性

三相异步电动机的人为机械特性就是人为地改变机械特性的某一参数后所得到的机械特性。下面简要介绍三相异步电动机几种常用的人为机械特性。

(1) 降低定子电压的人为机械特性　降低定子电压的人为机械特性除了降低定子电压之外，其他参数都与固有机械特性时相同。根据式(3-7)、式(3-8) 和式(3-10) 可知，最大转矩 T_m 及启动转矩 T_{st} 随定子电压 U_1^2 成正比下降；临界转差率 s_m 与 U_1 无关；由于 $n_1 = \frac{60f_1}{p}$，因此 n_1 也保持不变。图 3-3 所示为定子电压 U_1 不同值时的人为机械特性曲线。

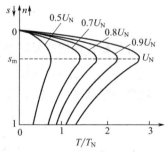

图 3-3　定子电压为不同值时的人为机械特性

(2) 定子回路外串三相对称电阻或电抗时的人为机械特性　三相异步电动机定子串入三相对称电阻或电抗时，相当于增大了电动机定子回路的漏阻抗，由于电动机同步转速 n_1 与定子电阻或电抗无关，所以无论在定子回路串入三相对称电阻或电抗，其人为机械特性都要通过 n_1 点。

从式(3-7)、式(3-8) 及式(3-10) 可知，当定子回路串入三相对称电阻或电抗时，临界转差率 s_m、最大转矩 T_m 以及启动转矩 T_{st} 等都随外串电阻或电抗的增大而减小。图 3-4 所示为三相异步电动机定子串三相对称电阻及三相对称电抗时的人为机械特性。

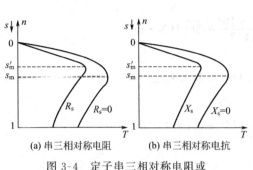

(a) 串三相对称电阻   (b) 串三相对称电抗

图 3-4   定子串三相对称电阻或
三相对称电抗时的人为机械特性

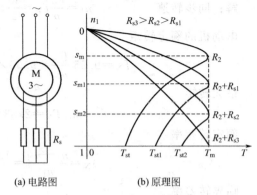

(a) 电路图   (b) 原理图

图 3-5   绕线型异步机转子串
电阻的原理图和机械特性

（3）转子回路串三相对称电阻时的人为机械特性   绕线型异步电动机转子回路串入三相对称电阻时，相当于增加了转子绕组每相电阻值。转子回路中串入三相对称电阻时，不影响电动机同步转速 n_1 的大小，其人为机械特性都通过同步运行点。

从式(3-7)、式(3-8)看出，电动机的最大转矩 T_m 与转子回路电阻无关，因此转子回路外串电阻 R_s 时不改变 T_m 的大小，但临界转差率 s_m 则随转子回路电阻的增大而成正比地增加。图 3-5 所示为绕线型异步电动机转子回路中串接三相对称电阻 R_s 时的原理图和机械特性。

【例 3-2】 一台绕线型三相异步电动机的技术数据为 $P_N = 75\text{kW}$，$n_N = 720\text{r/min}$，转子绕组每相电阻 $r_2 = 0.0224\Omega$，最大转矩倍数 $\lambda_m = 2.4$。（1）为了使启动瞬间电动机产生的电磁转矩为最大转矩 T_m，求转子回路串入的电阻值。（2）电动机拖动恒转矩负载 $T_L = 0.8T_N$，要求电动机的转速为 $n = 500\text{r/min}$，求转子回路串入的电阻值。

解：（1）额定转差率为

$$s_N = \frac{n_1 - n_N}{n_N} = \frac{750 - 720}{750} = 0.04$$

固有机械特性的临界转差率

$$s_m = s_N(\lambda_m + \sqrt{\lambda_m^2 - 1}) = 0.04 \times (2.4 + \sqrt{2.4^2 - 1}) \approx 0.183$$

在启动瞬间 $T_{st} = T_m$，故 $s'_m = 1$，转子每相应串入的电阻值为

$$R_s = \left(\frac{s'_m}{s_m} - 1\right)r_2 = \left(\frac{1}{0.183} - 1\right) \times 0.0224 \approx 0.1(\Omega)$$

（2）$T_L = 0.8T_N$ 时，在固有机械特性上的转差率，用机械特性的近似公式求能使问题简化，即

$$0.8T_N = \frac{2\lambda_m T_N}{s_m}s$$

$$s = \frac{0.8T_N s_m}{2\lambda_m T_N} = \frac{0.8 \times 0.183}{2 \times 2.4} = 0.0305$$

$T_L = 0.8T_N$ 时，在串电阻后人为机械特性上的转差率为

$$s' = \frac{n_1 - n}{n_1} = \frac{750 - 500}{750} = 0.33$$

转子回路每相外串电阻 R_s 为

$$R_s = \left(\frac{s'}{s} - 1\right) r_2 = \left(\frac{0.33}{0.0305} - 1\right) \times 0.0224 \approx 0.22(\Omega)$$

3.2 笼型异步电动机的启动

3.2.1 三相异步电动机对启动性能的要求

电动机启动是指电动机接通电源后，由静止状态加速到稳定运行状态的过程。电力拖动系统对异步电动机的启动性能有以下要求：

① 启动电流倍数 K_I（$K_I = I_{st}/I_N$）要小，以减少对电网的冲击；

② 启动转矩倍数 K_T（$K_T = T_{st}/T_N$）足够大，以加速启动过程，缩短启动时间；

③ 启动过程要平滑，启动设备要简单、经济、可靠、操作维护方便。

普通结构的三相异步电动机不采取任何措施而直接投入电网启动时，往往不能满足上述要求，因为它的启动电流大而启动转矩并不大。

启动电流很大的原因是：电动机刚启动时，$n=0$，$s=1$，气隙旋转磁场切割转子的相对速度最大，转子绕组中感应的电动势最大，转子电流也达到最大值；根据磁动势平衡关系，定子电流随转子电流而相应变化，所以定子电流（启动电流）I_{st} 也很大，可达额定电流的 $4 \sim 7$ 倍，即 $K_I = I_{st}/I_N = 4 \sim 7$。过大的启动电流由供电变压器提供，使得供电变压器的输出电压降低，对供电电网产生影响。

启动转矩并不大的原因可以用公式 $T = C_T \Phi_m I_2 \cos\varphi_2$ 来分析。一方面，电动机启动时，$s=1$，$f_2 = f_1$，$x_2 \gg r_2$，转子功率因数角 $\varphi_2 = \arctan \frac{x_2}{r_2} \approx 90°$，功率因数 $\cos\varphi_2$ 很低，尽管启动时转子电流 I_2 很大，但是 $I_2\cos\varphi_2$ 并不大；另一方面，很大的启动电流引起定子漏阻抗压降 $I_{st}Z_1$ 增大，造成 E_1 减小，使气隙磁通量 Φ_m 减小。

必须根据电网容量和机械负载对启动电流和启动转矩要求的具体情况，选择三相异步电动机的启动方法。笼型电动机有直接启动和降压启动两种方法；绕线型电动机有转子电路串入启动电阻器及频敏变阻器两种方法；此外还有高启动转矩三相笼型异步电动机。

3.2.2 三相笼型异步电动机的启动

笼型异步电动机的启动方法有直接启动和降压启动两种。

（1）直接启动　直接启动就是用刀开关或接触器将电动机定子绕组直接接到额定电压的电网上，所以直接启动就是全压启动。从电动机本身来说，三相笼型异步电动机都允许直接启动。直接启动方法的应用主要受到电源容量的限制，若电源容量不够大，则电动机的启动电流可能使线路电压显著下降，影响接在同一线路上的其他电动机和电气设备的正常工作。一般情况下，只要直接启动时的启动电流在电网中引起的电压降落不超过 $10\% \sim 15\%$（对于经常启动的电动机取 10%，不经常启动的电动机取 15%），就允许采用直接启动。一般规定，异步电动机的功率小于 $7.5kW$ 时允许直接启动；如果功率大于 $7.5kW$，而电网容量较大，能满足式（3-18）的电动机也可以直接启动，即

$$K_I = \frac{I_{st}}{I_N} \leqslant \left(\frac{3}{4} + \frac{S_N}{4P_N}\right) \tag{3-18}$$

式中，S_N 为电源总容量，$kV \cdot A$；P_N 为电动机额定容量，kW。

直接启动的优点是启动设备和操作方法简单，缺点是启动电流很大。为了利用直接启动的优点，现代设计的三相笼型异步电动机都按直接启动时的电磁力和发热来考虑它的机械强度和热稳定性。

【例 3-3】 变压器容量 $S_N = 560 \text{kV} \cdot \text{A}$，有两台三相笼型异步电动机，额定功率分别为 $P_{N1} = 20 \text{kW}$，$P_{N2} = 75 \text{kW}$，启动电流倍数都为 $K_1 = 6.5$，这两台电机能否直接启动？

解： 根据式(3-18)

第一台电动机：$\dfrac{3}{4} + \dfrac{560}{4 \times 20} = 7.75 > 6.5$ 允许直接启动

第二台电动机：$\dfrac{3}{4} + \dfrac{560}{4 \times 75} = 2.62 < 6.5$ 不允许直接启动

（2）降压启动 当直接启动不能满足要求时，应采用降低定子电压的启动方法以限制启动电流。启动时，通过启动设备使加到电动机上的电压小于额定电压，待电动机转速上升到一定数值时，再使电动机承受额定电压，保证电动机在额定电压下稳定工作。下面介绍几种常用的降压启动方法。

① 定子串电阻或串电抗降压启动。电动机在启动时，在定子三相绕组上串接启动电阻 R_{st} 或启动电抗 X_{st}，启动电流在 R_{st} 或 X_{st} 上产生压降，降低了定子绕组上的电压，从而减小了启动电流。

三相笼型异步电动机定子串电阻或串电抗降压启动时的接线如图 3-6 所示。启动时接触器 KM1 闭合，KM2 断开，电动机定子绕组通过 R_{st} 或 X_{st} 接入电网降压启动；启动后，KM2 闭合，切除 R_{st} 或 X_{st}，电动机开始正常运行。

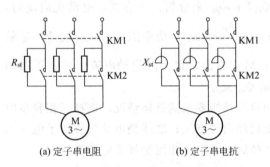

(a) 定子串电阻   (b) 定子串电抗

图 3-6 三相笼型异步电动机定子串
电阻或串电抗降压启动时接线图

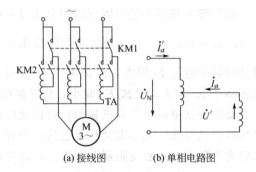

(a) 接线图   (b) 单相电路图

图 3-7 三相笼型异步电动机采用自
耦变压器降压启动的接线和单相电路

定子回路串电阻 R_{st} 或串电抗 X_{st} 降压启动时，由于启动电流与启动电压成比例减小，若加在电动机上的电压减小到额定电压的 $\dfrac{1}{k}$ 倍，则启动电流也减小到直接启动的 $\dfrac{1}{k}$ 倍，由于启动转矩与电源电压平方成正比，所以启动转矩减小到直接启动的 $\dfrac{1}{k^2}$ 倍。

电抗降压启动具有启动平稳、运行可靠、设备简单等优点。但降低电压后，虽然减小了启动电流，同时启动转矩也大为减小。因此电抗降压启动法一般适用于轻载启动的大容量高压电动机。电阻降压启动时，耗能较大，一般只在较小容量电动机上采用。

② 自耦变压器降压启动。自耦变压器用作电动机降压启动时，称为自耦补偿启动器。三相笼型异步电动机采用自耦变压器降压启动的接线和单相电路如图 3-7 所示。

图中 TA 为自耦变压器。电动机启动时，KM1 打开，KM2 闭合，电源电压经过自耦变压器降压后加在电动机上，限制了启动电流。当转速升高到接近稳定转速时，KM2 断开，

KM1闭合，自耦变压器被切除，电动机在额定电压下正常运行。对电动机采用自耦变压器启动与全压启动比较如下。

设电网电压 U_N 和 I'_{st} 分别为自耦变压器一次侧相电压和电流，即电网相电压和电流；U' 和 I_{st} 分别为自耦变压器二次侧的电压和电流，即电动机的定子电压和电流；N_1 和 N_2 分别表示自耦变压器的一、二次绕组匝数，k_A 为自耦变压器电压比，$k_A<1$。由变压器原理得

$$\frac{U'}{U_N}=\frac{N_2}{N_1}=k_A \tag{3-19}$$

设 I_{KN} 为电动机全压启动时的启动电流，则

$$\frac{I_{st}}{I_{KN}}=\frac{U'}{U_N}=k_A$$

再利用变压器原理得

$$\frac{I'_{st}}{I_{st}}=\frac{N_2}{N_1}=k_A$$

将上面两式相乘，整理得

$$I'_{st}=k_A^2 I_{KN} \tag{3-20}$$

另外，由于 $U'=k_A U_N$，$T\propto U^2$，如果设 T_{KN} 为全压启动时的启动转矩，则自耦变压器降压启动时启动转矩为

$$T'_{st}=k_A^2 T_{KN} \tag{3-21}$$

式(3-19)、式(3-20) 和式(3-21) 分别表明，采用自耦变压器降压启动时的相电压 U' 降为电动机直接启动时额定相电压 U_N 的 k_A 倍（k_A 小于1），启动电流 I'_{st} 降低到直接启动时启动电流 I_{KN} 的 k_A^2 倍，启动转矩 T'_{st} 也降为直接启动时的启动转矩 T_{KN} 的 k_A^2 倍。

为了满足不同负载的要求，自耦变压器的二次绕组一般有三个抽头，分别为电源电压的 40%、60% 和 80%（QJ3 系列）或 55%、64% 和 73%（QJ2 系列），供选择使用。

自耦变压器降压启动适用于容量较大的低压电动机，在 10kW 以上的三相异步电动机中得到了广泛应用。其优点是电压抽头可供不同负载启动时选择；缺点是体积大、笨重、价格高，需维护检修。

通常把自耦变压器、接触器、保护设备等装在一起，组成一个自耦变压器降压启动控制柜。例如国产 JJ1 系列自耦降压控制柜，它适用于额定电压为 380～660V、功率为 11～315kW 的笼型异步电动机降压启动。

③ Y-△降压启动。Y（星形）-△（三角形）换接启动方法只适用于正常运行时定子绕组为△接法并有六个出线端头的笼型电动机。为了减小启动电流，启动时将定子绕组改接成 Y 形，降低每相电压，当电动机转速上升到接近额定转速时再改成△形，其原理接线如图 3-8 所示。

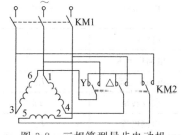

图 3-8　三相笼型异步电动机
Y-△降压启动接线图

启动时，合上接触器触点 KM1，再把 KM2 合到 Y端，定子绕组接成 Y 形，每相绕组加的相电压为线电压的 $1/\sqrt{3}$，启动电流减小。待电动机转速升高到接近额定转速，再把 KM2 合到△端，定子绕组改接成△形，所加电压为线电压，电动机在额定电压下正常运行。

若电动机每相阻抗为 Z_K，三相绕组 Y 形连接启动，则电网提供电动机的启动电流为

$$I_{stY} = \frac{U_N}{\sqrt{3}Z_K} \tag{3-22}$$

若电动机三相绕组△形连接时直接启动，则绕组相电压为电源电压，定子绕组每相启动电流为 $\frac{U_N}{Z_K}$，电网提供电动机的启动电流为

$$I_{st\triangle} = \sqrt{3}\frac{U_N}{Z_K} \tag{3-23}$$

将式（3-22）与式（3-23）相比，得到两种启动电流比值为

$$\frac{I_{stY}}{I_{stD}} = \frac{1}{3} \tag{3-24}$$

Y-△启动时的降压倍数

$$a = \frac{U_1}{U_N} = \frac{\frac{1}{\sqrt{3}}U_N}{U_N} = \frac{1}{\sqrt{3}}$$

根据 $T_{st} \propto U_1^2$，所以 Y 接线时与△接线时启动转矩比值为

$$\frac{T_{stY}}{T_{st\triangle}} = \frac{1}{3} \tag{3-25}$$

可见采用 Y-△换接启动时，启动电流和启动转矩都减小到直接启动时的1/3。

Y-△换接启动的最大优点是启动电流小、启动设备简单、成本低、体积小、重量轻、操作方便，所以 Y 系列容量等级在 4kW 以上的小型三相笼型异步电动机都设计成△形连接，以便采用 Y-△换接启动。缺点是只适用于正常运行时定子绕组为△形连接的电动机，并且只有一种固定的降压比；启动转矩只有△形直接启动时的1/3，因此只适用于电动机轻载或空载启动。

Y-△降压启动相当于降压比为 $\frac{1}{\sqrt{3}} \approx 57.7\%$ 的自耦降压启动，且它可以省去一台自耦变压器，但它不能像自耦变压器启动那样可以通过改变抽头来调节降压倍数。

为了便于比较笼型异步电动机的各种启动方法，表 3-2 列出了常用的几种启动方法的有关数据。

表 3-2　笼型转子异步电动机几种常用启动方法比较

启动方法	直接启动	定子串电阻或电抗减压启动	Y-△减压启动	自耦变压器减压启动
电网电压	U_N	U_N	U_N	U_N
电动机电压	U_N	aU_N	$aU_N=U_N/\sqrt{3}$	$aU_N=U_N/k_A$
电动机电流	I_{KN}	aI_{KN}	$aI_{KN}=I_{KN}/\sqrt{3}$	$aI_{KN}=I_{KN}/k_A$
启动转矩	T_K	a^2T_K	$a^2T_K=T_K/3$	$a^2T_K=T_K/k_A^2$
电网电流	I_{KN}	aI_{KN}	$a^2I_{KN}=I_{KN}/3$	$a^2I_{KN}=I_{KN}/k_A^2$
优缺点	启动最简单，启动电流大，启动转矩不大，适用于小容量轻载启动	启动设备简单，启动转矩小，适用于轻载启动	启动设备简单，启动转矩小，适用于轻载启动。只适用于△连接的电动机	启动转矩大，有三种抽头可选，启动设备复杂，可带较大负载启动

以上对笼型异步电动机的启动方法做了介绍。在确定启动方法时，应根据电网允许的最大启动电流、负载对启动转矩的要求以及启动设备的复杂程度、价格等条件综合考虑。

（3）软启动器　三相笼型异步电动机除了上述介绍的几种降压启动方法外，还有一种新型的降压启动方法——软启动器启动，目前已得到广泛应用。软启动就是运用串接于电源与被控电机之间的软启动器，控制其内部晶闸管的导通角，使电机输入电压从零以预设函数关系逐渐上升，电机启动转矩逐渐增加，转速也逐渐增加，直至启动结束，电机全电压运行。图 3-9 所示为晶闸管交流开关用于电机软启动的主电路图。电机启动时，6 个晶闸管构成的交流开关电路工作，控制电机绕组电压按设定比率上升，当电枢电压上升至额定值时，自动切换使交流开关停止工作，交流接触器投入工作。

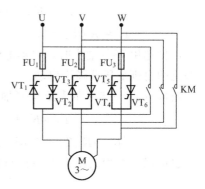

图 3-9　三相异步电动机
软启动的主电路图

采用软启动器将降低启动电流，减少对电网的干扰。用软启动器启动时电压沿斜坡上升，升至全压的时间可在 0.5～60s 之间设定。

传统降压启动方式都属于有级降压启动，启动过程中会出现冲击电流、启动不平稳、启动转矩减小等现象。软启动与传统降压启动方式的不同之处如下。

① 无冲击电流。软启动器在启动电机时，通过逐渐增大晶闸管导通角，使电机启动电流从零线性上升至设定值。

② 恒流启动。软启动器可以引入电流闭环控制，使电机在启动过程中保持恒流，确保电机平稳启动。

③ 根据负载情况及电网继电保护特性的选择，可自动地无级调整至最佳的启动电流。

软启动器特别适用于拖动泵类或风机类负载的三相笼型异步电动机启动。

【例 3-4】　一 Y 系列笼式异步电动机，$P_N=40kW$，$n_N=1470r/min$，$U_N=380V$，定子△连接，全压启动电流倍数 $K_I=5.5$，启动转矩倍数 $K_T=1.3$，电源容量为 560kV·A，电动机带负载转矩为 $T_L=0.6T_N$ 启动，试问应采用什么方法启动？

解：① 先选择直接启动方法。

$$K_I=\frac{I_{st}}{I_N}\leqslant\left[\frac{3}{4}+\frac{电源总容量(kV\cdot A)}{4\times电动机容量(kW)}\right]$$

电网允许的启动电流倍数为　$\frac{3}{4}+\frac{560}{4\times40}=\frac{3}{4}+3.5=4.25$

而 $K_I=5.5>4.25$

所以不允许直接启动。

② 电抗降压启动适合轻载启动的大容量高压电动机，不能采用电抗降压启动。

③ Y-△降压启动。

$$I_{stY}=\frac{1}{3}I_{st}=\frac{1}{3}\times K_I I_N=\frac{1}{3}\times5.5I_N\approx1.83I_N<4.25I_N$$

$$T_{stY}=\frac{1}{3}T_{st}=\frac{1}{3}K_T T_N=\frac{1}{3}\times1.3T_N\approx0.43T_N<0.6T_N$$

启动转矩不够大，不能带 $0.6T_N$ 启动，所以不能选用 Y-△降压启动。

④ 自耦降压启动。

$$I'_{st}=K_A^2 I_{st}=K_A^2\times5.5I_N\leqslant4.25I_N$$

$$K_A\leqslant0.88$$

取 $K_A=0.73$（即选择 73%抽头），则

$$I'_{st}=K_A^2 I_{st}=0.73^2\times5.5I_N\approx2.93I_N<4.25I_N$$

$$T'_{st}=K_A^2 T_{st}=0.73^2\times K_T T_N=0.533\times1.3T_N\approx0.693T_N>0.6T_N$$

可见选用73%抽头时，启动电流和启动转矩均满足要求，所以该电动机可以采用73%抽头比的自耦变压器降压启动。

或取 $K_A=0.8$（即选择80%抽头），则

$$I'_{st}=K_A^2 I_{st}=0.8^2\times5.5I_N=3.52I_N<4.25I_N$$

$$T'_{st}=K_A^2 T_{st}=0.8^2\times K_T T_N=0.64\times1.3T_N=0.832T_N>0.6T_N$$

也可以选择抽头比为80%的自耦降压启动。

3.3　三相绕线型异步电动机的启动

三相笼型异步电动机直接启动时，启动电流大，启动转矩不大；降压启动时，虽然减小了启动电流，但启动转矩也随电压成平方关系减小，因此笼型异步电动机只能用于空载或轻载启动。

绕线转子异步电动机，若转子回路串入适当的电阻，既能限制启动电流，又能增大启动转矩，同时克服了笼型异步电动机启动电流大、启动转矩不大的缺点。这种启动方法适用于大中容量异步电动机重载启动。绕线转子异步电动机的启动分为转子串电阻及转子串频敏变阻器两种启动方法。

3.3.1　转子串电阻启动

为了在整个启动过程中得到较大的加速转矩，并使启动过程比较平滑，应在转子回路中串入多级对称电阻。由式(3-7) 及式(3-8) 已知三相异步电动机的最大转矩 T_m 与转子电阻无关，但临界转差率 s_m 却随转子电阻的增加而成正比地增大，在启动时，如果适当增加转子回路电阻值，一方面减小了启动电流，另一方面可增大启动转矩，从而缩短启动时间，减少了电动机的发热。

启动时，随着转速的升高，应逐段切除启动电阻，故又称为分级切除电阻启动。图3-10所示为三相绕线转子异步电动机转子串接对称电阻分级启动的接线图和对应三级启动时的机械特性。

下面分析图 3-10 的启动过程。

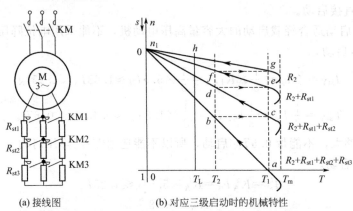

(a) 接线图　　　　(b) 对应三级启动时的机械特性

图 3-10　绕线式异步电动机转子串电阻分级启动

① 接触器 KM1～KM3 断开，KM 闭合，定子绕组接三相电源，转子绕组串入全部启动电阻，电动机加速，启动点在机械特性曲线 ba 的 a 点。启动转矩为 T_1，它是启动过程中的最大转矩，称为最大启动转矩，通常取 $T_1 < 0.9T_m$。

② 电动机沿机械特性曲线 ba 升速，到 b 点电磁转矩 $T = T_2$，T_2 称为切换转矩，T_2 应大于 T_L。这时接触器 KM3 闭合，切除第一段启动电阻 R_{st3}。忽略电动机的电磁过渡过程时，电动机的运行点将从 b 点过渡到机械特性曲线 dc 的 c 点。如果启动电阻选择得合适，c 点的电磁转矩正好等于 T_1。

③ 电动机从 c 点沿机械特性曲线 dc 升速到 d 点，$T = T_2$，接触器 KM2 闭合，切除第二段启动电阻 R_{st2}。电动机的运行点过渡到机械特性曲线 fe 的 e 点，$T = T_1$。

④ 电动机在机械特性曲线 fe 上继续升速到 f 点，$T = T_2$，接触器 KM3 闭合，切除第三段启动电阻 R_{st1}，电动机的运行点过渡到固有机械特性曲线上的 g 点，$T = T_1$。

⑤ 电动机在固有机械特性上升速直到 h 点，$T = T_L$，启动过程结束。

3.3.2　转子串频敏变阻器启动

三相绕线型异步电动机转子串电阻分级启动，虽然可以减小启动电流，增大启动转矩，但在启动过程中需要逐级切除启动电阻。如果启动级数较少，在切除启动电阻时就会产生较大的电流和转矩冲击，使启动不平稳。增加启动级数虽能减小电流和转矩冲击，使启动平稳，又会使开关设备和启动电阻的级数增加，必然导致启动设备复杂化。如果串入转子回路中的启动电阻在电动机启动过程中能随转速的升高而自动平滑地减小，就可以不用逐级切除电阻而实现无级启动了。频敏变阻器就是具有这种特性的启动设备。

频敏变阻器是一个铁损耗很大的三相电抗器，从结构上看好像一个没有二次绕组的三相心式变压器，它的铁芯是由厚钢板叠成（30～50mm，比变压器用的硅钢片要厚 100 倍左右）。三个绕组分别绕在三个铁芯柱上并做 Y 形连接，然后接到转子集电环上。图 3-11 所示是频敏变阻器的结构示意图。

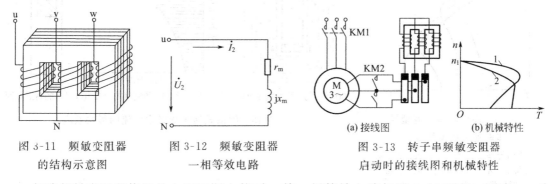

图 3-11　频敏变阻器　　　　图 3-12　频敏变阻器　　　　图 3-13　转子串频敏变阻器
　　的结构示意图　　　　　　一相等效电路　　　　　　启动时的接线图和机械特性

忽略频敏变阻器绕组的电阻和漏电抗时，其一相等效电路如图 3-12 所示。图中 x_m 为带铁芯绕组的电抗；r_m 为反映铁损耗的等效电阻。因为频敏变阻器的铁芯用厚钢板制成，所以铁损耗较大，对应的 r_m 也较大。

图 3-13 所示为三相绕线型异步电动机转子串频敏变阻器启动时的接线图和机械特性。

启动时接触器 KM2 断开，KM1 闭合，转子串入频敏变阻器，在启动瞬间 $n = 0$，$s = 1$，转子电流的频率 f_2 最大（$f_2 = sf_1 = f_1$），频敏变阻器的铁芯中与频率平方成正比的涡流损耗最大，即铁耗大，反映铁耗大小的等效电阻 r_m 最大，此时相当于转子回路中串入一个较大的电阻，因此既限制了启动电流，又增大了启动转矩。启动过程中，随着转速 n 升高，s

减小，转子电流频率 $f_2=sf_1$ 逐渐下降，频敏变阻器的铁耗逐渐减小，r_m 也随之减小，这相当于在启动过程中逐渐切除转子回路串入的电阻。当启动结束后，KM2 闭合，切除频敏变阻器，转子电路直接短路。

因为频敏变阻器的等效电阻 r_m 是随频率 f_2 的变化而自动变化的，因此称为"频敏"变阻器，它相当于一种无触点的变阻器。在启动过程中，它能自动、无级地减小电阻，如果参数选择适当，可以在启动过程中保持转矩近似不变，使启动过程平稳、快速。这时电动机的机械特性如图 3-13(b) 曲线 2 所示。曲线 1 是电动机的固有机械特性。

频敏变阻器结构简单、运行可靠、使用维护方便、价格便宜，广泛应用于绕线型异步电动机的启动。

【知识扩展】

3.3.3 高启动转矩三相笼型异步电动机

有些生产机械，如起重机、皮带运输机、破碎机等，要求启动转矩大；有些生产机械要求频繁启动和正、反转，且要求启动时间短，或者虽不频繁启动，但转动惯量较大。这些生产机械都要求电动机具有较大的启动转矩和较小的启动电流，普通三相笼型异步电动机不能满足要求。为了保持三相笼型异步电动机结构简单、维修方便、价格低廉的优点，又能适应高启动转矩和低启动电流的要求，人们在电动机制造上采取措施，生产出几种特殊的笼型异步电动机，即高转差率电动机、起重冶金型电动机和深槽型及双笼型电动机等。图 3-14 示出了三种高启动转矩三相笼型异步电动机的机械特性和普通笼型三相异步电动机的机械特性。

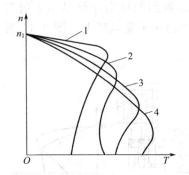

图 3-14　高启动转矩笼型异
步电动机机械特性
1—普通笼型三相异步电动机；2—深
槽及双笼电动机；3—高转差率笼
型异步电动机；4—起重冶
金笼型异步电动机

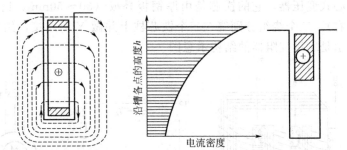

(a) 转子的槽形及漏磁通的分布　(b) 导条内电流密度的分布　(c) 导条的有效截面

图 3-15　深槽式转子导条中电流的集肤效应

下面简要地介绍深槽型及双笼型三相异步电动机的转子结构及工作原理。

(1) 深槽笼型转子异步电动机　深槽式异步电动机的转子槽形深而窄，通常槽深与槽宽之比为 $10\sim12$ 或以上，槽中放有转子导条。当导条中有电流流通时，槽中漏磁通分布情况如图 3-15(a) 所示。

可以看出，导条下部所交链的漏磁通要比上部多。如果把转子导条看成沿槽高方向由许多根单元导条并联组成，如图 3-15(b) 中阴影部分，那么槽底部分单元导条交链较多的漏磁通，因此漏电抗较大；而槽口附近的单元导条则交链较少的漏磁通，具有较小的漏电抗。启动时，转子电流的频率最高，为定子电流的频率 f_1，转子导条的漏电抗大于电阻，成为转子阻抗中的主要成分。各单元导条中电流基本上按它们的漏电抗大小成反比分配，于是导条中电流密度的分布自槽口向槽底逐渐减小，如图 3-15（b）所示，大部分电流集中在导条上部。这种现象称为集肤效应。频率越高、槽越深，集肤效应就越显著。由于导条电流都挤向了上部，可以近似地认为导条下部没有电流，这相当于导条截面积减小，如图 3-15（c）所示。因此转子电阻增大，启动转矩增加。

随着电动机的转速升高，转子电流频率降低，集肤效应逐渐减弱，转子电阻也随之减小。当达到额定转速时，转子电流频率仅几赫兹，集肤效应基本消失，这相当于导条截面积增大，转子电阻自动减小到最小值，满足了减小转子铜耗，提高电动机效率的要求。

（2）双笼型三相异步电动机　双笼型三相异步电动机的定子与普通异步电动机的定子完全相同，主要区别也在于转子。其转子上具有两套笼型绕组，如图 3-16（a）所示。上笼导条截面积较小，并用电阻系数较高的黄铜或铝青铜制成，因此电阻较大。下笼导条截面积较大，并用电阻系数较小的紫青铜制成，因此电阻较小。

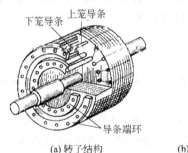

图 3-16　双笼型异步电动机的转子结构　　　图 3-17　双笼型异步电动机的机械特性

启动时转子电流的频率 $f_2 = f_1$ 较高，因此与转子电流频率成正比的转子漏电抗（$x_2 = 2\pi f L_2$）很大。由于下笼条电阻小，交链的漏磁通多，因此漏电抗大，电流小；而上笼条电阻大，交链的漏磁通少，漏电抗小，流过的电流大，集肤效应显著。启动时上笼条起主要作用，所以也把它称为启动笼。由于上笼条电阻大，既可以限制启动电流，又可以提高启动转矩，相当于串电阻启动，其机械特性很软，如图 3-17 中曲线 1 所示。

启动过程中，转子电流频率逐渐降低，漏电抗逐渐减小，启动电流从上笼条向下笼条转移，即上笼条的电流逐渐减小，下笼条的电流逐渐增多。启动结束后，转子频率很低，转子漏电抗远小于转子电阻，转子电流大部分从电阻较小的下笼条流过，所以在正常运行时下笼条起主要作用，称为运行笼。又由于下笼条电阻小，其机械特性如图 3-17 中曲线 2 所示。这两条机械特性合成所得到的机械特性就是双笼型异步电动机的机械特性，如图 3-17 中曲线 3 所示。

双笼型异步电动机的机械特性曲线可以看成是上、下笼两条特性曲线的合成，改变上、下笼的参数就可以得到不同的机械特性曲线，以满足不同的负载要求，这是双笼型异步电动机的一个突出优点。

双笼型转子异步电动机的启动性能比深槽异步电动机好，但深槽异步电动机结构简单，制造成本较低。它们的共同特点是转子漏电抗较普通笼型电动机大，因此功率因数和过载能力都比普通型电动机低。

3.4 三相异步电动机的制动

所谓电动机制动是指在电动机的轴上加一个与其旋转方向相反的转矩，使电动机减速或停转。对于位能性负载，制动运行可获得稳定的下降速度。

三相异步电动机除了运行于电动状态外，还时常运行于制动状态。运行于电动状态时，T 与 n 同方向，T 是驱动转矩，电动机从电网吸收电能并转换成机械能从轴上输出，机械特性位于一、三象限。运行于制动状态时，T 与 n 反方向，T 是制动转矩，电动机从轴上吸收机械能并转换成电能，该电能或消耗在电机内部或反馈回电网，机械特性位于二、四象限。

根据制动转矩产生方法的不同，电动机制动可分为机械制动和电气制动两类。机械制动通常是靠摩擦方法产生制动转矩，如电磁抱闸制动。这种制动虽然可以加快制动过程，但闸皮磨损严重，增加了维修工作量。所以对需要频繁快速启动、制动和反转的生产机械，一般不采用这种制动方法。电气制动是使电动机所产生的电磁转矩与电动机的旋转方向相反来实现的。这种方法便于控制，容易实现自动化，比较经济。三相异步电动机的电气制动方法有能耗制动、反接制动、回馈制动。下面分别讨论这三种电气制动方法。

3.4.1 能耗制动

三相异步电动机实现能耗制动的方法是将定子绕组从三相交流电源上断开，然后立即加上直流励磁电源。

图 3-18(a) 所示为绕线型异步电动机能耗制动接线图。接触器 KM1 闭合，KM2 断开，电动机定子接到三相交流电源上，运行于电动状态。若要进行能耗制动，则使接触器 KM1 断开，KM2 闭合，电动机脱离三相交流电源，并在定子两相绕组内通入直流电流。流过定子绕组的直流电流在空间产生一个静止的磁场，而转子由于惯性，继续按原方向在静止磁场中转动，因而切割磁力线在转子绕组中感应电动势（方向由右手定则判断）和电流，转子电流与静止磁场相互作用，产生了制动转矩 T，使电动机减速，如图 3-18(b) 所示。电动机能耗制动时的电磁转矩与转子旋转方向相反，为制动转矩。因为这种方法是将转子动能转化为电能，并消耗在转子回路的电阻上，动能耗尽，系统停车，所以称为能耗制动。

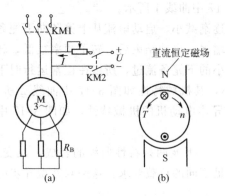

图 3-18 绕线转子异步电动机能耗制动原理图

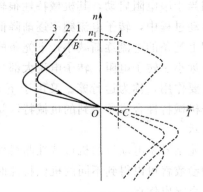

图 3-19 三相异步电动机能耗制动时机械特性

能耗制动状态的三相异步电动机实质上是一台交流发电机，其输入是电动机储存的机械能，其负载是电动机转子电阻，因此能耗制动的机械特性与发电机的机械特性相似（推导过楻见有关参考书），位于第二象限，而且 $n=0$ 时，$T=0$，如图 3-19 所示。图中，曲线 1 是转子不串电阻时的固有机械特性；曲线 2 是增大外加直流电流 I 时的机械特性，最大制动转矩增大，对应最大制动转矩的转速不变；曲线 3 是增大转子电阻时的机械特性，最大制动转矩不变，但对应最大制动转矩的转速增大。

由图 3-19 可知，外加直流电压（或直流电流）越大，初始制动转矩越大，制动时间越短。对于笼型异步电动机，为了增大初始制动转矩，必须增大直流电流（见图 3-19 曲线 2），但不能过大，以免造成电机过热。对绕线型异步电动机，可以采用增加转子电阻的方法来增大初始制动转矩。

下面利用机械特性分析能耗制动过程。制动前，电动机运行于固有机械特性曲线的 A 点。能耗制动瞬间，电动机转速不变，工作点由 A 点平移到能耗制动特性曲线（如图 3-19 中曲线 1 所示）B 点，在制动转矩作用下，电动机开始减速，工作点沿曲线 1 变化，直到 $n=0$，$T=0$。如果电动机拖动的是反抗性负载，则电动机停转，实现快速停车。如果电动机拖动的是位能性负载，当转速降到零时，若要停车，必须立即用外力将电动机轴刹住，否则电动机将在位能性负载转矩作用下反转，直到进入第四象限中的 C 点（$T=T_L$），系统处于稳定的能耗制动运行状态，重物保持匀速下降。

能耗制动过程中，定子绕组外加直流电流可按照下列数据选择：①对笼型电动机，可按 $I=(4\sim5)I_0$ 选取；②对绕线型异步电动机，可按 $I=(2\sim3)I_0$ 选取，转子外串电阻按 $R_B=(0.2\sim0.4)\dfrac{E_{2N}}{\sqrt{3}I_{2N}}-R_2$ 计算。

由以上分析可知，三相异步电动机的能耗制动有以下特点：
① 能够使反抗性负载准确停车；
② 制动平稳，但制动至转速较低时转矩较小，制动效果不理想；
③ 由于制动时不从电网吸取交流电能，只吸取少量直流电能，因此比较经济。

3.4.2 反接制动

当三相异步电动机转子的旋转方向与定子磁场的旋转方向相反时，电动机便处于反接制动状态。它有两种情况，一是在电动状态下突然将电源两相反接，使定子旋转磁场的方向由原来的顺转子转向改为逆转子转向，这种情况下的制动称为定子两相反接的反接制动（电源反接制动）；二是保持定子磁场的转向不变，而转子在位能负载作用下进入倒拉反转，这种情况下的制动称为倒位反转的反接制动。

（1）电源反接制动　电源反接制动是将三相异步电动机的任意两相定子绕组的电源进线对调。其接线如图 3-20（a）所示。在电源反接前，电动机处于电动运行状态，其固有机械特性如图 3-20（b）中的曲线 1 所示，工作点为曲线 1 上的 A 点。当把定子两相绕组出线端对调时，由于改变了定子电压的相序，所以定子旋转磁场方向改变了，由原来的逆时针方向变为顺时针方向，电磁转矩方向也随之改变，n 与 T 方向相反，变为制动性质，其机械特性曲线变为图 3-20（b）中曲

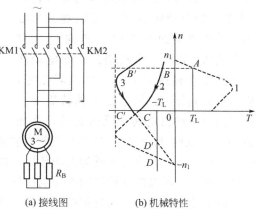

(a) 接线图　　(b) 机械特性

图 3-20　三相异步电动机电源反接制动

线 2，它对应的同步速度为 $-n_1(s>1)$。在电源反接制动瞬间，由于机械惯性，旋转速度来不及改变，因此工作点应由固有特性曲线 1 的 A 点过渡到特性曲线 2 上的 B 点，进入反接制动状态。在制动转矩作用下，电动机迅速减速，工作点沿曲线 2 移动，当到达 C 点时，转速为零，制动结束。

对于绕线转子异步电动机，为了限制制动电流、增大制动转矩，通常在定子两相反接的同时，在转子回路中串接制动电阻 R_B，这时对应的机械特性如图 3-20(b) 中曲线 3 所示。定子两相反接的反接制动是指从反接开始至转速为零这一段制动过程，即图 3-20(b) 中曲线 2 的 BC 段或曲线 3 的 $B'C'$ 段。

如果制动的目的只是为了快速停车，则在转速接近零时，应立即切断电源。否则工作点将进入第三象限，此时如果电动机拖动反抗性负载，且在 $C(C')$ 点的电磁转矩大于负载转矩，则系统将反向启动并加速到 $D(D')$ 点，处于反向电动状态稳定运行；如果拖动位能性负载，则电动机在位能负载拖动下，将一直反向加速到第四象限且处于稳定运行，这时电动机转速高于同步转速，电磁转矩与转向相反，进入后面要介绍的回馈制动状态。

由于反接制动时转差功率很大，如果是三相笼型异步电动机采用反接制动，这时全部转差功率都消耗在转子绕组电阻上，并转变为热能消耗，电动机绕组会严重发热，所以三相笼型异步电动机反接制动的次数和两次制动的时间间隔都受到限制。对绕线型异步电动机，反接制动时可以在转子回路中串入较大的电阻，一方面限制制动电流，使大部分转差功率消耗在转子外串电阻上，减轻电动机绕组发热；另一方面还可以增大临界转差率，使电动机产生较大的初始制动转矩，加快制动过程。

反接制动特别适合于要求频率正、反转的生产机械，以便迅速改变旋转方向，提高生产率。

（2）倒拉反接制动　倒拉反接制动适用于绕线型异步电动机拖动位能性负载的情况，它能够使重物获得稳定的下放速度。现以起重机为例来说明。

图 3-21 所示是绕线型三相异步电动机倒拉反接制动时的接线图及机械特性。设电动机原来工作在固有机械特性曲线 1 上的 A 点提升重物，如图 3-21(b) 所示，当在转子回路中串入电阻 R_B 时，其机械特性变为曲线 2，如图 3-21(b) 所示。串入 R_B 瞬间，转速来不及变化，工作点由 A 平移到曲线 2 上的 B 点，此时电动机的提升转矩 T_B 小于位能负载转矩 T_L，所以提升速度减小，工作点沿曲线 2 由 B 点向 C 点移动。在减速过程中，电机仍运行在电动状态。当工作点到达 C 点时，转速降至零，对应的电磁转矩 T_k 仍小于负载转矩 T_L，重物将倒拉电动机的转子反向旋转，并加

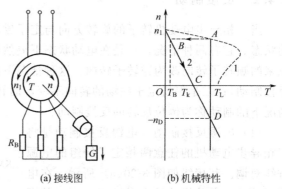

(a) 接线图　　(b) 机械特性

图 3-21　绕线转子异步电动机倒拉反接制动原理图及机械特性

速到 D 点，这时 $T_D=T_L$，拖动系统将以转速 n_D 稳定下放重物。在 D 点，$T=T_D>0$，$n=-n_D<0$（$s>1$），负载转矩成为拖动转矩，拉着电动机反转，而电磁转矩起制动作用，如图 3-21(a) 所示，所以把这种制动称为倒拉反转的反接制动，简称倒拉反接制动。

由以上分析可见，要实现倒拉反转的反接制动，转子回路必须串接足够大的电阻，使工作点位于第四象限。这种制动方式的目的主要是限制重物的下放速度。

以上介绍的电源反接制动和倒位反接制动具有一个相同特点，就是定子磁场的转向和转子的转向相反，即转差率 s 大于 1。

异步电动机反接制动时电磁功率 P_{em}、机械功率 P_m 及转差功率 P_s 分别为

$$P_{em}=2I_2'^2\frac{r_2'+R_B'}{s}>0$$

$$P_m=P_{em}(1-s)<0$$

$$P_s=3I_2'^2(r_2'+R_B')=P_{em}-P_m=P_{em}+|P_m|$$

上式表明，轴上输入的机械功率转变成电功率后，连同定子传递给转子的电磁功率 P_{em} 一起全部消耗上转子回路的电阻上，即全部变成了转差功率 P_s，所以反接制动时的能量损耗较大。

由以上分析可知，三相异步电动机的反接制动具有以下特点：

① 制动转矩即使在转速较低时仍较大，因此制动强烈而迅速；

② 能够使反抗性负载快速实现正反转，若要停转，在 $n=0$ 时应立即切断电源；

③ 由于制动时电动机既要从电网吸取电能，又要从转轴上吸取机械能并转化为电能，这些电能全部消耗在转子电阻上，因此制动时能耗大，经济性差。

3.4.3　回馈制动

处于电动状态的三相异步电动机，由于某种原因使电动机的转速 n 超过了旋转磁场的同步转速 n_1，此时 $s<0$，电动机处于回馈制动状态。

回馈制动状态时，电动机变成了一台与电网并联的发电机，将机械能转变成电能反送回电网，因此这种制动又称为再生发电制动。在生产实践中，出现异步电动机转速超过旋转磁场的同步转速一般有以下两种情况：一种是出现在位能性负载下放时，例如起重机在下放重物时或电力传动机车车辆在下坡运行时，重物作用于电动机上的外加转矩与电动机的电磁转矩方向相同，使电动机转速 n 很快超过旋转磁场的同步转速 n_1；另一种出现在电动机变频调速或变极调速的过程中，例如三相变极多速异步电动机，当 $2p=2$ 时，电动机转速约为 2900r/min 左右，当磁极对数变为 $2p=4$ 时，旋转磁场同步转速降为 1500r/min，就出现了电动机转速大于旋转磁场同步转速的情况。下面分别讨论两种情况下的回馈制动。

（1）下放重物时的回馈制动　在图 3-22 中，设 A 点是电动状态提升重物工作点，D 点是回馈制动状态下放重物工作点。电动机从提升重物工作点 A 过渡到下放重物工作点 D 的工作过程如下：首先将电动机定子两相反接，这时定子旋转磁场的同步转速为 $-n_1$，机械特性如图 3-22 中曲线 2。反接瞬间，转速不突变，工作点由 A 平移到 B，然后电机经过反接

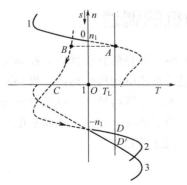

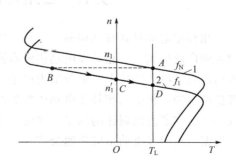

图 3-22　异步电动机回馈制动时的机械特性　　图 3-23　笼型异步电动机变频调速时的机械特性

85

制动过程（工作点沿曲线 2 由 B 变到 C）、反向电动加速过程（工作点由 C 向同步点 $-n_1$ 变化），最后在位能负载作用下反向加速并超过同步转速，直到 D 点保持稳定运行，即匀速下放重物。如果在绕线转子电路中串入制动电阻，对应的机械特性如图 3-22 中曲线 3，这时的回馈制动工作点为 D'，其转速增加，重物下放的速度增大。为了避免下放重物时速度过高，回馈制动时在转子电路中串入的电阻值不应太大。

（2）变极或变频调速过程中的回馈制动　图 3-23 所示为笼型三相异步电动机变频调速时的机械特性。电动机原先在固有机械特性曲线 1 的 A 点稳定运行，若突然把定子频率由 f_N 降到 f_1，电动机的机械特性变为曲线 2，同步转速变为 n_1'。在调速瞬间，转速不突变，工作点由 A 变到 B。在 B 点，转速 $n_B > 0$，电磁转矩 $T_B < 0$，为制动转矩，且因为 $n_B > n_1'$，故电机处于回馈制动状态。工作点沿曲线 2 的 B 点到 n_1' 点这一段变化过程为回馈制动过程，即 BC 段，在此过程中，电机吸收系统释放的动能，并转换成电能回馈到电网。电机沿曲线 2 的 n_1' 点到 D 点的变化过程为电动状态的减速过程，即 CD 段，D 点为调速后的稳定工作点。

回馈制动可向电网回输电能，所以经济性能好，但只有在特定的状态（$n > n_1$）时才能实现制动，而且只能限制电动机转速，不能制停。

表 3-3 列出了以上几种制动方法的性能比较。

表 3-3　异步电动机各种制动方法的比较

方法	能耗制动	反接制动		回馈制动
		电源反接制动	倒拉反接制动	
条件	断开交流电源的同时，在定子两相中通入直流励磁电流	将任意两相定子绕组的电源进线对调	定子绕组按提升方向接通电源，转子串入大电阻，电机被重物拖着反转	在电动状态运行时，使电动机的转速超过同步转速
能量关系	吸收系统储存的动能并转换为电能，消耗在转子电路电阻上	轴上输入的机械功率转变成电功率后，连同从电网吸收的电功率一起，全部消耗在转子电路电阻上		电动机变成了一台与电网并联的发电机，将机械能转变成电能反送回电网
优点	制动平稳，便于实现准确停车	制动强烈，停车迅速	能使位能负载在 $n < n_1$ 下稳定下放	向电网回馈电能，经济
缺点	制动较慢，需要一套直流电源	能量损耗大，控制较复杂，不易实现准确停车	能量损耗大	在 $n < n_1$ 时不能实现回馈制动
应用场合	要求平稳、准确停车的场合；限制位能负载的下降速度	要求快速停车和可逆运行的场合	限制位能负载的下放速度，并在 $n < n_1$ 的情况下采用	限制位能负载的下放速度，并在 $n > n_1$ 的情况下采用

3.5　三相异步电动机的调速

三相异步电动机具有结构简单、运行可靠、维修方便、价格便宜等优点，在国民经济各部门得到广泛应用。三相异步电动机没有换向器，克服了直流电动机价格高、维护困难、需要专门的直流电源等缺点，随着电力电子学、微电子技术、计算机技术、电机理论和自动控制理论的发展，影响三相异步电动机发展的问题逐渐得到了解决。目前三相异步电动机的调速性能已达到了直流调速的水平，交流调速有取代直流调速的趋势。

根据三相异步电动机的转速公式

$$n = n_1(1-s) = \frac{60}{p}f_1(1-s) \tag{3-26}$$

可知，三相异步电动机有下列三种基本调速方法：①改变定子极对数 p 调速；②改变电源频率 f_1 调速；③改变转差率 s 调速。其中改变转差率 s 调速包括绕线转子异步电动机转子串电阻调速、串级调速及定子调压调速。另外还可利用电磁滑差离合器来实现调速。

3.5.1 变极调速

三相异步电动机的同步转速 n_1 与电动机的极对数 p 成反比，改变笼型三相异步电动机定子绕组的极对数，就改变了同步转速，极对数增加一倍，同步转速就降低一半，电动机的转速也几乎下降一半，从而实现转速的调节，即变极调速。在改变磁极对数时，转子磁极对数也必须同时改变，因此变极调速只适用于笼型电动机，这是因为笼型转子本身没有固定的极数，它的极对数能自动地与定子极对数相对应。

改变磁极对数的方法有两种：一是在定子铁芯槽内嵌放两套不同极数的三相绕组，从制造的角度看这种方法很不经济；二是改变定子绕组的接法来改变极数，如果希望获得更多的速度等级，例如四速电动机，可同时采用上述两种方法，即在定子上装置两个绕组，每一个都能改变极数。

（1）变极原理　三相异步电动机磁极对数的改变，是通过改变定子绕组的接线方式得到的。变极调速电机定子每相绕组由两个半相绕组组成。如果改变两个半相绕组的接法，就可得到不同的极对数。下面以四极变二极为例来说明定子绕组的变极原理。

图 3-24(a) 画出了四极电机 U 相绕组的两个线圈，每个线圈代表 U 相绕组的一半，称为半相绕组。两个半相绕组正向串联，即两个线圈的首尾相连。根据线圈电流方向可以判断出定子绕组产生四极磁场，即 $2p=4$，磁场方向及磁极数如图 3-24(b) 所示。

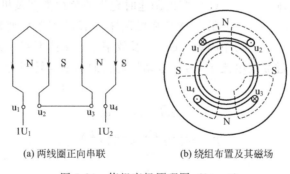

(a) 两线圈正向串联　　　　(b) 绕组布置及其磁场

图 3-24　绕组变极原理图（$2p=4$）

如果将图 3-24(a) 的两个半相绕组的正向串联改为图 3-25(a) 或（b）所示，即两个线圈反向串联或反向并联，使其中一个半相绕组中电流反向，这时定子绕组便产生两极磁场，即 $2p=2$，如图 3-25(c) 所示。由此可见，使定子每相的一半绕组中电流改变方向，就可改变磁极对数。

在改变定子绕组接线时，必须同时改变定子绕组的相序，即对调任意两相绕组出线端，以保证变极前后电动机的转向不变。这是因为在电机定子圆周上，电角度＝$p\times$机械角度，当 $p=1$ 时，U、V、W 三相绕组在定子空间分布的电角度依次为 $0°$、$120°$、$240°$；而当 $p=2$ 时，U、V、W 三相绕组在空间分布的电角度为 $0°$、$120°\times2=240°$、$240°\times2=480°$（即 $120°$）。也就是说变极前后三相绕组的相序发生了变化，因此变极时必须同时对调定子两相绕组的出线端，才能保证变极前后电动机的转向不变。

（2）变极电动机三相绕组的连接方法　图 3-26 示出了两种常用的变极接线原理图。

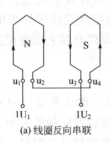 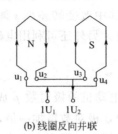 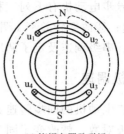

(a) 线圈反向串联　　　　　(b) 线圈反向并联　　　　　(c) 绕组布置及磁场

图 3-25　绕组变极原理图（2p=2）

图 3-26(a) 为 Y-YY 接法，表示由单星形连接改接成并联的双星形连接。Y 接法时，定子每相绕组中的两个半相绕组正向串联，极对数为 2p，同步转速为 n_1；YY 接法时，定子每相绕组中两个半相绕组反向并联，极对数减半，为 p，同步转速加倍，为 $2n_1$。

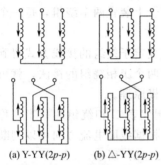

(a) Y-YY(2p-p)　(b) △-YY(2p-p)

图 3-26　双速电机两种
常用的变极接线方式

图 3-26(b) 为 △-YY 接法，表示由三角形连接改接成双星形连接。△接时，定子每相中的两个半相绕组正向串联，极对数为 2p，同步转速为 n_1。YY 接法时，定子每相中的两个半相绕组反向并联，极对数减半，为 p，同步转速加倍，为 $2n_1$，与 Y-YY 相同。

由图 3-26 可见，这两种接线方式都是使每相的一半绕组内的电流改变了方向，因而定子磁场的极对数减少了一半，同步转速升高一倍。

（3）变极调速时允许的负载类型及机械特性

① Y-YY 变极调速　假设 Y-YY 变极调速时，电动机的功率因数、$\cos\varphi_1$ 及效率 η 均保持不变。为了充分利用电动机，使每个半相绕组中都流过额定电流 I_N 时，电动机输出的功率与转矩为

Y 接法：

$$P_Y = \sqrt{3}U_N I_N \cos\varphi_1 \eta$$

$$T_Y = 9550\frac{P_Y}{n_Y} \approx 9550\frac{P_Y}{n_1}$$

YY 接法：

$$P_{YY} = \sqrt{3}U_N(2I_1)\cos\varphi_1\eta = 2P_Y$$

$$T_{YY} \approx 9550\frac{P_{YY}}{2n_1} \approx 9550\frac{2P_Y}{2n_1} = T_Y$$

可见，从 Y 接法变成 YY 接法后，极数减少一半，转速增加一倍，容许输出功率增大一倍，而容许输出转矩保持不变，所以 Y-YY 这种连接方式的变极调速属于恒转矩调速方式，它适用于拖动起重机、电梯、运输带等恒转矩负载的调速。

三相异步电动机 Y-YY 变极调速时的机械特性如图 3-27(a) 所示。若拖动恒转矩负载 T_L 运行时，从 Y 向 YY 变极调速，电动机的转速、最大转矩和启动转矩都增加了一倍。

② △-YY 变极调速　仍假设△-YY 变速调速时，电动机的功率因数 $\cos\varphi_1$ 及效率 η 均保持不变。为了充分利用电动机，使每个半相绕组中都流过额定电流 I_N，电动机输出的功率与转矩为

△接法：

$$P_\triangle = \sqrt{3}U_N(\sqrt{3}I_N)\cos\varphi_1\eta$$

$$T_\triangle \approx 9550\frac{P_\triangle}{n_1}$$

YY接法：

$$P_{YY} = \sqrt{3}U_N(2I_N)\cos\varphi_1\eta = \frac{2}{\sqrt{3}}P_\triangle \approx 1.155P_\triangle$$

$$T_{YY} \approx 9550\frac{P_{YY}}{2n_1} \approx 9550\frac{\frac{2}{3}P_\triangle}{2n_1} = \frac{1}{\sqrt{3}}T_\triangle \approx 0.577T_\triangle$$

可见从△接法变成 YY 接法后，电动机极数减少一半，转速增加一倍，容许输出转矩近似减小一半，容许输出功率近似保持不变（只增加 15%）。这种连接方式的变极调速可认为是恒功率调速方式，适用于车床切削等恒功率负载的调速。如粗车时，进刀量大，转速低；精车时，进刀量小，转速高。但两者的功率是不变的。

△-YY 变极调速使电动机转速增加一倍，最大转矩和启动转矩减小了近一半。图 3-27(b)所示为三相异步电动机△-YY 变极调速时的机械特性。

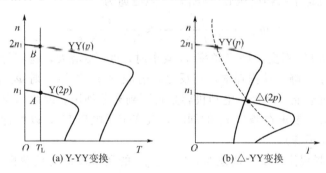

图 3-27　变极调速时机械特性

同理，顺串 Y-反串 Y 调速方式也可以近似认为是恒功率调速方式。

变极调速电动机有倍极比（如 2/4 极、4/8 极等）双速电动机、非倍极比（如 4/6 极、6/8 极等）双速电动机，还有单绕组三速电动机，这种电动机绕组结构复杂些。

变极调速时，转速成倍变化，所以调速的平滑性差。但在每个转速等级运转时与通常的异步电动机一样具有较硬的机械特性，故稳定性好。变极调速既可用于恒转矩负载又可用于恒功率负载，它是一种有级调速且只能是有限的几档速度，因而适用于对调速要求不高且不需要平滑调速的场合。

3.5.2　变频调速

(1) 变频调速简介　由式(3-26)可知，当极对数一定时，三相异步电动机的同步转速与定子电源的频率成正比，如果能连续改变电源频率，就可以连续平滑地调节异步电动机的转速，达到调速的目的。

异步电动机的变频调速是最理想的调速方法。长期以来，人们一直致力于异步电动机变频调速的研制与开发，在 20 世纪 80 年代以前，由于受大功率电力电子器件运行可靠性等因素的制约，限制了变频技术的应用，因此虽然笼型异步电动机与直流电动机相比有结构简单、成本低廉、坚固耐用等优点，但由于其调速困难而限制它的使用，一般只能做恒转速运行。在要求高精度、连续、灵活调速的场合，直流调速一直占主要地位。到了 20 世纪 90 年代，由于大功率电力电子器件及变频技术的迅速发展，使异步电动机的变频调速日趋成熟，并在各个领域获得到了广泛的应用，如在工业领域中的机械加工、冶金、化工、造纸、纺织、轻工等行业的机械设备中，变频调速以其高效的驱动性能和良好的控制特性，在提高成品的数量和质量、节约电能等方面取得显著的效果，已成为改造传统产业、实现机电一体化的重要手段。据统计风机、水泵、压缩机等流体机械中拖动电动机的用电量占电动机总用电量的 70% 左右，如果使用变频器按负载的变化相应调节电动机的转速，就可实现大幅节能；在交流电梯上使用全数字化变频调速系统，可有效提高电梯的各项性能指标。变频空调、变频洗衣机已走入家用电器行列，并显示了强大的生命力。长期以来一直由直流电动机一统天下的电力机车、内燃机车、城市轨道交通、无轨电车等交通运输工业，也正在经历着一场由直流电动机向交流电动机过渡的变革，目前可用于变频调速的交流电动机，其单机容量已经超过了 1000kW。

（2）变频调速的控制方式

① 电压随频率调节的规律　前已说明，只要连续调节调节 f_1，就能平滑调节电动机的转速。但是，单一地调节电源频率，将导致电动机运行性能的恶化，原因如下。

三相异步电动机定子每相电压 $U_1 \approx E_1$，气隙磁通为

$$\Phi_{\mathrm{m}} = \frac{E_1}{4.44 f_1 N_1 k_{\mathrm{w1}}} \approx \frac{U_1}{4.44 f_1 N_1 k_{\mathrm{w1}}} \qquad (3\text{-}27)$$

若定子每相电压 U_1 不变，则当频率 f_1 减小时，Φ_{m} 要增大，这将导致磁路过分饱和，励磁电流增大，$\cos\varphi$ 下降，铁损耗增加；反之，若频率 f_1 增加，则 Φ_{m} 将减小，电磁转矩及最大转矩下降，过载能力降低，电动机容量得不到充分利用。因此，为了使交流电动机能保持较好的运行性能，要求在调节 f_1 的同时，改变定子电压 U_1，以维持 Φ_{m} 不变（或保持电动机的过载能力 λ 不变）。

② 变频调速控制规律　变频调速时，U_1 与 f_1 的调节规律与负载性质有关，通常分为恒转矩变频调速和恒功率变频调速两种情况。

通常以电动机的额定频率 f_N 为基准频率，简称基频。在生产实践中，变频调速时电压随频率的调节规律是以基频为分界线的，分以下两种情况：①在基频以下变频调速时，保持 U_1/f_1＝常数的调速方式。由于 U_1/f_1＝常数的变频调速，磁通近似恒定，因此这种调速方法属于近似恒转矩调速方法。②在基频以上变频调速时，定子频率 f_1 大于额定频率 f_N，要保持 Φ_{m} 恒定，定子电压将高于额定值，这是不允许的。因此，基频以上变频调速时，应使 U_1 保持额定值不变。这样，随着 f_1 升高，气隙磁通将减小，相当于弱磁调速方法。即随着 f_1 升高 Φ_{m} 下降，T_{m} 将与 f_1^2 成反比减小，近似为恒功率调速方式。

经理论分析，保持 U_1/f_1＝常数（如图 3-28 中虚线 1 所示），在基频以下变频调速时，最大转矩 T_{m} 将随 f_1 的降低而减小，过载能力略有降低，特别是在低频低速运行时，还可能会拖不动负载，如图 3-29 中实线所示的机械特性。为保证电动机在低速时有足够大的转矩 T_{m} 值，U_1 应比 f_1 降低的比例小一些，使 U_1/f_1 的值随 f_1 的降低而增加，即在变频调速系统中引入定子电压补偿环节（如图 3-28 中直线 2 所示），这样才能获得如图 3-29 中虚线所示的机械特性。

在基频以上调速时，$U_1 = U_N$ 不变，$f_1 > f_N$，经理论分析可知，T_{m} 及 T_{st} 均随频率 f_1 的增高而减小，Δn_{m} 保持不变，即不同频率下各条机械特性曲线近似平行，其机械特性曲线如图 3-30 所示。这近似为恒功率调速，相当于直流电动机弱磁调速的情况。

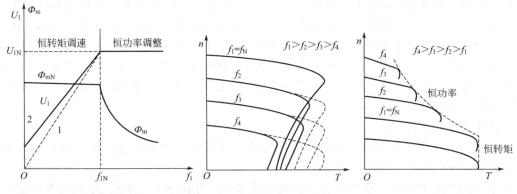

图 3-28 异步电动机变频调速控制特性
1—不带定子电压补偿；2—带定子电压补偿

图 3-29 U_1/f_1＝常数
时变频调速的机械特性

图 3-30 恒转矩和恒功率
变频调速时的机械特性

（3）三相异步电动机变频调速的特点

① 在基频以下变频调速时，应采用保持 U_1/f_1＝常数的控制方式，为近似恒磁通变频调速，属于近似恒转矩调速方式。

② 在基频以上变频调速时，须保持 $U_1=U_N$ 不变，随着 f_1 升高 Φ_m 下降，T_m 将与 f_1^2 成反比减小，属于近似恒功率调速方式。

③ 机械特性曲线基本平行，调速范围宽，转速稳定性好。

④ 正常运行时 s 小，转差功率损耗小，效率高。

⑤ 频率 f_1 可连续调节，能实现无级调速。

⑥ 变频调速需要一套性能优良的变频电源。

3.5.3　变转差率调速

（1）降压调速　三相异步电动机降低电源电压时的机械特性如图 3-31 所示。当定子电压从额定值向下调节时，同步转速 n_1 不变，最大转矩时的转差率 s_m 不变，在同一转速下电磁转矩 $T\propto U^2$。

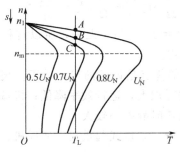

图 3-31　异步电机降低定子
电压时的机械特性

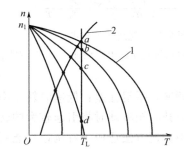

图 3-32　高转差率笼型异步电动
机降压调速时的机械特性

当带恒转矩负载时，A 点为固定机械特性上的运行点，B、C 点为降压后的运行点，且 $n_C<n_B<n_A$。对于恒转矩负载，在不同电压时的稳定工作点分别为 A、B、C。显然一般笼型异步电动机降压调速范围很窄，没有实用价值。当带机泵类负载时，电动机在全段机械特性上都能稳定运行，可以扩大调速范围。

调压调速通常应用在专门设计的具有较大转子电阻的高转差率笼型异步电动机上，或应用在绕线型三相异步电动机上，机械特性如图 3-32 所示。高转差率异步电动机的额定转差率较大、特性软，比较适合于降压调速，即使带恒转矩负载，改变电压也能获得较宽的调速范围。但是，这种电动机在低速时的机械特性太软，其静差率和运行稳定性往往不能满足生产工艺的要求。因此，现代的调压调速系统通常采用速度反馈的闭环控制，以提高低速时机械特性的硬度，从而在满足一定的静差率条件下，获得较宽的调速范围，同时保证电动机具有一定的过载能力。

降压调速的特点如下。

① 只适合于转子电阻较大的高转差率笼型三相异步电动机或绕线型三相异步电动机，最适合拖动风机及泵类负载。

② 损耗大，效率低。拖动恒转矩负载在低速下长期运行时，会导致电动机严重发热。

③ 低速运行时，转速稳定性差。为了扩大调速范围，高转差率笼型三相异步电动机或绕线转子三相异步电动机通常串入较大的转子电阻，这就导致机械特性变软，低速运行时转速稳定性差。

④ 调速装置简单，价格便宜。目前三相异步电动机降压调速主要采用晶闸管交流变压器。它的体积小，重量轻，线路简单，使用维修方便，电动机很容易实现正、反转和反接制动。同时还可以兼作笼型电动机的启动设备。

降压调速主要用于对调速精度和调速范围要求不高的生产机械，如低速电梯、简单的起重机械设备、风机、泵类等生产机械。

（2）绕线型三相异步电动机转子串电阻调速　绕线型三相异步电动机转子串电阻调速时的机械特性如图 3-33 所示。当电动机拖动恒转矩负载（$T_L = T_N$）时，工作点的转差率随转子串联电阻的增大而增大，电动机的转速随转子串联电阻的增大而减小。

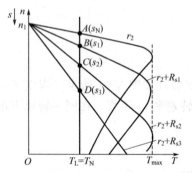

图 3-33　绕线转子异步
电动机转子串电阻调速

当 $T_L =$ 常数时，有

$$\frac{r_2}{s} = \frac{r_2 + R_{s1}}{s_1}$$

电磁转矩

$$T = \frac{P_{em}}{\Omega_1} = \frac{1}{\Omega_1} 3 I_2^2 \frac{r_2}{s} = \frac{1}{\Omega_1} 3 I_2^2 \frac{r_2 + R_{s1}}{s_1}$$

当 $I_2 = I_{2N}$ 时，$T = T_N$，与 s 无关，所以这种调速方式属于恒转矩调速方式。

转子串电阻调速的优点是设备简单，易于实现。缺点是有级调速，平滑性差；低速时转差率大，造成转子铜耗加大，运行效率降低；机械特性变软，当负载转矩波动时将引起较大的转速变化，所以低速时静差率较大。

这种调速方法适用于对调速性能要求不高的生产机械，如桥式起重机、通风机、轧钢辅助机械。

（3）绕线式三相异步电动机串级调速

① 串级调速原理　所谓串级调速，就是在异步电动机转子回路串入一个与转子电动势 $s\dot{E}_2$ 频率相同、相位相同或相反的附加电动势 $\dot{E}_f$，利用改变 $\dot{E}_f$ 的大小来调节转速的一种调速方法。

图 3-34 所示是绕线式三相异步电动机串级调速时的原理图。

此时 $\dot{I}_2$ 的大小取决于转子回路中电动势的代数和，其表达式为

$$I_2 = \frac{sE_2 \pm E_f}{\sqrt{r_2^2 + (sx_2)^2}} \qquad (3\text{-}28)$$

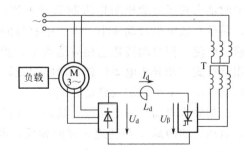

当电动机定子电压及负载转矩都保持不变时，转子电流可看成是常数。同时考虑到电动机正常运行时 s 很小，$sx_2 \ll r_2$，忽略 sx_2，则式(3-28)变为

$$sE_2 \pm E_f \approx 常数 \qquad (3\text{-}29)$$

图 3-34　绕线式三相异步电动机串级调速原理图

当改变 E_f 的大小时，s 将发生变化。

• $\dot{E}_f$ 与 $s\dot{E}_2$ 同相位。转子回路串入与 $s\dot{E}_2$ 同相位附加电动势 $\dot{E}_f$ 后，式(3-29)中 E_f 前取正号，此时增大 E_f，s 减小，n 升高。当 $E_f = 0$ 时，电动机在固有机械特性上运行，随着 E_f 增大 n 上升。当 E_f 增加到某一值时，$s = 0$，$n = n_1$。此时转子电流仅由 E_f 产生，电动机仍产生拖动转矩。如果再增大 E_f，则 $s < 0$，$n > n_1$，电动机将在高于同步转速下运行。这种串级调速称为超同步串级调速。

• $\dot{E}_f$ 与 $s\dot{E}_2$ 反相位。转子回路串入与 $s\dot{E}_2$ 反相位的附加电动势 $\dot{E}_f$ 后，式(3-29)中 E_f 前取负号，此时增大 E_f 时 s 也增大，转速 n 则降低。反之，当 E_f 减小时，s 减小，n 升高。当 $E_f = 0$ 时，电动机在固定机械特性上运行，转速最高，但低于同步转速；当 E_f 增大时，n 上升。当 $E_f = E_2$ 时，$s = 1$，$n = 0$。可见，当 E_f 在 $0 \sim E_2$ 之间变化时，即可在同步转速以下调节电动机的转速。因此这种串级调速称为低同步串级调速，也称为次同步串级调速。

超同步串级调速的装置比较复杂，实际应用较少。低同步串级调速容易实现，在技术上也基本成熟，目前已得到广泛应用。

低同步串级调速的机械特性如图 3-35（推导略）所示，其中 $E_f' < E_f''$。由图可见，若拖动恒转矩负载，串入反相位的附加电动势 $\dot{E}_f$ 越大，电动机稳定转速就越低，且高速与低速时机械特性的硬度基本不变，稳定性好；但低速时的最大转矩和过载能力降低，启动转矩也减小。

② 晶闸管低同步串级调速系统　超同步串级调速系统比较复杂，目前国内主要使用低同步串级调速。应用最广泛的晶闸管低同步串级调速系统原理图如图 3-36 所示。

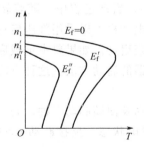

图 3-35　三相异步电动机低同步串调的机械特性

图 3-36　晶闸管低同步串级调速系统原理图

三相异步电动机转子绕组接入一个不可控的整流器，把转子电势 $s\dot{E}_2$ 整流成直流。与该整流器并联一个由晶闸管组成的逆变器，它有两个功能：一是可以把转子整流器输出的功率通过逆变变压器 T 回馈给电网；二是通过改变晶闸管逆变器的控制角 α，可以改变逆变器两端的电压，即改变附加电动势 E_f 的大小，实现了三相异步电动机低同步串级调速。

串级调速系统的效率比转子串电阻调速效率高，原因是在负载转矩不变的条件下，三相异步电动机的电磁功率 $P_{em} = T\Omega_1 = $ 常数，转子铜耗 p_{Cu2}（$= sP_{em}$）与转差率成正比，所以转子铜耗又称为转差功率。转子串接电阻调速时，转速调得越低，转差功率越大，输出功率越小，效率就越低，所以转子串接电阻调速很不经济。如果采用串级调速，那么电动机在低速运行时，转子中的转差功率只有一小部分被转子绕组本身电阻所消耗，而其余大部分转差功率通过整流器、逆变器及逆变变压器，回馈到电网，使电动机在低速运行时仍具有较高的效率。

　　串级调速的主要特点是：①效率高；②机械特性较硬、调速范围较宽；③无级调速；④低速运行时过载能力降低；⑤由于逆变变压器吸收滞后的无功功率等原因，造成了系统总功率因数较低；⑥设备体积大，成本高。

　　绕线型三相异步电动机串级调速能实现无级调速，具有较高的调速精度。串级调速已广泛应用于水泵和风机的节能调速，并且还应用于压缩机、不可逆轧钢机、矿井提升机及挤压机等很多生产机械上。

【本章小结】

　　三相异步电动机的机械特性是指电动机的转速与电磁转矩之间的函数关系，即 $n = f(T)$。由于转速与转差率有一定的对应关系，所以机械特性也用 $s = f(T)$ 表示。

　　三相异步电动机电磁转矩表达式有三种形式，即物理表达式、参数表达式及实用表达式。

　　三相异步电动机的机械特性是一条非线性曲线，一般情况下，以最大转矩（或临界转差率）为分界点，其线性段为稳定运行区，而非线性段为不稳定运行区。固有机械特性的线性段属于硬特性，额定工作点的转速略低于同步转速。人为机械特性曲线的形状可用参数表达式分析得出，分析时关键是要抓住最大转矩、临界转差率及启动转矩这三个量随参数变化的规律。

　　三相异步电动机机械特性的特点是启动电流大，启动转矩小，而生产机械要求电动机具有足够大的启动转矩，供电电网又希望启动电流小，两者之间存在着矛盾。因此除了小容量的三相异步电动机轻载时能直接启动外，小容量三相异步电动机重载启动时，应采用特殊形式三相异步电动机，如深槽式或双笼型三相异步电动机，它们都是利用"集肤效应"原理，启动时增大转子有效电阻以限制启动电流，增大启动转矩；启动过程中，随着转子频率增加，转子有效电阻自动减小。大、中容量的笼型三相异步电动机可以采用降压启动方法，限制启动电流，但启动转矩也相应地减小，所以只适用于轻载启动。如果要求重载启动，必须使用绕线式三相异步电动机转子串电阻或转子串频敏变阻器的启动方法。这种方法既可以减小启动电流，又可以增大启动转矩。

　　三相异步电动机的制动运行状态有反接制动、能耗制动及回馈制动三种。处于制动状态时，电动机的转矩 T 与转速 n 方向相反，电动机工作在发电状态。反接制动 $s > 1$；回馈制动 $s < 0$。

　　三相异步电动机的调速方法有变极调速、变频调速和变转差率调速。其中变转差率调速包括绕线转子异步电动机的转子串电阻调速、串级调速和降压调速。

　　变极调速是通过改变定子绕组的接线方式来改变电机极对数而调速的，这种电机称为变速电机。一般备有两套极对数不同的定子绕组，再改变其接线方式，因此最多可以得到四极转速，适用于要求有级调速的场合。定子绕组 Y-YY 接线时，可以实现恒转矩调速；△-YY

接线时，可以实现恒功率调速。因为要同时改变定、转子的极对数，所以这种调速电机适用于笼型转子。特别要注意的是，在改变定子绕组连接方式的同时，要改变定子绕组通电的相序，才能保持调速前后电动机的转向不变。

变频调速是现代交流调速技术的主要方向，调速过程中基频以下按 $U_1/f_1=$ 常数的控制方式进行控制，可以实现恒转矩调速；基频以上保持 $U=U_N$，升高频率可以实现恒功率调速。这种方法的调速性能优异，可实现无级调速，特别是调速范围大、平滑性好。其缺点是低速时过载能力低，需要专用的变频电源。

异步电机降压调速主要用于风机类负载的场合或高转差率的电动机上，同时应采用速度负反馈的闭环控制系统。绕线转子异步电动机转子串电阻调速的调速指标不高，但由于这种调速方法的线路简单、易于实现，一些对调速性能要求不高的生产机械还在应用，如桥式起重机上应用较多。串级调速克服了转子串电阻调速的缺点，调速效率高，经济性好，能实现无级平滑调速，但设备要复杂得多。

【思考题与习题】

3-1 什么是异步电动机的固有机械特性？什么是异步电动机的人为机械特性？

3-2 三相异步电动机最大电磁转矩与定子电压有什么关系？与转子电阻有关吗？三相异步电动机可否在最大转矩下长期运行？为什么？

3-3 如果三相异步电动机电源电压下降 20%，电动机的最大转矩和启动转矩将变为多大？若电动机拖动额定负载转矩不变，问电压下降后电动机的主磁通、转速、转子电流、定子电流各有什么变化？

3-4 为什么三相异步电动机的额定转矩不能设计成电动机的最大转矩？

3-5 为什么容量为几千瓦的直流电动机不允许直接启动，而三相笼型异步电动机却可以直接启动？

3-6 三相异步电动机的启动电流为什么大？启动转矩为什么不大？启动电流过大有什么不好？启动转矩的大小与哪些因素有关？其大小对电动机性能有什么影响？

3-7 什么是三相笼型异步电动机的直接启动？三相笼型异步电动机能否直接启动主要考虑哪些条件？不能直接启动时采用哪些降压启动方法？

3-8 三相异步电动机采用 Y-△降压启动的条件是什么？这种启动方法与直接启动相比，启动电流和启动转矩有何变化？某三相笼型异步电动机铭牌上标注的额定电压为 380V/220V，接在电压为 380V 的交流电源上空载启动，能否采用 Y-△降压启动？

3-9 三相异步电动机采用自耦降压启动时，启动电流和启动转矩与自耦变压器的变比有什么关系？它与直接启动相比，启动电流和启动转矩有何变化？

3-10 绕线型三相异步电动机有哪些启动方法？各有什么特点？

3-11 为什么深槽型和双笼型异步电动机能改善启动性能？

3-12 绕线型三相异步电动机转子串频敏变阻器启动时，频敏变阻器的铁芯为什么用厚钢板而不用硅钢片？

3-13 为什么变极调速只适合于笼型异步电动机？

3-14 Y-YY 连接和△-YY 连接的变极调速都可以实现二极变四极，为什么前者属于恒转矩调速方式而后者却接近恒功率调速方式？

3-15 异步电动机拖动恒转矩负载运行，采用降压调速方法，在低速运行时会有什么问题？

3-16 异步电动机定子降压调速和转子串电阻调速同属于消耗转差功率的调速方法，为什么在恒转矩负载下降压调速时转子电流增大，而转子串电阻调速时转子电流却不变？

3-17 三相异步电动机在基频以下和基频以上变频调速时，应按什么规律来控制定子电压？为什么？

3-18 三相异步电动机在基频以下变频调速时，如果只降低电源频率而电源电压大小为额定值不变是否可以？为什么？

3-19 三相异步电动机保持 $U_1/f_1=$常数，在基频以下变频调速时，为什么在较低的频率下运行时其过载能力下降较多？

3-20 三相异步电动机基频以上变频调速，保持 $U_1=U_N$ 不变时，电动机的最大转矩将如何变化？能否拖动恒转矩负载？为什么？

3-21 为什么三相异步电动机串级调速时效率较高？

3-22 三相绕线转子异步电动机拖动恒转矩负载运行，在电动状态下增大转子电阻时电动机的转速降低，而在转速反向的反接制动时增大转子外串电阻会使转速升高，这是为什么？

3-23 是否可以说"三相异步电动机只要转速超过同步转速就进入回馈制动状态"？为什么？

3-24 一台三相六极笼型异步电动机的数据为：$U_N=380V$，$n_N=957r/min$，$f_N=50Hz$，定子绕组 Y 连接，$r_1=2.08\Omega$，$r_2'=1.53\Omega$，$x_1=3.12\Omega$，$x_2'=4.25\Omega$。试求：（1）额定转差率；（2）最大转矩；（3）过载能力；（4）最大转矩对应的转差率。

3-25 某生产机械用绕线型三相异步电动机，其有关技术数据为 $P_N=40kW$，$n_N=1460r/min$，$E_{2N}=420V$，$I_{2N}=61.5A$，$\lambda_m=2.6$，提升重物时负载转矩 $T_L=0.75T_N$。试求：（1）转子每相电阻；（2）临界转差率；（3）当转子回路串入 $r_s=1.672\Omega$ 电阻时电机运行的转速。

3-26 一台笼型异步电动机，$P_N=40kW$，全压启动电流倍数 $K_I=5.5$，启动转矩倍数 $K_T=1.3$，电源容量为 560kV·A，电动机带负载转矩为 $0.6T_N$，试问应采用什么方法启动？

3-27 有一 Y 系列三相笼型异步电动机，$P_N=10kW$，$n_N=1450r/min$，$U_{1N}=380V$，$I_{1N}=20A$，△接法，$\eta_N=87.5\%$，$\cos\varphi_N=0.87$，$K_I=7$，$K_T=1.4$，$\lambda_m=2$。试求：（1）若保证满载启动，电网电压不得低于多少伏？（2）如果采用 Y-△启动，启动电流 I_{st} 为多少？能否半载启动？（3）如果采用自耦变压器在半载下启动，启动电流 I_{st} 为多少？并确定自耦变压器的抽头比。

【自我评估】

一、填空题

1. 三相异步电动机的电磁转矩是_____和_____共同产生的。

2. 一台带恒转矩负载的三相异步电动机运行时，当电源电压下降时，启动转矩_____，最大电磁转矩_____，电机转速_____，临界转差率_____。

3. 笼型三相异步电动机常用的降压启动方法有_____、_____、_____。

4. Y-△降压启动时，启动电流和启动转矩各降为直接启动时的_____倍。

5. 绕线型异步电动机常用的启动方法有_____启动和_____启动两种。

6. 深槽型和双笼型异步电动机是利用_____原理来改善电动机的启动性能的，但其正常运行时_____较差。

7. 三相异步电动机拖动恒转矩负载进行变频调速时，为了保证过载能力和主磁通不变，则 U_1 应随 f_1 按_____规律调节。

8. 三相异步电动机电气制动常用的方法有_____、_____和_____。

9. 当三相异步电动机的转速超过_____时，出现回馈制动。

10. 三相异步电动机的过载能力是指_____。

11. 笼型异步电动机的负载转矩较启动转矩大时，电动机将_____启动，定子电流会_____。

二、判断题（正确画"√"，错误画"×"）

1. 无论电动机定子绕组采用星形接法或三角形接法都可用星形-三角形降压启动。（   ）

2. 变极调速时必须同时改变加在定子绕组上电源的相序。（   ）

3. 异步电动机的功率小于 7.5kW 时都允许直接启动。（   ）

4. 三相异步电动机的变极调速只能用在笼型转子电动机上。（   ）

5. 三相笼型异步电动机的额定电压为 380V/220V，电网电压为 380V 时能采用 Y-△空载启动。（   ）

6. 当三相异步电动机轴上的负载增加时，其定子绕组电流增加，而转速有所下降。（   ）

7. 变频调速过程中按 $U_1/f_1=$ 常数的控制方式进行控制，可以实现恒功率调速。（   ）

8. 降低电源电压后，三相异步电动机的启动转矩将降低。（   ）

9. 频率为 60Hz 的电动机可以接在频率为 50Hz 的电源上使用。（   ）

10. 凡是相数可以改变的电动机称多速电动机。（   ）

11. 对于三相异步电动机，转差功率就是转子铜损耗。（   ）

12. 三相异步电动机当转子不动时，转子绕组电流的频率与定子电流的频率相同。（   ）

13. 三相绕线转子异步电动机转子回路串入电阻可以增大启动转矩，串入电阻值越大，启动转矩也越大。（   ）

14. 异步电动机空载运行时功率因数很高。（   ）

15. 异步电动机空载及负载时的启动电流相同。（   ）

16. △-YY接法的双速异步电动机基本上属于恒功率调速，适用于一般金属切削机床。（   ）

三、选择题

1. 与固有机械特性相比，三相异步电动机的人为机械特性上的最大电磁转矩减小，临界转差率没变，则该机械特性是（   ）。

（A）定子回路串电阻时的人为机械特性

（B）降低电压时的人为机械特性

（C）转子回路串电阻时的人为机械特性

2. 笼型三相异步电动机采用降压启动的目的是（   ）。

（A）增大启动转矩　　　（B）提高功率因数　　　（C）减小启动电流　　　（D）增大转速

3. △连接的三相异步电动机带轻载，如果启动前有一相绕组断开，电动机（　　）。

（A）能启动　　　　　（B）不能启动　　　　　（C）不能确定

4. 当异步电动机定子电源电压突然降低为原来电压的80%的瞬间，转差率保持不变，其电磁转矩将（　　）。

（A）减小到原来电磁转矩的80%　　　　　　（B）不变

（C）减小到原来电磁转矩的64%　　　　　　（D）异常变化

5. 三相异步电动机的负载越大，则启动电流（　　）。

（A）越大　　　　　　（B）越小　　　　　　（C）与负载无关　　　　　（D）不能确定

6. 绕线式异步电动机的启动方法有（　　）。

（A）转子回路串电阻启动，转子回路串频敏变阻器启动

（B）定子回路串电阻启动，延边三角形降压启动

（C）Y-△降压启动，自耦变压器降压启动

（D）定子回路串电抗器启动

7. 电动机在运行过程中，若电源缺相，则电动机的转速（　　）。

（A）加快　　　　　　（B）变慢　　　　　　（C）为零　　　　　　（D）不变

8. 一台两极三相异步电动机，定子绕组采用星接法，若有一相断线，则（　　）。

（A）有旋转磁场产生　　　　　　　　　　　（B）有脉动磁场产生

（C）有恒定磁场产生　　　　　　　　　　　（D）无磁场产生

9. Y接法的三相异步电动机，空载运行时，若定子一相绕组突然断路，那么电动机将（　　）。

（A）不能继续转动　　　　　　　　　　　　（B）有可能继续转动

（C）速度增高　　　　　　　　　　　　　　（D）能继续转动但转速变慢

10. 下列有关异步电动机变极调速的叙述中错误的是（　　）。

（A）变极调速是通过改变定子绕组的连接方式来实现的

（B）可改变磁极对数的电动机称为多速电动机

（C）变极调速只使用于笼型异步电动机

（D）变极调速是无级调速

11. 三相异步电动机反接制动时，其转差率为（　　）。

（A）$s<0$　　　　　（B）$s=0$　　　　　（C）$s=1$　　　　　（D）$s>1$

12. 三相异步电动机拖动恒功率负载，当进行变极调速时，应采用的连接方式为（　　）。

（A）Y-YY　　　　　（B）△-YY　　　　　（C）两者都可以　　　　　（D）不能确定

13. 双速三相异步电动机拖动恒转矩负载进行变极调速时，应采用的连接方式是（　　）。

（A）Y-YY　　　　　（B）△-YY　　　　　（C）顺串Y-反串Y　　　　（D）不能确定

14. △接法的三相笼型异步电动机，若接成Y形，那么在额定负载转矩下运行时，其铜耗和温升将会（　　）。

（A）减小　　　　　　（B）增大　　　　　　（C）不变　　　　　　（D）不停变化

四、简答题

1. 为什么三相异步电动机启动电流大，而启动转矩并不大？

2. 为什么深槽式笼型三相异步电动机能改善启动性能？

3. 三相异步电动机启动时，如电源一相断线，这时电动机能否启动，如绕组一相断线，这时电动机能否启动？Y、△接线是否一样？如果运行中电源或绕组一相断线，能否继续旋转？有何不良后果？

4. 绕线式三相异步电动机能耗制动时，为了提高制动效果，通常采取什么措施？

5. 三相异步电动机怎样实现变极调速？变极调速时为什么要同时改变定子电源的相序？

五、计算题

1. 一台三相绕线转子异步电动机的数据为：$P_N=75kW$，$n_N=720r/min$，$I_{1N}=148A$，$\eta_N=90.5\%$，$\cos\varphi_N=0.85$，$\lambda_m=2.4$，$E_{2N}=213V$，$I_{2N}=220A$。试求电动机的额定转矩T_N、最大电磁转矩T_m、临界转差率s_m及电动机机械特性的实用表达式。

2. 一台笼型三相四极异步电动机，$P_N=28kW$，$U_N=380V$，$n_N=1450r/min$，定子绕组△接，$\eta_N=90\%$，$\cos\varphi_N=0.88$，$K_I=5.6$，$K_T=1.2$。试问采用 Y-△启动器启动时，启动电流是多少？启动转矩是多少？

3. 一台三相笼型异步电动机，$P_N=40kW$，$U_N=380V$，$n_N=2930r/min$，$\eta_N=90\%$，$\cos\varphi_N=0.85$，$K_I=5.5$，$K_T=1.2$，定子绕组为△连接，供电变压器允许启动电流为150A，能否在下列情况下用 Y-△降压启动？（1）负载转矩为$0.25T_N$；（2）负载转矩为$0.5T_N$。

4. 一台绕组型三相四极异步电动机，$f_1=50Hz$，转子每相电阻$r_2=0.015\Omega$，额定运行时转子相电流为200A，转速$n_N=1475r/min$。试求：（1）额定转差率s_N；（2）额定电磁转矩；（3）在转子回路串入电阻将转速降至1120r/min时所串入的电阻值（保持额定电磁转矩不变）。

第4章 其他交流电动机

【学习目标】

掌握：①单相异步电动机基本结构及工作原理；②单相异步电动机启动、反转的方法；③同步电机的工作原理。

了解：①单相异步电动机主要类型；②同步电机的基本结构及各部件的作用；③同步电动机 V 形曲线和功率因数调节；④同步电动机的启动方法；⑤电磁滑差离合器的结构与工作原理。

4.1 单相异步电动机

单相异步电动机采用单相交流电源供电，它具有结构简单、成本低廉、运行可靠、容易控制、维修方便等优点，且所用电源是单相交流电源，所以广泛应用于办公场所、家用电器和医疗器械上，如电风扇、电冰箱、洗衣机、空调设备等。在工业、农业生产中单相异步电动机常用于拖动一些小型的生产机械，如小型车床、钻床、水泵等。

但由于单相异步电动机与同容量的三相异步电动机相比，其体积大、运行性能较差（效率低、功率因数较低、过载能力较差等），因此受其工作性能所限，单相异步电动机的容量较小，功率一般在 1kW 以下，多做成几瓦到几百瓦之间的小型和微型系列产品。

4.1.1 基本结构与铭牌数据

（1）基本结构 图 4-1 所示为单相异步电动机的结构示意图。从结构上看，单相异步电动机与三相笼型异步电动机相似，其转子也为笼型转子，只是定子绕组是单相工作绕组，但通常为了启动的需要，定子上除了有工作绕组外，还设有启动绕组。启动绕组的作用是产生启动转矩，一般只在启动时接入，当转速达到 70%～85% 的同步转速时，由离心开关将其从电源自动切除，所以正常工作时只有单相工作绕组在电源上运行。也有一些电容电动机或电阻电动机，在运行时启动绕组仍然工作，这时单相电动机相当于一台两相电动机，但由于接在单相电源上，故仍称为单相异步电动机。

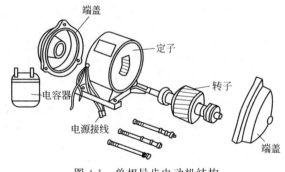

图 4-1 单相异步电动机结构

（2）单相异步电动机的铭牌

单相异步电动机的铭牌如表 4-1 所示。

① 型号 型号表示该产品的种类、技术指标、防护结构型式及使用环境等。

表 4-1　单相异步电动机铭牌

单相电容运行异步电动机			
型号	DO2　6314	电流	0.94A
电压	220V	转速	1400r/min
频率	50Hz	工作方式	连续
功率	90W	标准号	
编号、出厂日期××××			×××电机厂

型号意义如下：

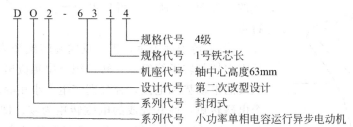

中国单相异步电动机的系列代号前后经过三次较重大的更新，如表 4-2 所示。目前生产的 BO2、CO2、DO2 系列均采用 IEC 国际标准，其功率等级和机座号的对应关系与国际通用。该系列产品电动机外壳防护形式均为 IP44（封闭式），采用 E 级绝缘，接线盒在电动机顶部，便于接线与维修。近期内义研制生产了新型的 YC 系列单相电容启动异步电动机。

表 4-2　小功率单相异步电动机产品系列代号

基本系列产品名称	20 世纪 50～60 年代	20 世纪 70 年代	20 世纪 80～90 年代
单相电阻启动异步电动机	JZ	BO	BO2
单相电容启动异步电动机	JY	CO	CO2
单相电容运行异步电动机	JX	DO	DO2
单相电容启动与运行异步电动机	—	—	E
单相罩极电动机	—	—	F

② 额定电压　是指电动机在额定状态下运行时加在定子绕组上的电压，单位为 V。电动机使用的电压一般均为标准电压，中国单相异步电动机电动机的标准电压有 12V、24V、36V、42V 和 220V。

③ 额定功率　指电动机在额定电压、额定频率和额定转速下运行时输出的功率。我国常用的单相异步电动机的标准额定功率为：6W、10W、16W、25W、40W、60W、90W、120W、180W、250W、370W、550W 及 750W。

4.1.2　单相异步电动机的工作原理

单相交流绕组通入单相交流电流产生脉振磁动势。脉振磁动势可分解为两个幅值相等、转速相同、转向相反的旋转磁动势 F^+ 和 F^-，从而在气隙中建立正转和反转磁场 Φ^+ 和 Φ^-。两个旋转磁场切割转子导体，并分别在转子导体中产生感应电动势和感应电流。该电流与旋转磁场相互作用产生正向和反向电磁转矩 T^+ 和 T^-，T^+ 企图使转子正转，T^- 企图使转子反转，这两个转矩叠加起来就是推动电动机转动的合成转矩 T。

不论是 T^+ 还是 T^-，它们的大小与转差率的关系和三相异步电动机的情况是一样的。

若电动机的转速为 n，则对正转磁场而言，转差率

$$s^+ = \frac{n_1 - n}{n_1} = s \qquad (4\text{-}1)$$

而对反转磁场而言，转差率

$$s^- = \frac{-n_1 - n}{-n_1} = 2 - s \qquad (4\text{-}2)$$

即当 $s^+ = 0$ 时，相当于 $s^- = 2$；当 $s^- = 0$ 时，相当于 $s^+ = 2$。

T^+ 和 s^+ 的关系与三相异步电动机的 $T = f(s)$ 特性相似，单相异步电动机的 $T = f(s)$ 曲线是由 $T^+ = f(s^+)$ 与 $T^- = f(s^-)$ 两条特性曲线叠加而成的，如图 4-2 所示。可见单相异步电动机有以下几个主要特点。

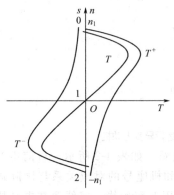

图 4-2 单相异步电动机的 $T = f(s)$ 曲线

① 当转子静止时，正、反向旋转磁场均以 n_1 速度和相反方向切割转子绕组，在转子绕组中感应出大小相等而相序相反的电动势和电流，并分别产生大小相等而方向相反的两个电磁转矩，使其合成的电磁转矩为零。即启动瞬间，$n = 0$，$s = 1$，$T = T^+ + T^- = 0$，说明单相异步电动机无启动转矩，如不采取其他措施，电动机不能启动。由此可见，三相异步电动机发生一相断路时（相当于一台单相异步电动机）也不能启动。

② 当 $s \neq 1$ 时，$T \neq 0$，且 T 无固定方向（取决于 s 的正负）。若用外力使电动机转动起来，s^+ 或 s^- 不为 1 时，合成转矩不为零，这时若合成转矩大于负载转矩，则即使去掉外力，电动机也可以旋转起来。因此单相异步电动机虽无启动转矩，但一经启动，便可达到某一稳定转速，而旋转方向则取决于启动瞬间外力矩作用于转子的方向。

由此可知，如果三相异步电动机在运行中断一相时仍能继续运转，但由于存在反向转矩，使合成转矩减小，当负载转矩 T_L 不变时，使电动机转速下降，转差率上升，定、转子电流增加，从而使得电动机温升增加。

③ 由于反向转矩的作用，合成转矩减小，最大转矩也随之减小，所以单相异步电动机的过载能力较低。

4.1.3 主要类型

为了使单相异步电动机能够产生启动转矩，关键是启动时如何在电动机内部形成一个旋转磁场。根据产生旋转磁场的方式不同，单相异步电动机可分为分相启动电动机和罩极电动机两大类型。

(1) 分相启动电动机　根据交流绕组磁动势的分析可知，只要在空间不同相的绕组中通入时间上不同相的电流，就能产生一个旋转磁场。分相启动电动机就是根据这一原理设计的。

分相启动电动机包括电容启动电动机、电容电动机和电阻启动电动机。

① 电容启动电动机　电容启动电动机电路原理如图 4-3 所示。定子上有两个绕组，一个绕组称为主绕组（或称为工作绕组），如图 4-3(a) 中绕组 1，另一个绕组称为辅助绕组（亦称启动绕组），如图 4-3(a) 中绕组 2。两绕组在空间相差 90°。在启动绕组串接启动电容

C，作电流分相用，并通过离心开关 S 或继电器触点 S 与工作绕组并联在同一单相电源上。因工作绕组呈感性，$\dot{i}_1$ 滞后于 $\dot{U}_1$。若适当选择电容 C，使流过启动绕组的电流 $\dot{i}_{st}$ 超前 $\dot{i}_1$ 90°，如图 4-3（b）所示。这相当于在空间相差 90°的两相绕组中通入在时间上互差 90°的两相电流，因此将在气隙中产生旋转磁场，并在该磁场的作用下产生电磁转矩使电动机转动。

这种电动机的启动绕组是按短时工作制设计的，所以当电动机转速达 70%～85%同步转速时，启动绕组和启动电容器 C 就在离心开关 S 的作用下自动退出工作，这时电动机就在工作绕组单独作用下运行。

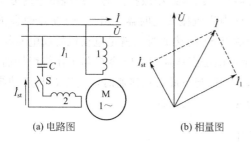

（a）电路图　　　　（b）相量图

图 4-3　单相电容启动电动机

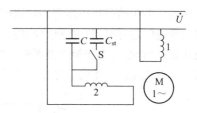

图 4-4　单相电容电动机

② 电容电动机　在启动绕组中串入电容后，不仅能产生较大的启动转矩，而且运行时还能改善电动机的功率因数和提高过载能力。为了改善单相异步电动机的运行性能，电动机启动后，可不切除串有电容器的启动绕组。这种电动机称为电容电动机，如图 4-4 所示。

电容电动机实质上是一台两相异步电动机，因此启动绕组应按长期工作制设计电动机。

由于电动机工作时所需电容较小，所以在电动机启动后，必须利用离心开关 S 把启动电容 C_{st} 切除。工作电容 C 便与工作绕组及启动绕组一起运行。

③ 电阻启动电动机　电阻启动电动机的启动绕组用串联电阻的方法来分相，但由于此时 $\dot{i}_1$ 与 $\dot{i}_{st}$ 之间相位差较小，因此其启动转矩较小，只适用于空载或轻载启动的场合。

（2）罩极电动机　罩极电动机的定子一般都采用凸极式的，工作绕组集中绕制并套在定子磁极上。在罩极电动机极靴表面的 1/3～1/4 处开有一个小槽，并用短路环把这部分磁极罩起来，故称罩极电动机。短路环起了启动绕组的作用，称为启动绕组。罩极电动机的转子仍做成笼型，如图 4-5 所示。

当工作绕组中通入单相交流电流时，将产生一个脉动磁场，其磁通的一部分通过磁极的未罩部分，另一部分磁通穿过短路环通过磁极的罩住部分，由于短路环的作用，当穿过短路环中的磁通发生变化时，短路环中必然产生感

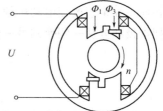

图 4-5　罩极电动机结构示意图

应电动势和电流，根据楞次定律，该电流的作用总是阻碍磁通的变化，这就使穿过短路环部分的磁通滞后通过磁极未罩部分的磁通，造成磁场的中心线发生移动，于是在电动机内部就产生了一个移动的磁场，在励磁绕组与短路环的共同作用下，磁极之间形成一个连续移动的磁场，将其看成是椭圆度很大的旋转磁场，因此电动机就产生一定的启动转矩而旋转起来。

罩极电动机的主要优点是结构简单，制造方便，成本低，运行噪声小，维护方便；缺点是启动转矩小，启动性能及运行性能较差，效率和功率因数都较低，它主要用于小功率空载启动的场合，如在台式电扇、录音机、电动工具及办公自动化设备上。容量一般在 30～40W 以下。

4.1.4 单相异步电动机反转控制

（1）分相电动机反转控制　单相异步电动机的转向与旋转磁场的转向相同，因此要使单相异步电动机反转就必须改变旋转磁场的转向，其方法有两种：一种是把工作绕组（或启动绕组）的首端和末端与电源的接线对调；另一种是把电容器从一组绕组中改接到另一组绕组中（此法只适用于电容运行单相异步电动机）。

（2）洗衣电动机电路　洗衣机的洗涤桶在工作时经常需改变旋转方向，由于其电动机一般均为电容运行单相异步电动机，故一般均采用将电容器从一组绕组中改接到另一组绕组中的方法来实现正反转，其电路如图4-6所示。图中，实线方框内为机械式定时器，S1及S2是定时器的触点，由定时器中的凸轮控制它们接通或断开，其中触点S1的接通时间就是电动机的通电时间，即洗涤与漂洗的定时时间。在该时间内，触点S2与上面的触点接通时，电容C与工作绕组接通，电动机正转；当S2与中间触点接通时，电动机停转；当S2与下面触点接通时，电容C与启动绕组接通，电动机反转。正转、停止、反转的时间大约为30s、5s、30s。

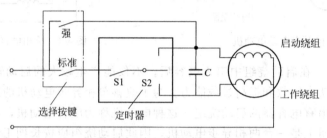

图4-6　洗衣机电动机电路

洗衣机的选择按键是用来选择洗涤方式的，一般有标准洗和强洗两种方式。上面叙述的属于标准洗方式。需强洗时，按下强洗键（此时标准键自动断开），电动机始终朝一个方向旋转，以完成强洗功能。

（3）罩极式电动机反转控制　罩极式单相异步电动机的旋转方向始终是从未罩部分转向被罩部分。罩极式异步电动机罩极部分固定，所以不能用改变外部接线的方法来改变电动机的转向。如果想改变电动机的转向，需要拆下定子上各凸极铁芯，调转方向后装进去，也就是把罩极部分从一侧换到另一侧，这样就可以使罩极式异步电动机反转。

4.2　同步电动机

同步电机是三相交流电机中的一种，同步电机在稳定运行时转子转速永远与电网频率所对应的同步转速一致，即$n=n_1=\dfrac{60f_1}{p}$，其转速n与定子电流的频率f_1和磁极对数p有着严格不变的关系，转速n不随负载变化而变化。

4.2.1 同步电机的分类

（1）按转子结构形式分

① 隐极式　隐极式同步电机的转子上没有明显凸出的磁极，转子铁芯细而长，像个圆柱体，定、转子间气隙均匀，转子机械强度高，适用于高速的同步电机。如转速3000r/min的汽轮发电机以及转速为1500r/min以上的同步电动机。

② 凸极式　凸极式同步电机转子有明显的磁极，定、转子间气隙不均匀，转子铁芯粗而短，凸极式转子结构较简单，适用于低速的同步电机。如水轮发电机以及转速为 1000r/min 以下的同步电动机。

（2）按其用途分

① 同步发电机　把机械能转换为电能的同步电机称为同步发电机。同步电机主要作发电机运行。同步发电机按原动机不同，可分为汽轮发电机、水轮发电机、内燃发电机、风力发电机、太阳能发电机等。应用最广的是汽轮发电机和水轮发电机。

② 同步电动机　把电能转换为机械能的同步电机，称为同步电动机。同步电动机在静止的变频电源未经开发以前，虽有功率因数可以调节的优点，但因其转速不可调节，其用途受到限制。随着电力电子技术突飞猛进，静止的变频装置和整流装置应运而生，特别是新型永磁材料的问世，同步电动机采用永磁材料励磁，简化了结构，充分发挥功率因数高、高效节能的优势，日益扩大了应用领域。目前，同步电动机主要应用于大功率、恒转速的生产机械中，如功率达数百乃至数千千瓦的空气压缩机、鼓风机、球磨机、电动发电机组等。

大功率的同步电动机和同样功率的异步电动机相比，有如下优点：

- 同步电动机的功率因数可通过改变励磁电流来调节，以改善电网的功率因数；
- 对大功率、低转速的电动机，同步电动机的体积要比异步电动机小一些。

③ 同步调相机　不带机械负载，只向电力系统送出或吸收无功功率的同步电动机，称为同步调相机，也称同步补偿机。调相机实质为空载运行的同步电动机。同步调相机基本上不转换有功功率，它是专门用来调节电网无功功率，改善电网功率因数的。因此，在适当地点装上调相机，就能显著地提高电力系统的经济性与供电质量。

此外，同步电机按其结构形式还可分为旋转电枢式和旋转磁极式。大中型同步电机均用旋转磁极式。

4.2.2　同步电动机的基本结构

同步电动机主要由定子、转子两个基本部分组成。

（1）定子　同步电动机的定子和三相异步电动机的定子基本相同，起着输入或输出电功率并产生旋转磁场的作用。同步电动机的定子由定子铁芯、定子绕组、机座等组成。定子铁芯是构成磁路的部件，由 0.35mm 或 0.5mm 的硅钢片叠装而成，目的是减少磁滞和涡流损耗。定子绕组又称电枢绕组，为三相对称交流绕组。定子绕组的作用是输入对称三相交流电，以产生旋转磁场。机座是支承部件，其作用是固定定子铁芯和电枢绕组，小功率同步电动机的机座一般用铸铁铸成，大型同步电动机的机座一般用钢板焊接而成。

（2）转子　转子主要由转子铁芯和励磁绕组等组成，转子的作用是在励磁绕组上接通直流电源，以建立转子磁场。

同步电动机的转子结构为如图 4-7(a)、（b）所示的两种形式：凸极式和隐极式。一般同步电动机多采用凸极式转子，而高速运行的同步电动机则采用隐极式。凸极式转子如图 4-7(a) 所示，由转子铁芯、转子绕组（励磁绕组）和集电环组成。通过给励磁绕组通入直流励磁电流，使转子产生固定极性的磁

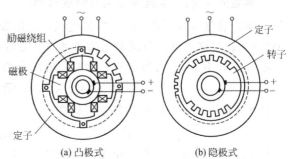

图 4-7　同步电动机的转子结构形式

极。励磁用的直流电流由直流发电机或整流电源供给，经过电刷和滑环引入励磁绕组中。凸极式转子的特点是：定、转子之间的气隙不均匀，结构简单，制造方便，但机械强度较差，适用于低速同步电机。

隐极式转子如图 4-7(b) 所示，转子呈圆柱形，无明显的磁极，转子和转轴是由整块的钢材加工成统一体。在圆周上约有 2/3 的部分铣有齿和槽，槽内嵌放同心式直流励磁绕组，没有开槽的 1/3 部分称为大齿，是磁极的中心区域。励磁绕组也是通过电刷和集电环与直流电源相连。隐极式转子的特点是：定、转子之间的气隙均匀，制造工艺比较复杂，机械强度较好。

在同步电机转子表面装有类似笼型异步电动机转子的短路绕组，称为启动绕组，它能使同步电动机启动时获得启动转矩。

4.2.3 同步电动机的基本工作原理及其额定值

(1) 基本工作原理 同步电动机工作时，定子的三相绕组中通入三相对称交流电流，转子的励磁绕组中通入直流励磁电流。

在定子的三相对称绕组中通入三相交流电时，将产生旋转速度为 n_1 的旋转磁场。在转子励磁绕组中通入直流电流时，将产生极性恒定的静止磁场。若转子磁场的磁极对数与定子磁场的磁极对数相同，根据磁极异性相吸、同性磁极相斥的原理，转子磁极因受定子磁场的磁拉力作用而随定子旋转磁场同步旋转，即转子以等同于旋转磁场的速度、方向旋转，这就是同步电动机的基本工作原理。由于转子的转速 n 与定子旋转磁场的同步转速 n_1 相同，所以称为同步电动机。即 $n=n_1=\dfrac{60f_1}{p}$，它的大小只决定于电源频率 f_1 的大小和定、转子的极对数 p，不会因负载变化而变化，因此同步电动机具有恒转速的特性。

三相同步电动机的转向取决于三相电源的相序，与转子直流励磁电流的极性无关。定子绕组通入三相交流电产生旋转磁场的转向，即为电动机的转向。因此改变同步电动机的转向与改变三相异步电动机的转向方法相同，即三相电源进线中的任意两相对调即可。

同步电动机存在"失步"的问题。所谓"失步"就是当负载转矩超过电动机所产生的最大同步转矩时，旋转磁场就无法拖动转子一起旋转，犹如橡皮筋拉断一样，这种现象称为"失步"，此时电动机不能正常工作。

(2) 额定值

① 额定电压 U_N　电机额定运行时定子的线电压，单位为 V 或 kV。

② 额定电流 I_N　电机额定运行时定子的线电流，单位为 A。

③ 额定功率因数 $\cos\varphi_N$　电机额定运行时的功率因数。

④ 额定效率 η_N　电机额定运行时的效率。

⑤ 额定容量 $S_N=\sqrt{3}U_N I_N$　对发电机，是出线端额定视在功率，单位为 V·A、kV·A 或 MV·A；对调相机，为额定无功功率，单位为 var、kvar 或 Mvar。

⑥ 额定功率 P_N　对发电机，为额定输出有功电功率

$$P_N=S_N\cos\varphi_N=\sqrt{3}U_N I_N\cos\varphi_N$$

对电动机，是轴上输出的额定机械功率

$$P_N=S_N\cos\varphi_N\eta_N=\sqrt{3}U_N I_N\cos\varphi_N\eta_N$$

此外，电机铭牌上还有额定频率 f_N(Hz)、额定转速 n_N(r/min)、额定励磁电流 I_{fN}(A) 和额定励磁电压 U_{fN}(V) 等。

【例 4-1】 有一台 TS854-210-40 的水轮发电机，$P_N = 100MW$，$U_N = 13.8kV$，$\cos\varphi_N = 0.9$，$f_N = 50Hz$，试求：（1）发电机的额定电流；（2）额定运行时能发出多少有功功率和无功功率？（3）额定转速是多少？

解：（1）额定电流

$$I_N = \frac{P_N}{\sqrt{3}U_N \cos\varphi_N} = \frac{100 \times 10^6}{\sqrt{3} \times 13.8 \times 10^3 \times 0.9} \approx 4648.6(A)$$

（2）有功功率

$$P_N = 100MW$$

无功功率

$$Q_N = P_N \tan\varphi = 100 \times \tan(\arccos 0.9) \approx 48.4(Mvar)$$

（3）额定转速

$$n_N = \frac{60f_N}{p} = \frac{60 \times 50}{20} = 150(r/min)$$

4.2.4　V 形曲线和功率因数调节

在同步电动机定子所加电压、频率和电动机输出功率恒定的情况下，调节转子励磁电流 I_f，即可改变同步电动机的功率因数。

在 $U = U_N$、$f = f_N$ 以及电动机输出功率一定的条件下，同步电动机的定子电流 I 与转子励磁电流 I_f 的关系 $I = f(I_f)$，称为同步电动机的"V"形曲线。"V"形曲线反映了输出有功功率一定的条件下，同步电动机定子电流 I 和功率因数 $\cos\varphi$ 随转子励磁电流 I_f 变化的情况。

当输出功率一定时，电网供给同步电动机的电流，其有功分量 $I\cos\varphi$ 是一定的。调节励磁电流 I_f，只能引起定子电流 I 无功分量的变化，从而使定子电流 I 的大小和相位发生变化。当 I_f 为某一值时，定子电流与电源电压同相位，$\varphi = 0$，功率因数 $\cos\varphi = 1$，定子电流全部为有功电流。同步电动机为阻性负载，电动机只从电网吸收有功功率，这种状态称为"正常励磁"状态，此时的 I_f 为正常励磁电流。

当励磁电流小于正常励磁电流 I_f 时，电动机处于欠励磁状态，此时的同步电动机和异步电动机一样，相当于一个感性负载，需从电网吸取滞后的无功电流，功率因数是滞后的；当励磁电流大于正常励磁电流 I_f 时，电动机处于过励磁状态，此时的同步电动机相当于一个容性负载，需从电网吸收超前的无功电流，功率因数是超前的。

由以上分析可知，同步电动机在输出有功功率恒定的条件下，励磁电流的改变将引起定子电流的改变。据此可以作出恒功率、变励磁条件下，定子电流 I 随励磁电流 I_f 变化的曲线。由于此曲线形似 V 形，故称为同步电动机的 V 形曲线，如图 4-8 所示。

电动机所带负载不同，对应的 V 形曲线也不一样，负载越大，消耗的功率越大，曲线越向上移。所以 V 形曲线是一簇曲线，图 4-8 中每条曲线有一个最低点，这点的励磁就是正常励磁，$\cos\varphi = 1$。将各曲线的最低点连起来得到一条 $\cos\varphi = 1$ 的曲线。这条曲线略向右倾斜，说明输出功率增大时，要相应增加一些励磁电流才能保持 $\cos\varphi = 1$ 不变。在这条曲线的右侧，电动机处于过励状态，$\cos\varphi$ 超前；在这条曲线的左侧，电动机处于欠励状态，$\cos\varphi$ 滞后。

调节励磁电流可以调节同步电动机的无功电流和功率因数，这是同步电动机非常可贵的特性。由于电网上的负载主要是感性负载，要从电网中吸取感性的无功功率，如果在电网上接一台处于过励状态的同步电动机，它会从电网吸收超前的无功电流，去弥补感性负载吸收的滞后无功电流，从而提高电网的功率因数。因此为了改善电网的功率因数，现代同步电动机的额定功率因数一般均设计为 1～0.8（超前）。

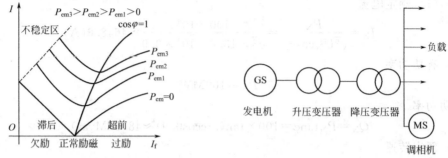

图 4-8 同步电动机的 V 形曲线　　　　图 4-9 装有调相机的输电系统原理图

如果将一台同步电动机接在电网上空载运行，专门用来调节电网的功率因数，这台同步电动机就称为同步调相机，也称同步补偿机。图 4-9 所示为一装有调相机的输电系统原理图。以下用例题进一步说明利用调相机的输出电流对电网（负载端）功率因数的补偿作用。

【例 4-2】 设有一台同步发电机带一感性负载，负载所需的有功电流为 $I_a = 1000$A，无功电流 $I_r = 1000$A。为了减少发电机相线路中的无功电流，在用户端安装一台同步调相机，并在过励情况下自电网中吸收容性（超前）电流 $I_C = 250$A，试求补偿后发电机及线路的无功电流值。

解：没有补偿时，发电机及线路总电流为

$$I = \sqrt{I_a^2 + I_r^2} = \sqrt{1000^2 + 1000^2} \approx 1414(\text{A})$$

功率因数为

$$\cos\varphi = \frac{I_a}{I} = \frac{1000}{1414} \approx 0.71$$

线路接上同步调相机后，发电机及线路总电流为

$$I' = \sqrt{1000^2 + (1000-250)^2} = 1250(\text{A})$$

线路的功率因数为 $\cos\varphi' = \dfrac{I_a}{I'} = \dfrac{1000}{1250} = 0.8$

即

$$I'^2/I^2 = 1250^2/1414^2 \approx 0.78$$

线路损耗为原来的 78%，亦即线路损耗减少了 22%。

从该例中可见，安装调相机后，能减小线路电流，提高功率因数。

4.2.5 同步电动机的启动

同步电动机正常运行时，转子与旋转磁场同步旋转，靠异性磁极之间的吸引力产生单一方向的电磁转矩，使转子保持同步转速运转。但在同步电动机启动时，如果把同步电动机直接投入电网并加上励磁电流，由于转子磁场静止不动，而定子旋转磁场则以同步转速 n_1 对转子磁场做相对运动。设定子磁场的运动方向由左至右，如图 4-10(a) 中所示，定、转子磁场间的相互作用产生的电磁转矩 T 是推动转子旋转的，但转子具有转动惯量，在此转矩作用下，转子不可能立即加速到同步转速，于是在半个周期（0.02s）以后，定子磁场向前移动了一个极距，达到如图 4-10(b) 中所示的位置，此时定子磁极对转子磁极的排斥力将阻止转子的移动，如此变化不已。可见，在定子旋转磁场旋转一周内，作用于转子的平均电磁

转矩为零，即同步电动机不能获得一个固定方向的转矩而启动，所以说同步电动机本身没有启动转矩，不能自行启动，因此要启动同步电动机，必须借助其他方法。同步电动机常用的启动方法有异步启动、辅助电动机启动和变频启动。

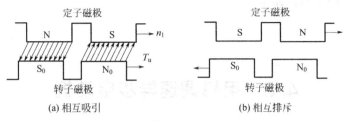

图 4-10 同步电动机启动时定子磁场对转子磁场的作用

（1）异步启动 异步启动就是在同步电动机转子磁极上装有和笼型异步电动机转子绕组一样的短路绕组，称为启动绕组。在启动时，先将转子励磁绕组开路，定子绕组接入交流电源，这时在旋转磁场作用下，启动绕组中产生感应电流，因而产生异步启动转矩，电动机转子就启动运行起来了，这个过程叫做异步启动。当转速接近同步转速时，将励磁电流通入转子绕组，靠定子旋转磁场与转子磁场间的吸引力，产生同步转矩，将转子拉入同步，电动机就同步运转了，这个过程叫牵入同步。

同步电动机的异步启动法可按图 4-11 进行接线，其启动过程可分为异步启动和牵入同步两个阶段。

① 异步启动 将励磁绕组 R_f 与一个放电电阻（其阻值为 $10R_f$）串接成闭合回路，即将图 4-11 中 S_2 合向左边。这是因为励磁绕组匝数多，启动时若将励磁绕组开路，定子旋转磁场会在励磁绕组中产生很高的感应电压，导致励磁绕组的绝缘击穿甚至危及人身安全；如果将励磁绕组直接短接，会产生一个较大的感应电流，它与旋转磁场相互作用，产生一个较大的附加转矩，影响电动机启动。

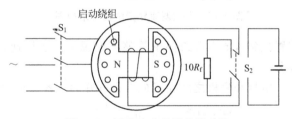

图 4-11 同步电动机异步启动法

启动时将同步电动机定子绕组接入交流电源，在旋转磁场的作用下，使启动绕组中产生感应电流，因而产生异步启动转矩，同步电动机作为异步电动机而启动。

② 牵入同步 当电动机转速升至同步转速的 95％ 左右时，将开关 S_2 合向右边，切除了放电电阻，同时转子励磁绕组中通入直流电流，产生转子励磁磁场，定子旋转磁场与转子励磁磁场的速度非常接近，依靠两磁场间的相互吸引力产生同步转矩，将转子拉入同步，使转子跟着定子旋转磁场以同步转速旋转，即牵入同步运行。

（2）辅助电动机启动 先用一台异步电动机（称为辅助电动机，容量为同步电动机容量的 5％～15％）拖动同步电动机旋转至接近同步转速，再给同步电动机通入直流励磁，使其投入电网同步运行。由于辅助电动机的容量较小，这种方法仅用于空载启动，设备投资大，很不经济。

（3）变频启动 采用变频启动的过程是首先将定子电源频率降得很低，并在转子端加入直流励磁，电动机将会逐渐启动并低速运转，启动过程中再逐渐升高定子电源的频率，随频率的升高定子旋转磁场的转速与转子转速也将升高，直至转子转速达到同步转速，再切换至电网供电。

变频控制的方法由于将同步电动机的启动、调速及励磁等诸多问题放在一起解决，显示了其独特的优越性，已成为当前同步电动机电力拖动的主流。

同步电动机的启动过程较为复杂且准确度要求高，现普遍采用晶闸管励磁系统，可以使同步电动机启动过程实现自动化。

【知识扩展】

4.3　电磁调速异步电动机

电磁调速异步电动机是一种交流恒转矩无级调速电动机。它由三相笼型异步电动机、电磁滑差离合器、测速发电机和控制装置组成，如图 4-12 所示。电磁调速异步电动机起调速作用的部件是电磁滑差离合器，下面具体分析其结构和工作原理。

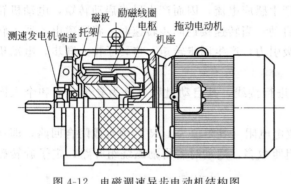

图 4-12　电磁调速异步电动机结构图

4.3.1　电磁滑差离合器的结构

电磁滑差离合器是由电枢和磁极两个主要部分组成。

（1）电枢　它是主动部分，是由铸铁制成的空心圆柱体，用联轴器与异步电动机的转子相连接，由异步电动机带着它一起转动，称为主动部分。

（2）磁极　磁极由磁极铁芯和励磁绕组两部分组成，绕组通过滑环和电刷装置接到直流电源或晶闸管整流电源上。磁极通过联轴器与机械负载直接连接，称为从动部分。

电枢和磁极之间在机械上是分开的，各自独立旋转，如图 4-13(a) 所示。

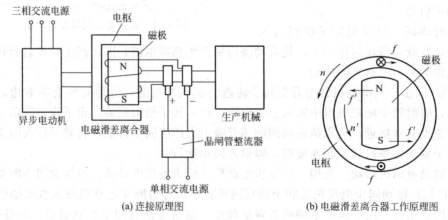

(a) 连接原理图　　　　　　　　　　　(b) 电磁滑差离合器工作原理图

图 4-13　电磁调速异步电动机原理图

4.3.2　电磁滑差离合器的工作原理

（1）工作原理　电磁滑差离合器的工作原理可用图 4-13(b) 来说明。

① 磁极上的励磁绕组通入直流电流后产生磁场，当电动机带着圆筒形的电枢旋转时，

会因切割磁极的磁力线，而在电枢内感应出涡流，其方向用右手定则确定。

② 此涡流与磁场相互作用使电枢受到电磁力 f 作用，其方向由左手定则确定。

③ 根据作用力与反作用力大小相等、方向相反的原理，可确定磁极转子受电磁力 f' 的方向。在电磁力 f' 的作用下，在磁极转子上形成与电枢旋转方向相同的电磁转矩，推动着磁极跟随电枢以转速 n' 的速度而旋转，从而将带着生产机械转动起来。如图 4-13(b) 所示。

④ 当励磁电流等于零时，磁极没有磁通，电枢不会产生涡流，不能产生转矩，磁极也就不会转动，这就相当于生产机械被"离开"；一旦励磁电流给上，磁极即刻转动起来，这就相当于生产机械被"合上"。此外还可以看到电磁离合器的工作原理和异步电动机是相同的。磁极和电枢的速度不能相同（$n'<n$），如果相同，电枢就不会切割磁力线产生涡流，也就不能产生带动生产机械旋转的转矩。这就好像异步电动机的转子导体和定子旋转磁场之间的作用一样，依靠这个"转差"才能进行工作。所以电磁离合器又称为滑差离合器。当负载转矩恒定时，调节励磁电流大小，就可以平滑地调节机械负载的转速。当增大励磁电流时，磁场增强，电磁转矩增大，转速 n' 上升；反之，当减小励磁电流时，磁场减弱，电磁转矩减小，转速 n' 下降。

（2）滑差率　电磁滑差离合器必须有滑差才能工作，所以电磁调速异步电动机又称为滑差电动机，其滑差率为

$$s' = \frac{n-n'}{n} \tag{4-3}$$

磁极转子的转速 n' 与电枢的转速 n 之间的关系为

$$n' = n(1-s') \tag{4-4}$$

4.3.3　电磁调速异步电动机的应用及特点

（1）电磁调速异步电动机的应用　下面介绍 JZT 系列电磁调速异步电动机。JZT 系列电磁调速异步电动机（即滑差电动机）是一种交流无级变速电动机。它由普通 JO2 型异步电动机（作为原动机）、电磁离合器以及 ZLK-1 型晶闸管调速控制器等三部分组成。通过对晶闸管调速控制器的控制，实现对 JZT 电磁调速异步电动机的无级调速控制。系统组成的原理框图如图 4-14 所示。

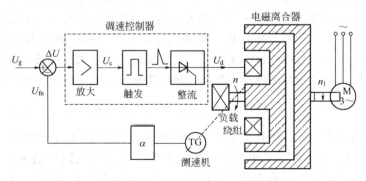

图 4-14　JZT 系列电磁离合器调速系统原理框图

其调速原理是当笼型异步电动机带动电磁转差离合器的电枢旋转时，电枢切割由励磁电流产生的磁力线，从而在电枢中产生涡流，此涡流与转子磁极相互作用，使磁极转子跟随电枢同方向旋转。在负载转矩与异步电动机转速一定时，增大磁极励磁电流，电动机与磁极转子之间的作用力增大，导致生产机械的转速升高；反之，则使转速下降。由图 4-14 可知，通过调节

给定电压 U_g 的大小，就可改变晶闸管主电路移相控制角 α 的大小，从而改变电磁离合器励磁电流的大小，实现无级调速，并且通过转速负反馈环节的调节，使系统恒速运行。

此系统的调速过程为：若要调高转速，应使 U_g 增大，则偏差电压 $\Delta U = U_g - U_{fn}$ 增大，移相控制电压 U_c 也变大，使触发电路送出触发脉冲的时间提前，控制角 α 变小，输出直流电压 U_d 变大，离合器励磁电流 i_d 变大，从而使离合器转速升高，则转速负反馈电压 U_{fn} 也增大，直到 $U_{fn} \approx U_g$，系统在较高转速下稳定运行。若运行中负载 T_L 增大，转速将瞬间下降，于是偏差电压 ΔU 立即变大，U_c 变大，从而使励磁电流 i_d 变大，转速又几乎很快地回升到原来的转速稳定运行。

(2) 电磁调速异步电动机的特点　这种调速系统结构简单、价格低廉、工作可靠、机械特性较硬、调速范围较宽，其调速比可为 10：1，调速平滑，且具有过载保护。当负载或者原动机受到突然的冲击时，离合器可以起缓冲作用，广泛应用于一般的工业设备中，如纺织印染、造纸、船舶、冶金和电力等工业部门的许多生产机械中。其主要缺点是：低速运行时损耗大、效率低。这是因为电枢中的涡流损失与转差（即与离合器的输出转速和输入转速之差）成正比的缘故，这和异步电动机转子串电阻调速时的情况相同。所以这种调速系统不适用于长期处于低速的生产机械，只适用于要求有一定调速范围且又经常运行在高速的装置中。

【本章小结】

单相异步电动机应用单相电源供电，具有结构简单、成本低廉、运行可靠、容易控制、维修方便等优点。其缺点是单相异步电动机效率、功率因数、过载能力等各项性能指标都比同容量的三相异步电动机差。因此单相异步电动机容量较小，一般在几瓦到几百瓦之间。

单相异步电动机的主要特点是启动转矩为零，没有固定方向，所以无法自行启动。

单相异步电动机常用的启动方法有电阻分相启动、电容分相启动、电容运转及罩极启动等。

对分相异步电动机将工作绕组和启动绕组中任意一个的首端和末端对调，电动机则反转。电容式电动机工作绕组和启动绕组交换使用即可使其反转。

罩极式电动机多采用凸极式，其旋转方向始终是从未罩部分转向被罩部分。将定子铁芯调转 180° 方向反装，把罩极部分从一侧换到另一侧，可使罩极式异步电动机反转。

同步电动机是定子旋转磁场拖动转子磁场同步旋转的机械，转子有隐极和凸极两种类型。定子绕组中通入三相对称电流产生圆形旋转磁场，转子励磁绕组通入直流电流产生恒定磁极，正常运行时，定子旋转磁极吸引转子磁极同步旋转，电动机的转速与电网频率保持严格不变的关系。即 $n = n_1 = \dfrac{60f_1}{p}$。转子的转速不受负载变化的影响。调节励磁电流大小，可改变同步电动机的功率因数，以补偿电网的无功功率。这是同步电动机的主要优点。在正常励磁状态，$\cos\varphi = 1$，电动机只从电网吸取有功功率，相当于电阻性负载；欠励磁状态下，$\cos\varphi$ 为滞后，电动机从电网吸取有功功率的同时，还吸收感性无功功率，相当于感性负载；过励状态下，$\cos\varphi$ 为超前，电动机不仅从电网吸取有功功率，还吸收容性无功功率，相当于容性负载。为了补偿电网的感性无功功率，同步电动机应在过励状态下运行。

同步电动机的"V"形曲线是指输出有功功率 P 一定时，定子电流 I 与励磁电流 I_f 之间的关系。"V"形曲线上 $\cos\varphi = 1$ 的左侧为欠励区，右侧为过励区。输出有功功率 P 一定时，正常励磁状态下的定子电流最小，无论欠励还是过励，定子电流都将增加。

同步电动机本身无启动转矩，不能自行启动，需借助于辅助方法来启动。启动方法有异步启动、辅助启动和变频启动。

电磁调速异步电动机是一种交流恒转矩无级调速电动机。它由三相笼型异步电动机、电磁滑差离合器、测速发电机和控制装置组成。

电磁滑差离合器是由电枢和磁极两个主要部分组成。

电磁调速异步电动机的特点是结构简单、价格低廉、工作可靠、机械特性较硬、调速范围较宽、调速平滑且具有过载保护；缺点是低速运行时损耗大、效率低。

【思考题与习题】

4-1　为什么单相异步电动机不能自行启动？怎样才能使它启动？

4-2　说明单相电容启动异步电动机的启动原理。

4-3　如何改变单相电容式电动机的旋转方向？

4-4　如何改变单相罩极式异步电动机的转向？

4-5　图 4-15 所示是洗衣机中电容运转单相异步电动机改变转向的控制电路，试分析其控制原理。

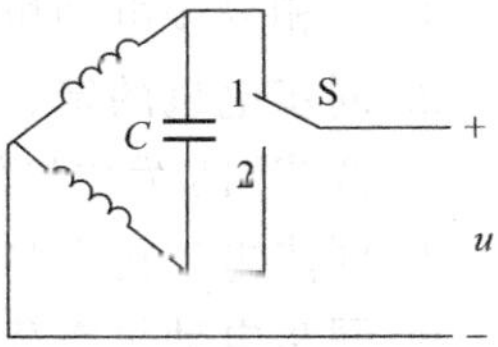

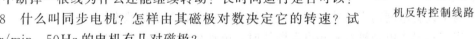

4-6　一台单相电容运转式台式风扇通电时有振动，但不能转动，如用手正拨或反拨扇叶时，则都会转动起来，这是为什么？

4-7　三相异步电动机在电源断掉一根线后为什么不能启动？在运行中断掉一根线为什么还能继续转动？长时间运行是否可以？

图 4-15　单相电容电动机反转控制线路

4-8　什么叫同步电机？怎样由其磁极对数决定它的转速？试问 750r/min，50Hz 的电机有几对磁极？

4-9　同步电动机与感应电动机相比有何优缺点？

4-10　同步电机的凸极转子与隐极转子磁极结构有何不同？

4-11　简述同步电动机的三种励磁状态。其功率因数是如何调节的？为了补偿电网功率因数，同步电动机应工作在哪种励磁状态？

4-12　同步电动机为什么没有启动转矩？通常采用什么方法启动？

4-13　同步电动机异步启动时，其励磁绕组为什么既不能开路又不能短路？

4-14　什么是同步调相机？有何特点？

4-15　某工厂变电所变压器容量为 2000kV·A，该厂电力设备平均负载为 1200kW，$\cos\varphi=0.65$（滞后），今欲添一台 500kW，$\cos\varphi=0.8$（超前），$\eta=96\%$ 的同步电动机，问当电动机满载时全厂功率因数是多少？变压器是否过载？

4-16　某工厂负载为 850kW，功率因数为 0.6（感性），由 1600kV·A 的电力变压器供电。现需增加 400kW 负载。如果采用同步电动机拖动负载，功率因数为 0.8（容性），是否需要加大变压器的容量？此时工厂的功率因数为多少？

4-17　电磁调速异步电动机由几部分组成？如何实现调速？

【自我评估】

一、填空题

1. 单相异步电动机可分为_____、_____两大类型。

2. 单相异步电动机定子上有两套绕组，一套是＿＿＿＿＿＿＿绕组，一套是＿＿＿＿＿＿＿绕组。

3. 分相启动单相异步电动机包括＿＿＿＿＿＿＿、＿＿＿＿＿＿＿和＿＿＿＿＿＿＿。

4. 按能量转换方式不同，同步电机可分为＿＿＿＿＿＿＿、＿＿＿＿＿＿＿和＿＿＿＿＿＿＿。

5. "同步"的含义是指＿＿＿＿＿＿＿的转速与＿＿＿＿＿＿＿的转速相同。

6. 同步补偿机实际上是一台＿＿＿＿＿＿＿的同步电动机，它接到电网上的目的就是为了＿＿＿＿＿＿＿。

7. 同步电机的转子励磁电流由＿＿＿＿＿＿＿电源供给，通过＿＿＿＿＿＿＿和＿＿＿＿＿＿＿的滑动接触，通入转子励磁绕组。

8. 同步电机的励磁方式分为＿＿＿＿＿＿＿和＿＿＿＿＿＿＿两大类。

9. 同步电动机的启动方法主要有＿＿＿＿＿＿＿、＿＿＿＿＿＿＿和＿＿＿＿＿＿＿。

10. 同步电动机的励磁状态有＿＿＿＿＿＿＿、＿＿＿＿＿＿＿和＿＿＿＿＿＿＿三种。

11. 为了使同步电动机能够启动，常在转子极靴上安装启动绕组。在启动过程中，启动绕组既不能＿＿＿＿＿＿＿，又不能＿＿＿＿＿＿＿，而是通过外接＿＿＿＿＿＿＿电阻构成闭合回路。

二、判断题（正确的在括号内画"√"，错误的在括号内画"×"）

1. 三相异步电动机空载运行，若有一相断线，则电动机会立即停转。（　　　）

2. 同步电机的定、转子磁场均为旋转磁场。（　　　）

3. 调节同步发电机的转子励磁电流时，输出有功功率和无功功率都将发生变化。（　　　）

4. 同步电动机本身没有启动转矩，所以它不能自行启动。（　　　）

5. 同步电动机空载运行时，调节转子励磁电流大小，仅能改变从电网吸取的无功功率。（　　　）

6. 为了改善电网功率因数，同步电动机常常运行在欠励磁状态。（　　　）

7. 当三相异步电动机有一相电源断线时，电动机仍然可以照常启动。（　　　）

8. 电磁调速异步电动机，参照异步电动机的工作原理可知，转差离合器磁极的转速必须大于其电枢转速，否则转差离合器的电枢和磁极之间就没有转差，也就没有电磁转矩产生。（　　　）

三、单项选择

1. 为解决单相异步电动机不能启动的问题，在定子上除安装工作绕组外，还应于工作绕组空间相差（　　　）电角度处加装一个启动绕组。

(A) 30° 　　　　(B) 60° 　　　　(C) 90° 　　　　(D) 180°

2. 分相式单相异步电动机改变转向的具体方法是（　　　）。

(A) 对调两绕组之一的首、末端 　　　(B) 同时对调两绕组的首、末端

(C) 对调电源的极性 　　　(D) 拆下定子铁芯，调转方向后装进去

3. 一台48极的同步电动机，其同步转速为（　　　）r/min。

(A) 250 　　　　(B) 125 　　　　(C) 62.5 　　　　(D) 500

4. 同步电动机的转子磁场是（　　　）。

(A) 恒定磁场 　　　(B) 脉振磁场 　　　(C) 旋转磁场 　　　(D) 交变磁场

5. 水轮发电机的定子结构与三相异步电动机的定子结构基本相同，但其转子一般采用（　　　）式。

(A) 凸极 　　　　(B) 罩极 　　　　(C) 隐极 　　　　(D) 爪极

6. 一台同步电动机从电网吸取有功功率的同时，还向电网输出容性无功功率。那么，这台电机工作在（　　　）状态。

(A) 过励磁　　　　(B) 欠励磁　　　　(C) 正常励磁　　　　(D) 不稳定

7. 同步电动机采用异步启动法启动，在转子转速为（　　）时投入励磁电流。

    (A) 同步转速　　　(B) 95％同步转速　(C) 90％同步转速　(D) 85％同步转速

8. 同步发电机的额定功率是指（　　）。

    (A) 转轴上输入的机械功率　　　　　　(B) 转轴上输出的机械功率

    (C) 电枢端口输入的电功率　　　　　　(D) 电枢端口输出的电功率

9. 同步电动机作为同步补偿机使用时，若其所接电网功率因数是电感性的，为了提高电网功率因数，那么应使该机处于（　　）状态。

    (A) 欠励　　　　　(B) 正励　　　　　(C) 过励　　　　　(D) 空载过励

10. 要使同步电动机的输出功率提高，则必须（　　）。

    (A) 增大励磁电流　　　　　　　　　　(B) 提高发电机的端电压

    (C) 增大发电机的负载　　　　　　　　(D) 增大原动机的输入功率

11. Y接法的三相异步电动机空载运行时，若定子一相绕组突然断路，那么电动机将（　　）。

    (A) 不能继续转动　　　　　　　　　　(B) 有可能继续转动

    (C) 速度增高　　　　　　　　　　　　(D) 能继续转动但转速变慢

12. 滑差电动机平滑调速是通过（　　）的方法来实现的。

    (A) 平滑调节滑差离合器直流励磁电流的大小

    (B) 平滑调节三相异步电动机三相电源电压的大小

    (C) 改变三相异步电动机极数的多少

    (D) 调整测速发电机的转速大小

13. 滑差电动机的转差离合器电枢是由（　　）拖动的。

    (A) 测速发电机　　　　　　　　　　　(B) 工作机械

    (C) 三相笼型异步电动机　　　　　　　(D) 转差离合器的磁极

四、简答

1. 什么是同步电动机的V形曲线？什么时候是正常励磁、过励磁和欠励磁？一般情况下同步电动机在什么状态下运行？

2. 同步电动机异步启动时，为什么转子励磁绕组不能直接短路？

3. 试叙述同步电动机的工作原理。

五、计算

有一台 QFS-300-2 的汽轮发电机，$U_N = 18kV$，$\cos\varphi_N = 0.85$，$f_N = 50Hz$，试求：（1）发电机的额定电流；（2）发电机在额定运行时能发多少有功功率和无功功率？

第 5 章　直流电机

直流电机包括直流发电机和直流电动机。与交流电机相比，直流电机结构复杂，消耗有色金属较多，维修麻烦，成本高，功率不能做得太大。随着电力电子技术的发展，由晶闸管整流元件组成的直流电源设备将逐步取代直流发电机。但直流电动机由于具有良好的调速性能，能在很宽的范围内实现无级平滑调速，具有较大的启动转矩和过载能力，在电力拖动自动控制系统中仍占有重要地位，尤其晶闸管整流电源配合直流电动机组成的调整系统发展很快，在轧钢机、电力机车、起重机、造纸机、龙门刨床等机械中仍得到广泛应用。

5.1　直流电机的基本工作原理

5.1.1　直流发电机的基本工作原理

直流发电机的工作原理是基于电磁感应定律的，图 5-1 为直流发电机的原理示意图。N、S 是直流发电机固定的定子磁极，定子磁极上装有励磁绕组，其中通入直流励磁电流 I_f，产生大小和方向恒定的磁通 Φ。在两个磁极之间是旋转的电枢铁芯，铁芯表面开槽安放电枢绕组，图中 abcd 代表其中的一个单匝线圈，线圈的首端 a 和末端 d 分别连在两个互相绝缘并可以随线圈一同旋转的换向片（换向器）上。换向片与固定不动的电刷 A 和 B 滑动接触，这样旋转着的线圈可以通过换向片、电刷与外电路接通。

当直流发电机由原动机驱动按一定的转速 n 逆时针方向旋转时，根据电磁感应原理，线圈边 ab 和 cd 以线速度 v 切割磁力线产生感应电动势，其方向用右手定则确定。如图 5-1 所示瞬间，ab 导体处于 N 极下，其电动势方向由 b→a 而导体 cd 处于 S 极下，电动势方向由 d→c，从整个线圈来看，电动势方向为 d→c→b→a；反之，如果线圈转过 180°，即 ab 转到 S 极下，cd 转到 N 极下，则 ab 导体和 cd 导体的电动势方向均发生改变，于是整个线圈的感应电动势方向变为 a→b→c→d。因此线圈中感应电动势是交变的。如何在电刷上得到直流电动势呢？这就要靠换向器起作用了。由于电刷 A 只与处于 N 极下的导体相接触，当 ab 导体在 N 极下时，电动势方向为 b→a→A，电刷 A

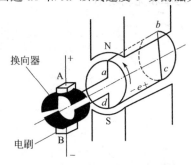

图 5-1　直流发电机原理示意图

换向器
A
电刷
B

的极性为"＋"，线圈转过180°，即 cd 导体转到 N 极下时，电动势方向为 c→d→A，电刷 A 的极性仍为"＋"，所以电刷 A 的极性总为"＋"。同理电刷 B 的极性总为"－"。故在电刷 A、B 两端可获得直流电动势。换向器的作用就是把线圈中的交变电转变为电刷两端的直流电。实际的直流发电机通常由多个线圈按一定规律连接，构成电枢绕组。

通过上面分析可知，直流发电机的工作原理是应用电磁感应定律这一规律，励磁绕组中通以励磁电流产生气隙主磁通，电枢绕组在原动机带动下旋转，电枢绕组在磁场中做切割磁力线运动，在电枢绕组中产生交变的感应电流，依靠换向器和电刷实现电枢绕组中交流电和外电路直流电之间的相互转换，实现机电能量的转换。

5.1.2 直流电动机的基本工作原理

直流电动机的工作原理是基于电磁力定律的。图 5-2 为直流电动机的原理示意图。在两电刷 A 和 B 间加上直流电源，在图 5-2 所示的位置，电流从电刷 A 流入，从电刷 B 流出，电动机线圈中的电流方向为 a→b→c→d。根据电磁力定律，ab 和 cd 导体在磁场中分别受到电磁力的作用，其方向可用左手定则确定，受力方向如图 5-2 所示，此电磁力形成电磁转矩，使电动机按逆时针方向旋转。当导体 ab 转到 S 极下，cd 转到 N 极下时，由于换向器的作用，流经线圈的电流方向变为 d→c→b→a，经左手定则判断，导体所受的电磁力方向未变，故电磁转矩方向仍为逆时针，从而保持电动机沿着一个固定的方向逆时针旋转。

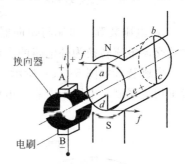

图 5-2 直流电动机原理示意图

通过上面分析，直流电动机的基本工作原理是应用通电导体在磁场中受力这一规律，励磁绕组中通以励磁电流产生气隙主磁通，电枢绕组中通入直流电流，载流电枢绕组和气隙磁场相互作用，产生电磁转矩，依靠换向器和电刷实现外电路直流电和电枢绕组中交流电之间的相互转换，使转矩及转向恒定不变，实现机电能量的转换。

【例 5-1】 在直流电机中换向器起什么作用？

无论是直流发电机还是直流电动机，换向器可以使正电刷 A 始终与 N 极下的导体相连，负电刷 B 始终与 S 极下的导体相连，故电刷之间的电压是直流电，而线圈内部的电流则是交变的，所以换向器是直流电机中换向的关键部件。通过换向器和电刷的作用，把直流发电机线圈中的交变电动势变成电刷间的直流电动势，把直流电动机电刷间的直流电流变成线圈内的交变电流，以使电动机沿恒定方向旋转。

5.2 直流电机的基本结构、铭牌及主要系列

5.2.1 基本结构

直流电机具有可逆性，既可作为电动机运行，也可作为发电机运行。无论是电动机还是发电机，其结构都基本相同，主要由静止的定子和旋转的转子（电枢）两大部分组成。直流电机的结构如图 5-3 所示。

（1）定子部分 定子主要由机座、主磁极、换向极、端盖、电刷装置等组成。定子的主要作用是产生磁场和起机械支撑作用。

① 机座 机座既可以固定主磁极、换向极、端盖等，又是电机磁路的一部分。机座一

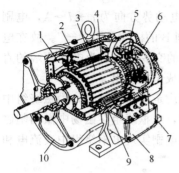

图 5-3 直流电机的结构

1—风扇；2—机座；3—电枢；4—主
磁极；5—电刷及附件；6—换向器；
7—接线板；8—出线盒；9—换
向极；10—端盖带轴承座

般用铸钢或厚钢板焊接而成，具有良好的导磁性能和机械强度。

② 主磁极　主磁极的作用是产生气隙主磁场，它由主磁极铁芯和主磁极绕组构成，如图 5-4(a) 所示。主磁极铁芯一般由 1.0～1.5mm 厚的低碳钢板冲片叠压而成，包括极身和极靴两部分。极靴做成圆弧形，以使磁极下气隙磁通较均匀。极身外边套着励磁绕组，绕组中通入直流电流。整个磁极用螺钉固定在机座上。

③ 换向极　换向极用来改善换向，由铁芯和套在铁芯上的绕组构成，如图 5-4(b) 所示。换向极铁芯一般用整块钢制成，如换向要求较高，则用 1.0～1.5mm 厚的钢板叠压而成，其绕组中流过的是电枢电流。换向极装在相邻两主磁极之间，用螺钉固定在机座上。

④ 电刷装置　电刷与换向器配合可以把转动的电枢绕组和外电路连接，并把电枢绕组中的交流电流转换为外电路的直流电流。

电刷装置如图 5-4(c) 所示。电刷采用接触电阻较高的碳刷、石墨刷和金属石墨刷，一般不用金属刷，电刷被安装在电刷架上。电刷组的个数，一般等于主磁极的个数。

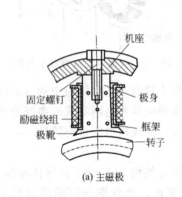

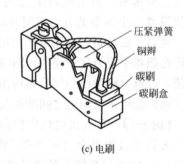

(a) 主磁极　　　　　(b) 换向磁极　　　　　(c) 电刷

图 5-4　直流电机定子部件

(2) 转子部分　转子也称电枢，主要作用是感应电动势，产生电磁转矩。它由电枢铁芯、电枢绕组、换向器、转轴、风扇等组成。

① 电枢铁芯　电枢铁芯是电机磁路的一部分；电枢铁芯的外圆周开槽，用来嵌放电枢绕组。电枢铁芯一般用 0.5mm 厚、两边涂有绝缘漆的硅钢片冲片叠压而成，如图 5-5 所示。电枢铁芯固定在转轴或电枢支架上，其作用是减少涡流损耗。当铁芯较长时，为加强冷却，可把电枢铁芯沿轴向分成数段，段与段之间留有通风孔。

② 电枢绕组　电枢绕组是直流电机的主要部分，其作用是产生感应电动势及通过电枢电流，产生电磁转矩，电枢绕组是实现机电能量转换的关键部件。通常用绝缘导线绕成的形状相同的多个线圈，按一定规律连接而成。它的一条有效边，即线圈的直导线部分，因切割磁力线而感应电动势，嵌入某个铁芯槽的上层，另一有效边则嵌入另一铁芯槽的下层，如图 5-6 所示。而每个线圈的两个引出端都分别按一定的规律焊接到换向片上。电枢绕组线圈间的连接方法根据连接规律的不同，分为叠绕组、波绕组和混合绕组等。其中单叠绕组、单波绕组的连接示意图如图 5-7 所示。

118

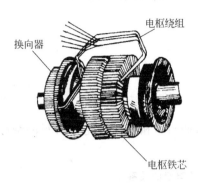

图 5-5　电枢铁芯

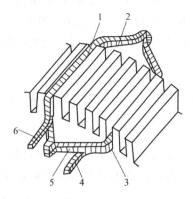

图 5-6　线圈在槽内安放示意图

1—上层有效边；2,5—端接部分；3—下层

有效边；4—线圈尾端；6—线圈首端

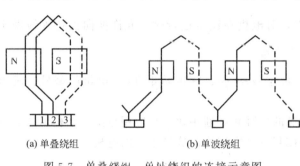

(a) 单叠绕组　　　　　(b) 单波绕组

图 5-7　单叠绕组、单波绕组的连接示意图

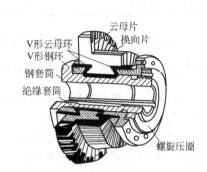

图 5-8　换向器

通过画单叠绕组、单波绕组的展开图和并联支路图（参考有关文献）可知，不同连接规律的电枢绕组有不同的并联支路对数 a。如单叠绕组是每个主磁极下的线圈串联成一条支路，电机共有 $2p$ 个极，就有 $2p$ 条支路，即单叠绕组的并联支路数恒等于电机的磁极数；单波绕组是所有相同极性下的线圈串联成一条支路，电机共有 N、S 两种极性，故有两条支路，即一对支路，即单波绕组的并联支路数与主磁极数无关，只有两条并联支路，设 a 为并联支路对数，p 为磁极对数，用公式表示如下。

$$单叠绕组　　2a=2p \tag{5-1}$$
$$单波绕组　　2a=2 \tag{5-2}$$

单叠绕组一般适用于较大电流的直流电机，单波绕组一般适用于较高电压的直流电机。

③ 换向器　换向器又称整流子，如图 5-8 所示，由换向片组合而成，片与片之间用一层薄云母绝缘，电枢绕组的每个线圈两端分别接至两个换向片上。换向器固定在转轴的一端，与电刷滑动接触，作用是将加于直流电动机电刷之间的直流电流变换成为绕组内部的交流电流，以便形成固定方向的电磁转矩。

5.2.2　铭牌数据及主要系列

（1）铭牌数据　直流电机铭牌主要技术数据如下。

① 额定功率 P_N　电机在额定情况下允许输出的功率，单位为 W 或 kW。

对于发电机，是指输出的电功率；对于电动机，是指轴上输出的机械功率。

② 额定电压 U_N　是指在额定情况下，电刷两端输出或输入的电压，单位为 V。

③ 额定电流 I_N　是指在额定情况下，电机流出或流入的电流，单位为 A。

对于发电机，是指带额定负载时的输出电流

$$I_N = \frac{P_N}{U_N} \tag{5-3}$$

对于电动机，是指带额定负载时的输入电流

$$I_N = \frac{P_N}{U_N \eta_N} \tag{5-4}$$

④ 额定温升　是指电机允许的温升限度，温升高低与电机使用的绝缘材料的绝缘等级有关。电机的允许温升与绝缘等级的关系如表 5-1 所示。

表 5-1　电机允许温升与绝缘耐热等级的关系

绝缘耐热等级	A	E	B	F	H	C
绝缘材料的允许温度/℃	105	120	130	155	180	180 以上
电机的允许温升/℃	60	75	80	100	125	125 以上

⑤ 换向火花　在电机的技术标准中，对电机在额定运行时，允许换向火花等级做出明确规定。一般电机规定换向火花不超过 $1\frac{1}{2}$ 级。

此外，铭牌上还标有额定转速 n_N、额定效率 η_N、额定转矩 T_N、电机的型号、励磁方式、绝缘等级、电机重量等。

(2) 主要系列　系列电机是为了产品的标准化和通用化，在应用范围、结构形式、性能水平、生产工艺等方面有共同性，功率按某一系数递增的成批生产的电机。

我国直流电机主要系列有如下几种。

① Z_2、Z_3、Z_4 系列　是一般用途的中小型直流电机，Z_3、Z_4 系列与 Z_2 系列相比，具有转动惯量小、调速范围宽、体积小、重量轻等优点。

② Z 和 ZF 系列　是一般用途的大中型直流电机，Z 为电动机系列，ZF 为发电机系列。

③ ZZJ 系列　是冶金辅助拖动机械用的起重直流电动机

④ ZBF 和 ZBD 系列　是用于龙门刨床的直流电动机。

还有许多系列，可以查阅相关手册。

【例 5-2】　一台直流电动机，$P_N = 100\text{kW}$，$U_N = 220\text{V}$，$\eta_N = 90\%$，$n_N = 1200\text{r/min}$，试求：额定电流和额定负载时的输入功率。

解：

$$I_N = \frac{P_N}{U_N \eta_N} = \frac{100 \times 10^3}{220 \times 0.9} \approx 505(\text{A})$$

$$P_I = U_N I_N = 220 \times 505 \approx 111(\text{kW})$$

5.3　直流电机的电磁转矩与电枢电动势

5.3.1　直流电机的励磁方式

电机的磁场是电机感应电动势和产生电磁转矩不可缺少的因素。除了少数微型电机外，绝大多数直流电机的气隙磁场都是由主磁极的励磁绕组中通入的直流电流而产生的。直流电机供给励磁绕组电流的方式称为励磁方式。

直流电动机的励磁方式有他励、并励、串励、复励四种。各种励磁方式的接线图如图5-9所示。他励是指由其他的独立电源对励磁绕组进行供电的励磁方式，如图5-9（a）所示，电流关系满足 $I_a = I$。并励是指电机的励磁绕组与电枢绕组相并联，如图5-9（b）所示，电流之间的关系是 $I = I_a + I_f$；串励是指电机的励磁绕组与电枢绕组相串联，如图5-9（c）所示，电流之间的关系是 $I_a = I = I_f$；复励电机有两个励磁绕组，一个与电枢绕组串联，另一个与电枢绕组并联，如图5-9（d）所示，复励是串励和并励两种励磁方式的结合。

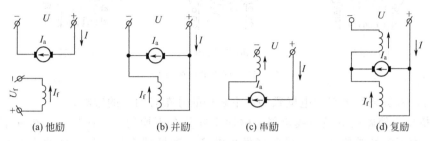

(a) 他励　　　　　　(b) 并励　　　　　　(c) 串励　　　　　　(d) 复励

图5-9　直流电机的励磁方式

不同的励磁方式对直流电动机的运行性能有很大的影响。直流电动机的励磁方式主要采用他励、并励和复励，很少采用串励方式。

对于直流发电机，励磁方式有他励和自励两类，自励中包括并励、串励、复励。

5.3.2　直流电机的磁场和电枢反应

直流电机的磁场是由主磁场（励磁磁场）和电枢磁场共同建立的一个合成磁场，它对直流电机产生的电动势或电磁转矩都有直接的影响，而且直流电机的运行特性在很大程度上也取决于磁场特性。因此，了解直流电机的磁场十分必要。

（1）主磁场　直流电机的空载，是指发电机与外电路断开，没有电流输出，电动机轴上不带机械负载。直流电机空载时，气隙中仅有励磁磁势产生的磁场，称为主磁场。

由于直流电机的磁路结构对称，因此以一对磁极来分析主磁场就可以了。直流电机空载时的主磁场如图5-10（a）所示。由图可知，空载时的磁通根据路径可以分为两部分，其中大部分磁通经过主磁极、气隙、电枢铁芯、气隙、主磁极和磁轭形成闭合回路，称为主磁通；有小部分磁通不经过电枢铁芯而形成闭合回路，称为漏磁通。起机电能量转换作用的是主磁通，通常漏磁通约占主磁通的15％左右。

在电枢表面磁感应强度为零的地方是物理中性线 $m—m$，空载时它与磁极的几何中性线 $n—n$ 重合。

（2）电枢磁场　直流电机负载运行时，电枢绕组电流产生的磁场称为电枢磁场。

图5-10（b）是以电动机为例的电枢磁场，它的方向由电枢电流确定。由图可以看出，不论电枢如何转动，电枢电流的方向总是以电刷为界限来划分的。在电刷两边，N极面下的导体和S极面下的导体电流方向始终相反，只要电刷固定不动，电枢两边的电流方向就不变，电枢磁场的方向也不变，即电枢磁场是静止不动的。根据图上的电流方向，用左手定则可以判断该台电动机的旋转方向为逆时针。

（3）电枢反应　负载时电枢磁场对主磁场的影响称为电枢反应，电枢反应对直流电机的运行性能有很大的影响。

图5-10（c）所示为主磁极磁场和电枢磁场合在一起而产生的合成磁场。与图5-10（a）比

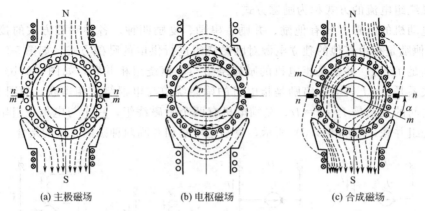

| (a) 主极磁场 | (b) 电枢磁场 | (c) 合成磁场 |

图 5-10　直流电机的磁场

较可以看出，带负载后出现的电枢磁场对主磁场的分布有明显的影响。

① 电枢反应使磁极下磁力线扭斜，磁通密度分布不均匀，主磁极一半极面下磁场被增强，一半极面下磁场被削弱，合成磁场发生畸变。磁场畸变的结果，使原来的几何中性线 n-n 处的磁场不再等于零，磁场为零的位置，即物理中性线 m—m 逆旋转方向移动角度 α，物理中性线偏离几何中性线。可以分析，作为发电机运行时，物理中性线顺旋转方向偏移；作为电动机运行时，物理中性线逆旋转方向偏移。电枢电流越大，电枢磁场越强，气隙合成磁场畸变越严重。

② 电枢反应使主磁场削弱，电枢磁场使每一个磁极下的磁通势发生变化，如 N 极下左半部分的主磁极磁通势被削弱，右半部分的主磁极磁通势被增强。每一个磁极下的合成磁通量仍应与空载时的主磁通相同。但在实际工作时，直流电机的磁路总是处在比较饱和的非线性区域，因此增强的磁通量小于减少的磁通量，故负载时每极的合成磁通比空载时每极的主磁通小，称此为电枢反应的去磁作用。因此，负载运行时的感应电动势略小于空载时的感应电动势。

5.3.3　电枢绕组感应电动势与电磁转矩

（1）电枢绕组电动势 E_a　导体在磁场中做切割磁力线运动时要感应电动势。根据这一规律，可以推知无论是直流发电机还是电动机，当它们运行时，在电枢绕组中都要感应电动势。感应电动势的方向按右手定则确定。对于直流发电机，在原动机拖动下，电枢旋转感应电动势。在该电动势作用下向外输出电流，电动势 e_a 与电枢电流 i_a 方向相同，如图 5-11(a) 所示，所以电枢电动势称为电源电动势。对于直流电动机，电枢导体中也产生同样的感应电动势，但因为与外部所加的电压方向相反，e_a 与电枢电流 i_a 方向相反，如图 5-11(b) 所示，所以称电枢电动势为反电动势。

根据电磁感应定律，电枢绕组中每根导体的感应电动势为 $e = Blv$。对于给定电机，电枢绕组的电动势，即每一并联支路的电动势，等于并联支路每根导体电动势之总和，线速度 v 与转子的转

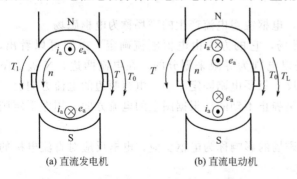

| (a) 直流发电机 | (b) 直流电动机 |

图 5-11　直流电机电动势及电磁转矩的方向

速 n 成正比。因此经公式推导电枢电动势可用下式表示

$$E_a = C_e \Phi n \qquad (5-5)$$

式中，C_e 为直流电机的电动势常数，$C_e = \dfrac{pN}{60a}$ 取决于电机的结构；Φ 为每极磁通，Wb；n 为转子的转速，r/min；p 为磁极对数；N 为电枢绕组的总导体数；a 为电枢绕组并联支路对数；E_a 为电枢电动势（V）。

单叠绕组　$2a = 2p$

单波绕组　$2a = 2$

分析上式可得如下结论。

① 对于发电机，当运行速度不变时，感应电动势与每极磁通 Φ 成正比，因此可以通过改变励磁电流（即调节 Φ）来调节直流发电机的输出电压；当每极磁通 Φ 不变时，感应电动势与转速成正比，因此可以通过改变转速来调节直流发电机的输出电压。

② 对于电动机，当电网电压保持一定时，电动机的感应电动势基本不变，电动机的转速与磁通成反比，要想升高转速，可以减弱磁通，即减小励磁电流。

（2）电磁转矩 T　电枢绕组通过电流时，在磁场中要受到电磁力的作用，这个力对转轴所产生的转矩称为电磁转矩。无论是电动机还是发电机，当它们运行时，都要产生电磁转矩。对于直流发电机，电磁转矩的方向与电机转速方向相反，如图 5-11(a) 所示，所以它是制动转矩；对于电动机，电磁转矩的方向与转速方向相同，如图 5-11(b) 所示，因此它为驱动转矩。

根据电磁力定律，作用在电枢绕组每一根导体（线圈有效边）上的平均电磁力为 $f = Bli_a$。对于给定电机，磁感应强度 B 与每极磁通 Φ 成正比；每根导体中的电流 i_a 与从电刷流入或流出的电枢电流 I_a 成正比。对给定电机，导线长度 l 是个常量。因此经公式推导，电磁转矩 T 的大小可用下式表示

$$T = C_T \Phi I_a \qquad (5-6)$$

式中，C_T 为直流电机的转矩常数，$C_T = \dfrac{pN}{2\pi a}$ 取决于电机的结构；I_a 为电枢电流，A；Φ 为每极磁通，Wb；T 为电磁转矩 N·m。

$$\frac{C_T}{C_e} = 9.55$$

即　　　　　　　　　　　$C_T = 9.55 C_e$

由上式可看出，对于已经制成的电机，电磁转矩 T 正比于每极磁通 Φ 和电枢电流 I_a。当每极磁通一定时，电枢电流越大，电磁转矩也越大；当电枢电流一定时，每极磁通越大，电磁转矩也越大。

5.3.4　他励直流电动机反转

电动机运行时的旋转方向与电磁转矩方向一致，所以要改变转向，必须改变电动机电磁转矩的方向。由电磁转矩的公式 $T = C_T \Phi I_a$ 可知，电磁转矩是由电枢电流与磁通相互作用产生的，所以只要改变电枢电流和磁通两者中的任何一个方向，就会改变电磁转矩的方向，也就改变了电动机的旋转方向。具体可采用两种方法：一是保持电枢两端电压极性不变，将励磁绕组接到电源的两端对调；另一种是保持励磁绕组两端电压极性不变，将电枢绕组接到电源的两端对调。

一般情况下常采用后者，很少采用改变励磁绕组连接的方法。这是因为励磁绕组匝数较

多，电感较大，切换励磁绕组时会产生较大的自感电压，危及励磁绕组的绝缘。

【例 5-3】 一台4极直流电动机，额定功率为 100kW，额定电压为 330V，额定转速为 730r/min，额定效率为 0.915，单波绕组，电枢总导体数为 186，额定每极磁通为 6.98×10^{-2}Wb。求：(1) 额定状态时电枢绕组感应电动势为多少？(2) 额定电磁转矩为多少？

解：
$$C_e = \frac{pN}{60a} = \frac{2 \times 186}{60 \times 1} = 6.2$$

$$E_{aN} = C_e \Phi_N n_N = 6.2 \times 6.98 \times 10^{-2} \times 730 \approx 315.9(\text{V})$$

转矩常数
$$C_T = \frac{pN}{2\pi a} = \frac{2 \times 186}{2 \times 3.1416 \times 1} \approx 59.2$$

或
$$C_T = 9.55C_e = 9.55 \times 6.2 \approx 59.2$$

额定电流
$$I_N = \frac{P_N}{U_N \eta_N} = \frac{100 \times 10^3}{330 \times 0.915} \approx 331(\text{A})$$

额定电磁转矩
$$T_N = C_T \Phi_N I_N = 59.2 \times 6.98 \times 10^{-2} \times 331 \approx 1367.7(\text{N} \cdot \text{m})$$

5.4 直流电机的运行原理

直流电动机将输入的电能转化为轴上的机械能输出。在稳定运行状态下，驱动转矩 T（电磁转矩）与轴上带的负载转矩 T_2 和空载转矩 T_0 始终处于平衡状态。从能量观点看，电动机稳定运行时是一个能量平衡系统，因此可以根据能量守恒原理导出其基本关系式。

5.4.1 直流电动机的基本方程

(1) 电动势平衡方程　根据如图 5-12 所示的他励直流电动机运行原理图，可以写出直流电动机稳态运行时的电动势平衡方程

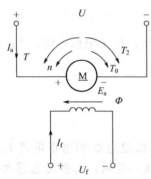

图 5-12　他励直流电动机运行原理图

$$U = E_a + I_a R_a \tag{5-7}$$

式(5-7) 说明，加在电动机电枢两端的电压是用于克服反电动势 E_a 和电枢回路总电阻压降 $I_a R_a$ 的，只要电动机在转动，反电动势 E_a 就存在。对于电动机状态，$E_a < U$。

(2) 功率平衡方程　当电动机进入稳定运行状态时，对于他励电动机，电动机从电网输入的电功率为 $P_1 = UI_a$，由励磁电源提供的励磁功率为 $P_f = U_f I_f$。电功率输入到电枢中，一部分在电枢绕组电阻上消耗掉（即铜耗 $p_{Cua} = I_a^2 R_a$），其余的功率成为电磁功率 $P_{em} = E_a I_a$，有

$$P_1 = p_{Cua} + P_{em} = I_a^2 R_a + E_a I_a \tag{5-8}$$

式中，R_a 为电枢回路总电阻。

电磁功率是在电磁转矩 T 的作用下，电枢所发出的全部机械功率 $T\Omega$，电磁功率转换成机械功率之后，不能全部都作为机械功率输出，因为还需补偿机械损耗 p_m、铁耗 p_{Fe} 和附加损耗 p_s，其余的功率才是电动机轴上输出的机械功率 P_2，所以

$$P_{em} = P_2 + p_{Fe} + p_m + p_s = P_2 + P_0 \tag{5-9}$$

式中，P_0 为空载损耗，$P_0 = p_m + p_{Fe} + p_s$。

由此可得他励直流电动机功率平衡方程为

$$P_1 = P_2 + p_{Cua} + p_m + p_{Fe} + p_s = P_2 + \sum p \quad (5\text{-}10)$$

式中，$\sum p = p_{Cua} + p_m + p_{Fe} + p_s$ 为电动机总损耗。

当电动机空载时，其电枢电流 I_0 很小，电机的铜耗 p_{Cua} 可忽略不计，此时电机的空载输入功率 P_0 就等于电机的不变损耗，即 $P_0 = p_m + p_{Fe} + p_s$。

他励直流电动机的功率流程图如图 5-13 所示。

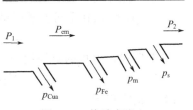

图 5-13 他励直流电动机的功率流程图

对于并励直流电动机，励磁功率由电网提供，包括在输入功率 P_1 中，即 $P_1 = p_{Cua} + p_{Cuf} + P_{em}$。

（3）转矩平衡方程　式(5-9) $P_{em} = P_2 + P_0$ 中，电磁功率 $P_{em} = T\Omega$，输出功率 $P_2 = T_2\Omega$，空载功率 $P_0 = T_0\Omega$，因此可得

$$T\Omega = T_2\Omega + T_0\Omega$$

所以有转矩平衡方程

$$T = T_2 + T_0 \quad (5\text{-}11)$$

5.4.2　直流发电机的基本方程

（1）电动势平衡方程　直流发电机接上负载以后，将在电枢绕组和负载所构成的回路中产生电流 I_a。I_a 与 E_a 的方向相同。图 5-14 所示为他励直流发电机运行原理图，若发电机输出的端电压为 U，则直流发电机稳定运行时的电动势平衡方程为

$$E_a = U + I_a R_a \quad (5\text{-}12)$$

可见，发电机的电动势 E_a 总是大于其端电压 U。

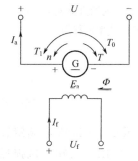

图 5-14 他励直流发电机运行原理图

（2）转矩平衡方程　直流发电机在稳态运行时，作用在电机轴上的所有转矩必须保持平衡，如图 5-14 所示。电机轴上共作用有 3 个转矩，T_1 为原动机拖动转矩，其方向与发电机转子转速 n 的方向一致；T 为电磁转矩，其方向与 n 相反，是制动转矩；T_0 为空载转矩，是电机的机械摩擦以及铁损耗引起的阻转矩，T_0 的方向永远与 n 的方向相反，也是制动转矩，因此直流发电机稳定运行时的转矩平衡方程为

$$T_1 = T + T_0 \quad (5\text{-}13)$$

（3）功率平衡方程和效率　电机是机电能量转换的器件，在能量转换过程中必然会有损耗，设 P_1 为输入功率，P_2 为输出功率，$\sum p$ 为总损耗，则功率平衡方程为

$$P_1 = P_2 + \sum p \quad (5\text{-}14)$$

总损耗 $\sum p$ 主要包括以下几部分。

① 铜耗 p_{Cu}　铜耗是指电流流过绕组导线时由电路的直流电阻引起的损耗。直流电机的铜耗主要有电枢回路铜耗和励磁回路铜耗，对于他励发电机，励磁损耗由励磁电源提供。

$$p_{Cu} = p_{Cua} + p_{Cuf} = I_a^2 R_a + I_f^2 R_f \quad (5\text{-}15)$$

② 铁耗 p_{Fe}　铁耗是电枢铁芯在磁场中旋转时，硅钢片中的磁滞与涡流产生的损耗属于不变损耗。

③ 机械损耗 p_m　机械损耗是指各运动部件的摩擦引起的损耗、如轴承摩擦、电刷摩擦、转子与空气的摩擦以及风扇所消耗的功率。当转速固定时，它几乎也是常数，所以可视为不变损耗。

④ 附加损耗 p_s　由于齿槽存在、漏磁场畸变引起的损耗。

p_{Fe}、p_m 和 p_s 在电机空载时就存在，所以称为空载损耗 P_0。

$$P_0 = p_m + p_{Fe} + p_s$$

综上所述，电机的总损耗为

$$\sum p = p_{Cua} + p_m + p_{Fe} + p_{Cuf} + p_s$$

则功率平衡方程为

$$P_1 = P_2 + P_{Cua} + p_m + p_{Fe} + p_{Cuf} + p_s = P_2 + \sum p \tag{5-16}$$

上式可写成

$$P_1 = P_{em} + P_0 \tag{5-17}$$

式中，P_{em} 为电磁功率，$P_{em} = P_2 + p_{Cua}$（不考虑励磁回路的铜损耗 p_{Cuf}）。

他励直流发电机的功率流程如图 5-15 所示。

直流发电机的功率关系也可由电动势平衡方程和转矩平衡方程推导而来。

把式(5-12)直流发电机电动势平衡方程两边乘以电枢电流 I_a，得

$$E_a I_a = U I_a + I_a^2 R_a$$

即

$$P_{em} = P_2 + p_{Cua} \tag{5-18}$$

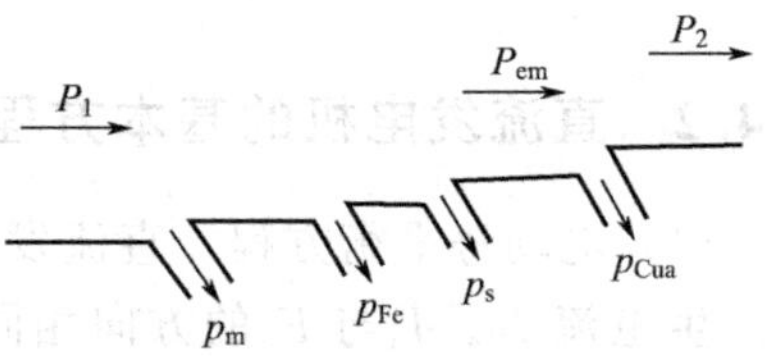

图 5-15　他励直流发电机的功率流程图

式中，$P_2 = U I_a$ 为直流发电机输出电功率；$P_0 = T_0 \Omega = p_m + p_{Fe} + p_s$ 为空载损耗。

直流发电机的效率 η 为

$$\eta = \frac{P_2}{P_1} \tag{5-19}$$

【例 5-4】　一台并励直流发电机，额定功率 $P_N = 20kW$，额定电压 $U_N = 230V$，额定转速 $n_N = 1500r/min$，电枢总电阻 $R_a = 0.156\Omega$，励磁回路总电阻 $R_f = 73.3\Omega$。已知机械损耗和铁耗 $p_m + p_{Fe} = 1kW$，忽略附加损耗，求额定负载情况下各绕组的铜损耗、电磁功率、总损耗、输入功率及效率各为多少？

解：额定电流

$$I_N = \frac{P_N}{U_N} = \frac{20 \times 10^3}{230} \approx 86.96(A)$$

励磁电流

$$I_f = \frac{U_N}{R_f} = \frac{230}{73.3} \approx 3.14(A)$$

电枢电流

$$I_a = I_N + I_f = 86.96 + 3.14 = 90.1(A)$$

电枢回路铜损耗

$$p_{Cua} = I_a^2 R_a = 90.1^2 \times 0.156 \approx 1266(W)$$

励磁回路铜损耗

$$p_{Cuf} = I_f^2 R_f = 3.14^2 \times 73.3 \approx 723(W)$$

电磁功率

$$P_{em} = P_2 + p_{Cua} + p_{Cuf} = 20000 + 1266 + 723 = 21989(W)$$

总损耗

$$\sum p = p_{Cua} + p_{Cuf} + p_{m} + p_{Fe} = 1266 + 723 + 1000 = 2989(W)$$

输入功率

$$P_1 = P_2 + \sum p = 20000 + 2989 = 22989(W)$$

效率

$$\eta = \frac{P_2}{P_1} = 1 - \frac{\sum p}{P_2 + \sum p} = 1 - \frac{2989}{22989} \approx 87\%$$

从以上分析可知，当 $E_a > U$ 时，有电功率输出，电机运行于发电机状态；当 $E_a < U$ 时，有电功率输入，电机运行于电动机状态。

5.5 直流电机的换向

直流电机电枢绕组中的电动势和电流都是交变的，通过旋转的换向器和静止的电刷形成机械整流作用，使直流电动机产生恒定的电磁转矩，使直流发电机在电刷两端获得直流电压。由于与电刷相邻的两个支路中绕组元件的电流方向是相反的，因此当电枢绕组旋转时，电枢绕组的每一个绕组元件依次从一个支路经过电刷被短路，然后进入另一条支路，元件中的电流就要随着改变方向，这一现象称为电流换向，简称"换向"。

换向不良时，将在电刷和换向器间产生有害的火花，当火花大到一定程度时，将烧灼换向器和电刷，使其表面粗糙并留下灼痕，严重时会导致电机不能正常工作，甚至引起事故。因此研究换向问题，设法将火花消除，十分重要。

5.5.1 换向过程

下面以单叠绕组为例来描述一个绕组元件里电流换向的过程，图 5-16 所示表示元件 1 的换向过程。图中电枢绕组以线速度 v 从右向左移动，电刷固定不动，观察图中元件 1 的电流换向的过程。

换向前：如图 5-16(a) 所示，电刷只与换向片 1 接触，元件 1 里流过的电流为图中所标方向，通过的电流为 $+i_a$。

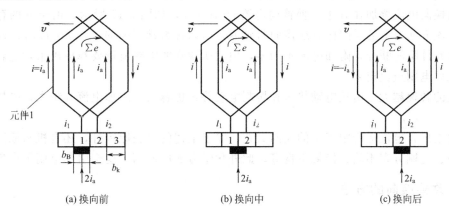

(a) 换向前   (b) 换向中   (c) 换向后

图 5-16　换向元件中电流换向的过程

换向中：如图 5-16（b）所示，当电枢转到使电刷和换向片 2 相接触时，元件 1 被电刷短接，由于换向片 2 接触了电刷，该元件里的电流被分流了一部分。

换向后：如图 5-16(c) 所示，当电刷仅与换向片 2 接触，换向元件 1 已经进入另一支路，其中电流也从换向前的方向变为换向后的反方向，元件 1 中通过的电流为 $-i_a$，完成了换向过程。

元件从开始换向到换向结束所经历的时间，称为换向周期 T_k，约为 $0.5\sim2\text{ms}$。直流电机在运行时，电枢绕组每个元件在经过电刷时都要经历上述的换向过程。

如果换向过程中换向元件不产生电动势，则换向元件中电流 i_L 的变化为一直线，这种换向称为直线换向，如图 5-17 中 i_L 所示。直线换向时，电机不会出现火花，所以也称为良好换向，仅是一种理想情况，实际情况并非如此。

5.5.2 换向元件中的电动势

在实际换向过程中，换向电流变化规律并不是如图 5-17 中 i_L 所示的理想情况。换向元件中还存在着以下两种感应电动势而会影响电流的换向。

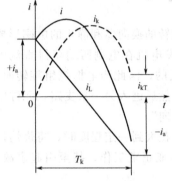

图 5-17 换向电流曲线

（1）电抗电动势 e_r　由于换向元件为线圈，且换向时换向元件的电流随时间变化，线圈中必有自感电动势 e_L。为了保证换向可靠，实际的电刷宽度比换向片宽度要大得多，在换向过程中有多个元件同时换向，因此在线圈中存在着互感电动势 e_M。把换向元件中出现的自感电动势 e_L 和互感电动势 e_M 合称为电抗电动势 e_r。

根据楞次定律，电抗电动势 e_r 具有阻碍换向线圈中电流变化的趋势。

（2）电枢反应电动势 e_a　换向元件位于几何中性线处，虽然主磁极的磁通密度为零，但电枢磁场的磁通密度不为零，因此换向元件必然切割电枢磁场，感应出电动势，称为电枢反应电动势（也称切割电动势）e_a。该电动势 e_a 也具有阻碍换向线圈中电流变化的趋势。

换向元件中存在两个同方向的电动势 e_r+e_a，在换向元件中产生附加的换向电流 i_k

$$i_k=\frac{e_r+e_a}{\sum r} \tag{5-20}$$

式中，$\sum r$ 为闭合回路的总电阻，主要是电刷与两换向片之间的接触电阻。

附加换向电流叠加在 i_L 上，使换向电流 $i=i_L+i_k$，如图 5-17 所示。由于 i_k 的存在，换向元件电流方向改变的时间比直线换向时延迟，所以称为延迟换向。当 $t=T_k$ 时，被电刷短接的换向元件瞬时断开，附加电流不为零，由它所建立的电磁能量要释放出来，它就以火花的形式从后电刷边放出来。

电机的转速越大，电抗电动势 e_r 和切割电动势 e_a 也越大，附加电流 i_k 越大，电机换向越困难。

必须指出，电机运行中产生的换向火花，除了上述的电磁原因外，还有机械原因，如换向器偏心、电刷分布不均、接触不良等。此外化学方面的原因，也会引起电刷下产生火花。

5.5.3 改善换向的方法

改善换向的方法都是从减小甚至消除附加电流 i_k 入手，从式（5-20）可知，若要减小附加电流，则应减小 e_r、e_a，增大 $\sum r$。

改善直流电机换向常用的方法如下。

（1）装设换向极　为改善换向，消除换向元件中电抗电动势和电枢反应电动势对换向的不利影响，采用装设换向极的办法。换向极设置在主磁极之间的几何中性线处，换向绕组与电枢绕组串联，由电枢电流励磁，换向极产生的磁场方向与电枢磁动势方向相反，抵消 $e_r +e_a$ 的作用，使附加电流 i_k 近似为零，达到改善换向的目的。

目前 1kW 以上的直流电机都装有换向极。

（2）选用合适的电刷　直流电机如果选用接触电阻大的电刷，可降低附加电流 i_k，有利于换向。但是也不能随意选用电阻大的电刷，因为接触电阻大，电刷与换向片间电压降会过大，电能损耗大，发热厉害。所以应综合考虑，一般来说，对于换向并不困难的中小型电机，通常采用石墨电刷；对于换向比较困难的电机，通常采用接触电阻大的碳-石墨电刷；对于低压大电流电机，则采用接触压降较小的青铜-石墨或紫铜-石墨电刷。

（3）补偿绕组　在负载变化剧烈的大型直流电机内，由于电枢反应的影响，有可能出现环火现象，即正、负电刷间出现电弧。如果电机出现环火，可能在很短的时间内损坏电机。防止环火出现的办法是在主磁极上安装补偿绕组，从而抵消电枢反应的影响。补偿绕组与电枢绕组串联，电枢电流流过补偿绕组，可以完全消除电枢反应，它产生的磁通势恰恰能抵消电枢反应磁通势，避免出现环火现象。补偿绕组实际只在大型的直流电机中使用。

【本章小结】

直流电机是根据电磁感应定律和电磁力定律工作的。在不同的外部条件下，电机中能量转换的方向是可逆的。如果从轴上输入机械能，电枢绕组中感应电动势大于端电压时，电机运行于发电机状态，将机械能转换成电能输出；如果从电枢输入电能，电枢绕组中感应电动势小于端电压时，电机运行于电动机状态，将电能转换成机械能从轴上输出。

直流电机的结构可分为定子、转子两部分。定子主要用于建立磁场，转子主要通过电枢绕组做能量转换。在电机外部看，直流电机的电压、电流和电动势是直流的，但每个绕组元件中的电压、电流和电动势都是交流的。这一转换过程是通过换向器和电刷实现的。

直流电机实现机电能量转换的媒介是气隙磁场。直流电机的气隙磁场由励磁磁势和电枢磁势共同产生，存在电枢磁势对气隙磁场的影响，即电枢反应。电枢反应的作用不仅使气隙磁场发生畸变，而且还会有一定的去磁作用。

直流电机按励磁方式可分为他励、并励、串励、复励。其中用得多的是他励、并励直流电机。

直流电机电枢电动势表示式为 $E_a = C_e \Phi n$，对于发电机，$E_a > U$，E_a 与 I_a 同方向；对于电动机，$E_a < U$，E_a 与 I_a 反方向。

直流电机的电磁转矩表达式为 $T = C_T \Phi I_a$。对于发电机，T 与转速 n 反方向，T 为制动转矩；对于电动机，T 与转速 n 同方向，T 为驱动转矩。

直流电机改善换向的主要方法是装设换向磁极。换向极的极性与电枢磁场的极性相反，换向极绕组和电枢绕组串联。

【思考题与习题】

5-1　直流电机的换向器在发电机和电动机中各起到什么作用？

5-2　直流电机有哪些主要部件？各起什么作用？

5-3　直流电机的感应电动势的大小与哪些因素有关？其方向如何判断？

5-4 直流电机的电磁转矩的大小与哪些因素有关？其方向如何判断？

5-5 直流电机的励磁方式有哪几种？各有什么特点？

5-6 什么是电枢反应？电枢反应对主磁极磁场有什么影响？

5-7 如何改变他励直流电动机的旋转方向？

5-8 换向极的作用是什么？装在什么位置？绕组如何连接？

5-9 一台直流电动机的铭牌数据如下：额定功率 $P_N = 55kW$，额定电压 $U_N = 110V$，额定转速 $n_N = 1000r/min$，额定效率 $\eta_N = 85\%$。试求该电动机的额定输入功率 P_1 和额定电流 I_N。

5-10 一台直流发电机的铭牌数据如下：额定功率 $P_N = 200kW$，额定电压 $U_N = 230V$，额定转速 $n_N = 1450r/min$，额定效率 $\eta_N = 90\%$。试求该发电机的额定输入功率 P_1 和额定电流 I_N。

5-11 并励直流发电机的端电压为 115V，电枢内电阻 $R_a = 0.05\Omega$，励磁回路电阻 $R_f = 25\Omega$，外电路负载电阻 $R_f = 1.44\Omega$，试求电枢电流及发电机电动势。

5-12 一台直流电机，极对数 $p = 2$，单叠绕组，电枢绕组总导体数 $N = 572$，气隙磁通 $\Phi = 0.015Wb$。(1) 当 $n = 1500r/min$ 时，求电枢绕组的感应电动势 E_a；(2) 当 $I_a = 30.4A$ 时，求电磁转矩 T。

5-13 一台他励直流电动机，$U_N = 220V$，$C_e = 12.4$，$\Phi = 1.1 \times 10^{-2}$ Wb，$R_a = 0.208\Omega$，$p_{Fe} = 362W$，$p_m = 204W$，$n_N = 1450r/min$，忽略附加损耗。(1) 判断这台电机是发电机运行还是电动机运行；(2) 求电磁转矩、输入功率和效率。

5-14 一台并励直流发电机，励磁回路电阻 $R_f = 44\Omega$，负载电阻 $R_L = 4\Omega$，电枢回路电阻 $R_a = 0.25\Omega$，端电压 $U = 220V$。试求：(1) 励磁电流 I_f 和负载电流 I；(2) 电枢电流 I_a 和电动势 E_a（忽略电刷电阻压降）；(3) 输出功率 P_2 和电磁功率 P_{em}。

5-15 一并励直流发电机的额定数据为 $p_N = 82kW$，$U_N = 230V$，$R_a = 0.0259\Omega$，$n_N = 930r/min$，励磁绕组电阻 $R_f = 26\Omega$，机械损耗和铁损耗之和 $p_{Fe} + p_m = 2.3kW$，附加损耗 $p_s = 0.01P_N$。求额定负载时：(1) 输入功率；(2) 电磁功率；(3) 电磁转矩；(4) 效率。

【自我评估】

一、填空题

1. 可用下列关系来判断直流电机的运行状态。当 _____ 时为电动机状态，当 _____ 时为发电机状态。

2. 直流发电机电磁转矩的方向和电枢旋转方向 _____，是 _____；直流电动机电磁转矩的方向和电枢旋转方向 _____，是 _____。

3. 直流电机的电磁转矩是由 _____ 和 _____ 共同作用产生的。

4. 直流电机的励磁方式可分为 _____、_____、_____、_____。

5. 单叠和单波绕组极对数均为 p 时，并联支路数分别为 _____，_____。

二、判断题（正确画"√"，错误画"×"）

1. 直流电机作为一种电能与机械能互换装置，既可作为直流发电机运行，也可以作为直流电动机运行。（ ）

2. 只有直流发电机才能产生电枢电动势，只有直流电动机才能产生电磁转矩。（ ）

3. 一台发电机和一台电动机的额定容量相同，如果额定电压相同，这两台电机的额定电流也一定相同。（ ）

4. 直流发电机中电刷间感应电动势和电枢绕组中的感应电动势均为直流电动势。（　　）

5. 直流电机的电枢绕组并联支路数等于极数，即 $2a=2p$。（　　）

6. 直流电动机中，电磁转矩的方向与励磁绕组的极性是无关的。（　　）

7. 直流电动机工作在电动状态下，电磁转矩与转速的方向始终相同。（　　）

8. 直流电机工作在任何运行状态下，感应电动势总是反电动势。（　　）

9. 一台并励直流电动机，若改变电源极性，则电机转向也改变。（　　）

三、选择题

1. 直流电动机是利用（　　）的原理工作的。

    （A）导体切割磁力线　　　　　　　　（B）电流的线圈产生的磁场

    （C）载流导体受力在磁场中运动　　　（D）电磁感应和载流导体在磁场中受力

2. 直流发电机主磁极磁通产生感应电动势存在于（　　）中。

    （A）电枢绕组　　　　（B）励磁绕组　　　　（C）电枢绕组和励磁绕组

3. 直流电机转子的主要部分是（　　）。

    （A）电枢　　　　　　（B）主磁极　　　　　（C）换向极　　　　　（D）电刷

4. 换向器在直流发电机中起（　　）的作用。

    （A）交流电变直流电　　　　　　　　（B）直流电变交流电

    （C）保护电刷　　　　　　　　　　　（D）产生转子磁通

5. 直流电机的换向极绕组必须与电枢绕组（　　）。

    （A）串联　　　　　　（B）并联　　　　　　（C）垂直　　　　　　（D）磁通方向相反

6. 某台直流电动机电磁功率为 18kW，转速为 $n=900\text{r/min}$，则其电磁转矩为（　　）N·m。

    （A）20　　　　　　　（B）60　　　　　　　（C）100　　　　　　（D）$600/\pi$

7. 直流电动机的额定功率是指额定运行时（　　）。

    （A）转轴上吸收的机械功率　　　　　（B）转轴上输出的机械功率

    （C）电枢端口吸收的电功率　　　　　（D）电枢端口输出的电功率

8. 直流电机运行在发电机状态时，其（　　）。

    （A）$E_a>U$　　　　　（B）$E_a=0$　　　　　（C）$E_a<U$　　　　　（D）$E_a=U$

四、计算题

1. 一台 6 极直流电机，单叠绕组，电枢总导体数 $N=398$，每极磁通 $\Phi=2.1\times10^{-2}$ Wb，分别求出下列转速时的电枢绕组电动势 E_a。（1）转速 $n=1500\text{r/min}$；（2）转速 $n=500\text{r/min}$。

2. 一台直流电动机铭牌数据如下：额定功率 $P_N=30\text{kW}$，额定电压 $U_N=220\text{V}$，额定转速 $n=1500\text{r/min}$，额定效率 $\eta_N=87\%$，求该电动机的额定电流和额定输出转矩。

3. 一台并励直流发电机，输出电压 $U=230\text{V}$，输出电流 $I=100\text{A}$，电枢电路电阻 $R_a=0.2\Omega$，励磁回路电阻 $R_f=115\Omega$，转速 $n=1500\text{r/min}$，空载转矩 $T_0=17.32\text{N·m}$，求发电机的输出功率 P_2、电磁功率 P_{em}、输入功率 P_1 和效率 η。

4. 一台他励直流电动机，额定电压 $U_N=220\text{V}$，额定电流 $I_N=10\text{A}$，额定转速 $n_N=1500\text{r/min}$，电枢回路电阻 $R_a=0.5\Omega$，试求：（1）额定负载时的电磁功率和电磁转矩；（2）保持额定时励磁电流及负载转矩不变而端电压下降到 190V，稳定后的电枢电流和转速。

第6章 直流电动机的电力拖动

【学习目标】

掌握：①直流电动机的机械特性；②生产机械负载转矩特性；③直流电动机启动、制动、调速的原理及方法。

了解：①电力拖动系统的运动方程式；②直流电动机的调速指标；③电动机调速时的容许输出。

6.1 电力拖动系统的运动方程及负载转矩特性

6.1.1 电力拖动系统的运动方程式

在电力拖动系统中，电动机有不同的种类和特性，生产机械的负载特性也各不相同，运动形式多种多样，但从动力学的角度上看，它们都服从动力学的统一规律，所以在分析电力拖动系统时，必须先分析电力拖动系统的动力学问题。

(1) 运动方程式 电力拖动系统的运动方程式描述了系统的运动状态，系统的运动状态取决于作用在原动机转轴上的各种转矩。当电动机直接与生产机械的工作机构相接时，称为单轴电力拖动系统，如图 6-1(a) 所示。下面分析单轴电力拖动系统的运动方程式。

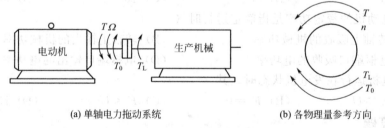

(a) 单轴电力拖动系统　　　　(b) 各物理量参考方向

图 6-1 单轴电力拖动系统及各物理量的参考方向

根据图 6-1(a) 画出转动系统各物理量的参考方向如图 6-1(b) 所示，设电动机的电磁转矩 T 与转速 n 方向相同，T 是驱动转矩；生产机械工作机构的转矩是负载转矩，负载转矩 T_L 与转速 n 的方向相反，T_L 为制动转矩；由于空载转矩 T_0 很小，可忽略。根据动力学定律，拖动系统旋转时的运动方程式为

$$T - T_L = J \frac{\mathrm{d}\Omega}{\mathrm{d}t} \tag{6-1}$$

式中，J 为系统的转动惯量，Ω 为旋转系统的角速度，$J \dfrac{\mathrm{d}\Omega}{\mathrm{d}t}$ 为系统的惯性转矩。

在实际分析问题中，经常用转速 n 代替角速度 Ω 来表示系统的旋转速度，用飞轮矩 GD^2 代替系统转动惯量 J 来表示系统的机械惯性。Ω 与 n 的关系、J 与 GD^2 的关系分别如下

$$\Omega = \frac{2\pi n}{60} \tag{6-2}$$

$$J = m\rho^2 = \frac{G}{g} \times \frac{D^2}{4} = \frac{GD^2}{4g} \qquad (6\text{-}3)$$

式中　m——系统转动部分的质量，kg；

　　　ρ——系统转动部分的回转半径，m；

　　　D——系统转动部分的回转直径，m；

　　　g——重力加速度，取 $g = 9.81 \text{m/s}^2$。

将式(6-2) 和式(6-3) 代入式(6-1)，化简得电力拖动系统运动方程的实用形式

$$T - T_L = \frac{GD^2}{375} \times \frac{\mathrm{d}n}{\mathrm{d}t} \qquad (6\text{-}4)$$

式中，$375 = 4g \times 60/(2\pi)$，是具有加速度量纲的系数；$GD^2$ 是系统转动部分的总飞轮矩，N·m^2，它是反映物体旋转惯性的一个整体物理量。电动机和生产机械的 GD^2 可从产品样本和有关设计资料中查到。

(2) 运动方程式中转矩正、负号的规定　在电力拖动系统中，随着生产机械负载类型和工作状况的不同，电动机的运行状态将发生变化，即作用在电动机转轴上的电磁转矩 T（拖动转矩）和负载转矩 T_L（阻转矩）的大小和方向都可能发生变化。因此运动方程式(6-4)中的转矩 T 和 T_L 是带有正、负号的代数量。在应用运动方程式时，必须注意转矩的正、负号。一般规定：首先选定电动机处于电动状态时的旋转方向为转速 n 的正方向，然后按照下列规则确定转矩的正、负号：

① 电磁转矩 T 与转速 n 的正方向相同时取正，相反时为负；

② 负载转矩 T_L 与转速 n 的正方向相反时取正，相同时为负；

③ 惯性转矩 $\dfrac{GD^2}{375} \times \dfrac{\mathrm{d}n}{\mathrm{d}t}$ 的大小及正、负号由 T 和 T_L 的代数和决定。

以上分析的是单轴电力拖动系统中转速与转矩之间的关系。实际的电力拖动系统往往不是单轴系统，而是通过一套传动机构把电动机和工作机构连接起来的多轴系统，如图 6-2(a)所示。电动机与负载之间装有变速装置，如齿轮减速箱、蜗轮蜗杆、带轮等。分析多轴系统的运动状态时，通常是把实际的多轴系统折算为一个等效的单轴系统。折算的原则是保持折算前后拖动系统传送的功率和储存的动能不变，如图 6-2(b) 所示。具体折算方法请参看其他书籍。

(3) 电力拖动系统运行状态　式(6-4)为单轴电力拖动系统的运动方程式，描述了作用于单轴拖动系统的转矩与转速变化率之间的关系，是分析电力拖动系统各种运行状态的基础。

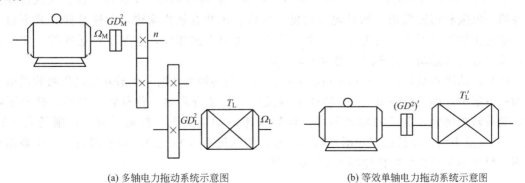

(a) 多轴电力拖动系统示意图　　　　　(b) 等效单轴电力拖动系统示意图

图 6-2　多轴电力拖动系统

根据式（6-4）可判断电力拖动系统的运动状态如下。

① 当 $T=T_L$ 时，$\dfrac{\mathrm{d}n}{\mathrm{d}t}=0$，$n=0$ 或 $n=$ 常数，电力拖动系统处于静止或稳定运行状态（稳态）。

② 当 $T>T_L$ 时，$\dfrac{\mathrm{d}n}{\mathrm{d}t}>0$，电力拖动系统处于加速运行状态（动态）。

③ 当 $T<T_L$ 时，$\dfrac{\mathrm{d}n}{\mathrm{d}t}<0$，电力拖动系统处于减速运行状态（动态）。

6.1.2 负载转矩特性

负载转矩特性是指生产机械的转速 n 与转矩 T_L 之间的关系，即 $n=f(T_L)$。各种生产机械特性大致可以分为以下三种类型。

（1）恒转矩负载特性　恒转矩负载是指负载转矩 T_L 的大小为一恒定值，与转速 n 无关，即无论转速 n 如何变化，负载转矩 T_L 的大小都保持不变。根据负载转矩的方向是否与转向有关，恒转矩负载又分为反抗性恒转矩负载和位能性恒转矩负载两种。

① 反抗性恒转矩负载　反抗性恒转矩负载的特点是：负载转矩的大小恒定不变，但负载转矩的方向总是与生产机械运行方向相反，即与转速的方向相反。当转速的方向改变时，负载转矩的方向也随之改变，即 $n>0$ 时，$T_L>0$；$n<0$ 时，$T_L<0$，但 T_L 的大小不变。其特性曲线如图 6-3 所示，这类负载的特性在第一象限和第三象限。反抗性恒转矩负载转矩是由摩擦阻力产生的，具有这类特性的负载有皮带运输机、轧钢机、机床的刀架平衡移动和行走机构等。

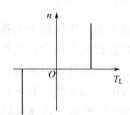

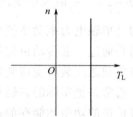

图 6-3　反抗性恒转矩负载特性　　　　图 6-4　位能性恒转矩负载特性

② 位能性恒转矩负载　位能性恒转矩负载的特点是：不论生产机械运动的方向变化与否，负载转矩的大小和方向始终不变，即 $n>0$ 时，$T_L>0$，负载转矩为制动转矩；$n<0$ 时，$T_L>0$，负载转矩为驱动转矩。位能性恒转矩负载转矩特性如图 6-4 所示，这类负载特性曲线在第一象限和第四象限。如对起重机提升机构、矿井卷扬机来说，无论是提升或下放重物，重力作用始终不变。在提升时，重力作用与动力方向相反，它是阻碍运动的；在下放时，重力方向与运动方向相同，变为驱动力矩。

（2）恒功率负载特性　恒功率负载的特点是：当转速变化时，负载从电动机吸收的电功率为一恒定值，即负载转矩 T_L 与转速 n 成反比。转速升高时，负载转矩减小；转速下降时，负载转矩增大，负载的功率不变。例如车床的切削加工，粗加工时，切削量大（T_L 大），切削阻力大，用低速挡切削；精加工时，切削量小（T_L 小），切削阻力小，用高速挡切削。恒功率负载转矩特性如图 6-5 所示，即

$$P_L=T_L\varOmega=T_L\,\frac{2\pi n}{60}=\frac{1}{9.55}T_L n=\text{常数} \tag{6-5}$$

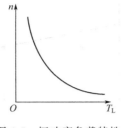

图 6-5　恒功率负载特性

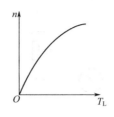

图 6-6　通风机负载特性

（3）通风机负载特性　通风机负载的特点是负载转矩的大小与转速 n 的二次方成正比，即

$$T_L = Kn^2 \tag{6-6}$$

式中，K 为比例常数。

常见的这类负载如鼓风机、压缩机、水泵、油泵等。属于这类负载的转矩特性如图 6-6 所示。

上述三种负载特性是从实际中概括出来的比较典型的负载转矩特性。实际生产机械的负载特性常常是几种典型特性的综合。例如，起重机提升机构，在提升重物时电动机所受到负载转矩，除位能性负载转矩外，还要克服系统机械摩擦产生的反抗性负载转矩。此时电动机轴上的负载转矩应是上述两个转矩之和。

6.2　他励直流电动机的机械特性

由电力拖动系统的运动方程式(6-4) 可知，电动机稳定运行时，起驱动作用的电磁转矩与负载转矩必须保持平衡，即大小相等，方向相反。当负载转矩 T_L 改变时，要求电磁转矩 T 也随之改变，以达到新的平衡关系，而电动机电磁转矩 T 的变化过程，就是电动机内部各电磁量达到新的平衡关系的过程，这个过程称为动态过程。动态调节过程的结果，必将引起电动机转速的改变。

直流电动机的机械特性是指当电源电压 U、电枢回路电阻 R_a 及主磁通量 Φ 一定时，电动机的转速 n 与电磁转矩 T 之间的关系，即 $n = f(T)$。机械特性是电动机的主要特性，是分析电动机启动、制动、调速等问题的重要工具。下面以他励直流电动机为例讨论机械特性。

6.2.1　他励直流电动机的固有机械特性

图 6-7 所示为他励直流电动机电路原理图。图中 U 为外施电源电压，I_a 是电枢电流，E_a 是电枢电动势，R_a 是电枢电阻，R_s 是电枢回路外串电阻，I_f 是励磁电流，Φ 是励磁主磁通，R_f 是励磁绕组电阻，R_{sf} 是励磁回路外串电阻。

将 $I_a = \dfrac{T}{C_T\Phi}$ 和电动势 $E_a = C_e\Phi n$ 代入电枢回路电动势平衡方程 $U = E_a + I_aR_a$ 中，可得机械特性表达式

$$n = \frac{U}{C_e\Phi} - \frac{R_a}{C_eC_T\Phi^2}T = n_0 - \beta T \tag{6-7}$$

式中　　n_0——理想空载转速，$n_0 = \dfrac{U}{C_e\Phi}$；

　　　　β——机械特性曲线的斜率，$\beta = \dfrac{R_a}{C_eC_T\Phi^2}$。

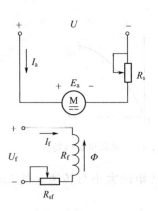

图 6-7　他励直流电动机电路原理图

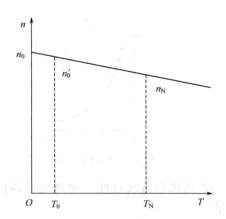

图 6-8　他励直流电动机的机械特性

其机械特性曲线如图 6-8 所示，由式(6-7) 可知，当 U、Φ、$R=R_a$ 为常数时，他励直流电动机的机械特性是一条向下倾斜的直线，β 越大，特性越软；β 越小，特性越硬。图中 n_0' 为实际空载转速。由图 6-8 可知，实际空载转速 n_0' 比理想空载转速 n_0 略低。这是因为电动机由于摩擦等原因，存在一定的空载转矩 T_0，空载运行时，必须存在一定的电磁转矩，以克服空载转矩 T_0，即空载运行时电磁转矩也不可能为零，而是 $T=T_0$，故实际空载转速为

$$n_0' = \frac{U}{C_e\Phi} - \frac{R_a}{C_e C_T \Phi^2} T_0 \tag{6-8}$$

当 $U=U_N$，$\Phi=\Phi_N$，$R=R_a(R_s=0)$ 时的机械特性称为直流电动机的固有机械特性。固有机械特性方程式为

$$n = \frac{U_N}{C_e\Phi_N} - \frac{R_a}{C_e C_T \Phi_N^2} T = n_0 - \beta_N T \tag{6-9}$$

在固有机械特性上，当电磁转矩 T 为额定转矩 T_N 时，转速也为额定转速 n_N，即

$$n = n_0 - \beta_N T_N = n_0 - \Delta n_N \tag{6-10}$$

此时，$\Delta n_N = \beta_N T_N$ 称为额定转速降落。

由于电枢回路电阻 R_a 很小，曲线斜率 β 很小，所以当电磁转矩 T 变化时，转速 n 变化不大，它是一条略微向下倾斜的直线，故固有机械特性为硬特性。

6.2.2　他励直流电动机的人为机械特性

人为地改变他励直流电动机的电枢电压 U、励磁电流 I_f、电枢回路所串接的电阻 R_s，所获得的机械特性称为人为机械特性。人为机械特性有三种，分述如下。

（1）电枢串电阻的人为机械特性　保持 $U=U_N$，$\Phi=\Phi_N$ 不变化，改变电枢回路外串的电阻 R_s 时所得到的机械特性，称为电枢串电阻的人为机械特性。

机械特性方程式为

$$n = \frac{U_N}{C_e\Phi_N} - \frac{R_a + R_s}{C_e C_T \Phi_N^2} T \tag{6-11}$$

电枢串电阻的人为机械特性如图 6-9 所示。由图 6-9 可见，理想空载转速 n_0 与电枢外串电阻无关，故理想空载转速 n_0 不变；而曲线斜率 β 随 R_s 的增大而增大，使机械特性变软，R_s 越大，特性越软，故机械特性是一组经过 n_0 且有不同斜率的直线。

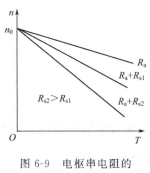
图 6-9　电枢串电阻的
人为机械特性

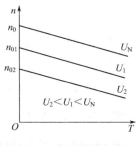
图 6-10　降压的人为特性

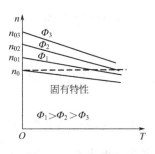
图 6-11　减弱磁通 Φ
时的人为机械特性

（2）降低电枢电压的人为机械特性　当保持 $\Phi=\Phi_N$，$R=R_a$ 时，降低电枢电压 U 所得到的机械特性方程式为

$$n=\frac{U}{C_e\Phi_N}-\frac{R_a}{C_e C_T\Phi_N^2}T \tag{6-12}$$

由于电动机的工作电压不能超过额定值，所以改变电压时，仅限于在额定电压的基础上降低电压。降压的人为机械特性如图 6-10 所示。与固有机械特性相比，降压时的斜率 β 不变化，与电压无关，但理想空载转速 n_0 与 U 成正比，n_0 随电压的降低而成正比地减小。因此降压的人为特性是位于固有特性下方、且与固有特性平行的一组直线。

（3）改变磁通的人为机械特性　改变磁通的人为机械特性是指保持 $U=U_N$，$R=R_a$，减小磁通 Φ 时所得到的人为特性。

调节励磁回路中可调电阻 R_{sf}，就可以改变励磁电流 I_f，即可以改变磁通 Φ 的大小。一般电动机在额定运行时磁通 Φ 已接近饱和，即使再增加很大的励磁电流，磁通也不会有明显的增加，且受发热限制，励磁电流不允许大幅增加，因此只能在额定值以下调节励磁电流，因此改变磁通的人为特性也称为弱磁的人为机械特性。机械特性方程式为

$$n=\frac{U_N}{C_e\Phi}-\frac{R_a}{C_e C_T\Phi^2}T \tag{6-13}$$

其特点如下：

① 理想空载转速 n_0 与磁通 Φ 成反比，因此减弱磁通 Φ 会使 n_0 上升；

② 斜率 β 与磁通 Φ 的平方成反比，因此减弱磁通 Φ 会使 β 加大，机械特性变软。

减弱磁通 Φ 的人为特性如图 6-11 所示，当 Φ 减小时，特性曲线将上移且变软。

6.2.3　他励直流电动机机械特性的求取

工程设计中通常是根据产品目录或电动机铭牌数据计算和绘制电动机的机械特性。

他励直流电动机的机械特性是直线，只要任意取两点，就可绘制机械特性。为方便起见，常选择下列两点：①理想空载点（$T=0$，$n=n_0$）；②额定负载点（$T=T_N$，$n=n_N$）。

（1）求取固有机械特性

① 经验法估算 R_a

$$R_a=\left(\frac{1}{2}\sim\frac{2}{3}\right)\frac{U_N I_N-P_N}{I_N^2} \tag{6-14}$$

② 用铭牌数据求 $C_e\Phi_N$、$C_T\Phi_N$

$$C_e\Phi_N=\frac{U_N-I_N R_a}{n_N} \tag{6-15}$$

$$C_T \Phi_N = 9.55 C_e \Phi_N \qquad (6-16)$$

③ 计算理想空载点

$$T = 0, \quad n_0 = \frac{U_N}{C_e \Phi_N}$$

④ 计算额定负载点

$$T_N = C_T \Phi_N I_N, \quad n = n_N$$

根据这两点 $\left(T = 0, \ n_0 = \dfrac{U_N}{C_e \Phi_N} \right)$ 和 $(T_N = C_T \Phi_N I_N, \ n = n_N)$，就可绘制电动机的固有特性曲线，求出 β 后，即可求出他励直流电动机的固有特性方程式 $n = n_0 - \beta T$。

（2）求取人为特性　在固有特性方程 $n = n_0 - \beta T$ 的基础上，根据人为特性所对应参数 U、Φ、R_s 的变化，重新计算 n_0 和 β，然后得 $(0, n_0)$，(T_N, n) 两点，即可求得人为特性方程。

【例 6-1】　他励直流电动机的额定数据为 $P_N = 15\text{kW}$，$U_N = 220\text{V}$，$I_N = 83\text{A}$，$n_N = 1640\text{r/min}$，试求：（1）电动机固有特性方程；（2）电动机实际空载转速。

解：（1）求固有特性方程

$$R_a = \frac{1}{2} \times \frac{U_N I_N - P_N}{I_N^2} = \frac{1}{2} \times \frac{220 \times 83 - 15000}{83^2} \approx 0.237(\Omega)$$

$$C_e \Phi_N = \frac{U_N - I_N R_a}{n_N} = \frac{220 - 83 \times 0.237}{1640} \approx 0.122$$

$$C_T \Phi_N = 9.55 C_e \Phi_N = 9.55 \times 0.122 \approx 1.165$$

$$n_0 = \frac{U_N}{C_e \Phi_N} = \frac{220}{0.122} \approx 1803(\text{r/min})$$

额定电磁转矩　　$T_N = C_T \Phi_N I_N = 1.165 \times 83 \approx 96.7(\text{N} \cdot \text{m})$

$$\beta = \frac{R_a}{C_e C_T \Phi_N^2} = \frac{0.237}{0.122 \times 1.165} \approx 1.667$$

固有特性方程为

$$n = n_0 - \beta T = 1803 - 1.667 T$$

（2）求实际空载转速

额定负载转矩　$T_{LN} = 9.55 \dfrac{P_N}{n_N} = 9.55 \times \dfrac{15000}{1640} \approx 87.35(\text{N} \cdot \text{m})$

$$T_0 = T_N - T_{LN} = 96.7 - 87.35 = 9.35(\text{N} \cdot \text{m})$$

$$n' = n_0 - \beta T_0 = 1803 - 1.667 \times 9.35 \approx 1787(\text{r/min})$$

【例 6-2】　利用上例中的他励直流电动机，试求：（1）电枢回路串电阻 $R_s = 0.53\Omega$ 时的人为特性方程及额定电磁转矩时电动机的转速；（2）电枢电压 $U = 0.5 U_N$ 时的人为特性方程及半载时电动机的转速；（3）磁通 $\Phi = 0.8\Phi_N$ 时的人为机械特性方程及额定负载时的转速。

解：（1）　　　　$\beta' = \dfrac{R_a + R_s}{C_e C_T \Phi_N^2} = \dfrac{0.237 + 0.53}{0.122 \times 1.165} \approx 5.4$

电枢回路串电阻时的人为特性方程

$$n = n_0 - \beta' T = 1803 - 5.4 T$$

额定电磁转矩时

$$T = T_N = 96.7 \text{N} \cdot \text{m}$$

于是电动机的转速为

$$n = n_0 - \beta T = 1803 - 5.4T = 1803 - 5.4 \times 96.7 \approx 1281 (\text{r/min})$$

（2）求电枢电压 $U = 0.5U_N$ 时的人为特性方程

$$n_0' = 0.5n_0 = 0.5 \times 1803 \approx 902 (\text{r/min})$$

$$n = n_0' - \beta T = 902 - 1.667T$$

半载时电动机的转速

$$n = n_0' - \beta T = 902 - 1.667T = 902 - 1.667 \times 0.5 \times 96.7 \approx 821 (\text{r/min})$$

（3）求 $\Phi = 0.8\Phi_N$ 时的人为特性方程

$$n_0'' = \frac{U_N}{0.8C_e\Phi_N} = \frac{220}{0.8 \times 0.122} \approx 2254 (\text{r/min})$$

$$\beta' = \frac{R_a}{C_eC_T(0.8\Phi_N)^2} = \frac{0.237}{0.8^2 \times 0.122 \times 1.165} \approx 2.6$$

$$n = n_0'' - \beta'T = 2254 - 2.6T$$

额定负载时的转速

$$n = n_0'' - \beta'T = 2254 - 2.6T = 2254 - 2.6 \times 96.7 \approx 2002 (\text{r/min})$$

6.3 他励直流电动机的启动

6.3.1 启动概述

直流电动机启动时，首先应在电动机的励磁绕组中通入励磁电流建立磁场，然后在电枢绕组中通入电枢电流，带电的电枢绕组在磁场中受到电磁力产生电磁转矩，电动机就随着电磁转矩转动起来了。

启动前应将励磁回路中的可变电阻 R_{sf} 调零，以保证电动机的磁通 Φ 达最大值，产生足够大的启动转矩 T_{st}。

直流电动机启动一般有如下要求：①启动转矩足够大，启动转矩要大于负载转矩，电动机才会有足够的加速度带负载顺利启动，且尽量缩短启动时间；②启动电流不能太大，要限制在一定的范围内；③启动设备要简单、可靠。

直流电动机不允许直接启动，因为他励直流电动机在额定电压下启动，启动的瞬间，$n = 0$，$E_a = C_e n\Phi = 0$，启动电流为

$$I_{st} = \frac{U_N - E_a}{R_a} = \frac{U_N}{R_a} \tag{6-17}$$

由于电枢回路电阻 R_a 很小，所以启动电流 I_{st} 很大，一般可达 $(10 \sim 20)I_N$。过大的启动电流会引起电网电压下降，影响同一电网上其他用户的正常运行；也会使电动机换向困难，在换向器表面产生强烈的火花甚至环火，烧坏电机；同时过大的启动转矩会损坏电枢绕组和传动机构。除了容量很小的电动机外，一般的直流电动机都不允许直接启动。

为了限制启动电流，他励直流电动机的启动通常采用降低电源电压或电枢回路串电阻两种启动方法。

6.3.2 降低电源电压启动

当电源电压可调时，可以采用降压方法启动，降低启动电流。启动时，以较低的电压启

动电动机，随着电机转速的增大，电枢电动势增大，再逐渐增加电压，使启动电流限制在一定范围内，最后把电压升到额定电压。

图 6-12(a) 所示是降低电源电压启动时的接线图。电动机的电枢由可调直流电源（直流发电机或可控整流器）供电。启动时，先将励磁绕组接通电源，并将励磁电流调到额定值，然后从低向高调节电枢回路的电压。启动瞬间加到电枢两端的电压 U_1 在电枢回路中产生的电流不应超过 $(1.5 \sim 2)I_N$。这时电动机的机械特性为图 6-12(b) 中的直线 1，此时电动机的电磁转矩大于负载转矩，电动机开始旋转。随着转速升高，E_a 增大，电枢电流 $I_a = (U_1 - E_a)/R_a$ 逐渐减小，电动机的电磁转矩也随着减小。当电磁转矩下降到 T_2 时，将电源电压提高到 U_2，其机械特性为图 6-12(b) 中的直线 2。在升压瞬间，n 不变，E_a 也不变，因此引起 I_a 增大，电磁转矩 T 增大，直到 T_3，电动机将沿着机械特性直线 2 升速。逐级升高电源电压，直到 $U = U_N$ 时电动机将沿着图中的点 $a \to b \to c \to \cdots \to k$，最后加速到 p 点，电动机在额定电压下稳定运行，降低电源电压启动过程结束。

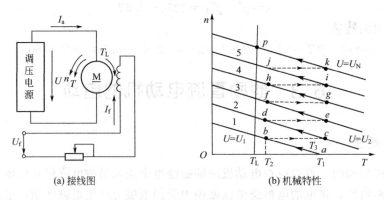

(a) 接线图　　　　　　　　(b) 机械特性

图 6-12　降低电源电压启动时的接线图及机械特性

值得注意的是在调节电源电压时，不能升得太快，否则会引起过大的冲击。

降压启动方法在启动过程中能量损耗小，启动平稳，便于实现自动化，但需配有专门的可调电源设备，增加了初投资。

6.3.3　电枢串电阻启动

他励直流电动机启动前应使励磁电流最大，使磁通最大，保证启动转矩的大小。启动时，在电枢回路中串接可调的启动电阻 R_{st}，将启动电流限制在允许范围 $I_{st} = (1.5 \sim 2)I_N$，启动电流为

$$I_{st} = \frac{U_N}{R_a + R_{st}} \tag{6-18}$$

在启动转矩的作用下，电动机开始转动并逐渐加速，随着转速的升高，电枢电动势 E_a 逐渐增大，电枢电流随之减小，转速上升的速度下降。为了缩短启动时间，保持启动时的加速度不变，需要在启动过程中维持电枢电流不变，因此随着转速的上升，应将启动电阻分级切除。启动完成后，启动电阻全部切除，电动机的转速达到运行值。

一般是在电枢回路中串接多级启动电阻，在启动过程中逐级切除。启动电阻的级数越多，启动过程就越快、越平稳，但所需的控制设备越复杂，所以一般启动电阻分为 $2 \sim 5$ 级。

图 6-13 所示为他励直流电动机三级电阻启动的启动电路。

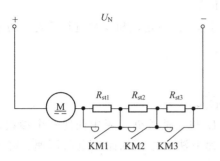
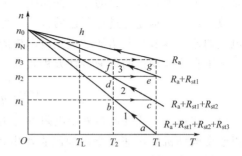

| 图 6-13 他励电动机三级电阻启动电路 | 图 6-14 三级电阻启动时机械特性 |

启动电阻分为三段：R_{st1}、R_{st2} 和 R_{st3}，接触器的三个动触点 KM1、KM2 和 KM3 分别并联在三个分级电阻上，通过控制电路控制接触器的动触点 KM1、KM2 和 KM3 依次闭合，实现分级启动。启动过程如下。

启动前，如图 6-13 所示，KM1、KM2 和 KM3 都断开。电动机启动时，首先给励磁绕组中通入额定的励磁电流，然后在电枢绕组两端加上额定电压，此时电枢回路总电阻是

$$R_3 = R_a + R_{st1} + R_{st2} + R_{st3}$$

启动电流 $I_{st} = I_1 = \dfrac{U_N}{R_3}$，启动转矩是 $T_{st} = T_1$，且 $T_1 > T_L$，此时的启动电流和启动转矩都达到最大值，接入全部启动电阻时的人为机械特性如图 6-14 所示中的曲线 1，电动机从 a 点开始启动。随着转速的上升，电动势 E_a 逐渐增大，电枢电流和电磁转矩逐渐减小，工作点沿曲线 1 向 b 点移动。当转速升到 n_1、电流降到 I_2、电磁转矩降到 T_2（如图 6-14 中的 b 点）时，KM3 闭合，切除电阻 R_{st3}，电枢回路电阻减少为 $R_2 = R_a + R_{st1} + R_{st2}$，与之对应的人为机械特性如图 6-14 中所示的曲线 2。在切除电阻瞬间，由于转速不能突变，所以电动机的工作点由 b 点沿水平方向变到曲线 2 上的 c 点。选择合适的各级启动电阻，可以使 c 点的电流仍为 I_1，这样电动机又在最大转矩 T_1 下加速，工作点沿曲线 2 移到 d 点，转速升到 n_2、电流降到 I_2、电磁转矩降到 T_2。此时闭合 KM2，切除电阻 R_{st2}，电枢回路电阻减小为 $R_1 = R_a + R_{st1}$，工作点由 d 点沿水平方向变到曲线 3 上的 e 点。e 点的电流仍为 I_1，电动机又在最大转矩 T_1 下加速。工作点沿曲线 3 移到 f 点，转速升到 n_3、电流降到 I_2、电磁转矩降到 T_2。此时闭合 KM1，切除最后一级电阻 R_{st1}，电枢回路电阻减小为 R_a，工作点由 f 点沿水平方向变到固有机械特性曲线上的 g 点，并加速到 h 点后稳定运行，启动过程结束。

在电动机的启动过程中，为减小启动时对系统的冲击，各级启动电流的计算应以在启动过程中最大启动电流 I_1（或最大启动转矩 T_1）及切换电流 I_2（或切换转矩 T_2）不变为原则。对普通直流电动机，通常取

$$I_1 = (2 \sim 2.5)I_N \tag{6-19}$$
$$I_2 = (1.1 \sim 1.2)I_N \tag{6-20}$$

各级启动电阻的计算可用图解法和解析法进行计算，具体计算方法可参阅其他书籍。

6.4 他励直流电动机调速

在生产实践中，有许多生产机械需要调速。例如龙门刨床在切削过程中，当刀具进刀和退出工件时要求较低的转速，切削过程用较高的速度，工作台返回时则用高速。又如轧钢机，在轧制不同品种和不同厚度的钢材时，也必须采用不同的速度。可见调节生产机械的速

度是生产工艺的要求，目的在于提高生产率和产品质量。

改变传动机构速比进行调速的方法，称为机械调速；改变电动机参数进行调速的方法称为电气调速。本节只介绍他励直流电动机的电气调速。

他励直流电动机的机械特性方程式为

$$n=\frac{U}{C_e\Phi_N}-\frac{R_a+R_s}{C_e\Phi C_T\Phi}$$

由上式可知，改变电枢外串电阻 R_s、电源电压 U 和主磁通 Φ 三者中任何一个参数，都可以改变电动机的转速，所以他励直流电动机的调速方法有电枢回路串电阻调速、降压调速、弱磁调速三种。

6.4.1 调速的性能指标

评价调速性能好坏的指标有以下几个，现分述如下。

(1) 调速范围　电动机在额定负载下运行时，可能运行的最高转速 n_{max} 与最低转速 n_{min} 之比，称为调速范围，用 D 表示，即

$$D=\frac{n_{max}}{n_{min}} \tag{6-21}$$

不同的生产机械对调速范围要求不同，例如车床要求 $D=20\sim120$，轧钢机要求 $D=3\sim20$。要扩大调速范围，必须提高 n_{max} 和降低 n_{min}。电动机的最高转速 n_{max} 受电动机机械强度、电压等级和换向等因素影响。最低转速 n_{min} 受到低速运行时相对稳定性的限制。

(2) 静差率（相对稳定性）　相对稳定性是指负载变化时，转速变化的程度。转速变化越小，相对稳定性越好。相对稳定性用静差率 δ 来表示。当电动机在某一机械特性上运行时，由理想空载到额定负载时出现的转速降 Δn_N 与理想空载转速 n_0 之比称为静差率 δ

$$\delta=\frac{\Delta n_N}{n_0}\times100\%=\frac{n_0-n_N}{n_0}\times100\% \tag{6-22}$$

δ 与机械特性的硬度和 n_0 有关。理想空载转速 n_0 相同的情况下，机械特性越硬，Δn_N 越小，则 $\delta\%$ 越小，相对稳定性就越好。在转速降相同时，如图 6-15 所示中的两条平行机械特性曲线 2 和 3，$\Delta n_2=\Delta n_3$，但是，$n_{02}>n_{03}$，所以它们的静差率不等，$\delta_3>\delta_2$。

调速范围 D 与静差率 δ 两个指标是相互制约的。在图 6-15 中的曲线 1 和 4 是电动机最高转速和最低转速时的机械特性，调速范围与最低转速静差率的关系为

$$D=\frac{n_{max}}{n_{min}}=\frac{n_{max}}{n_{0min}-\Delta n_N}=\frac{n_{max}}{\dfrac{\Delta n_N}{\delta}-\Delta n_N}=\frac{n_{max}\delta}{\Delta n_N(1-\delta)}$$

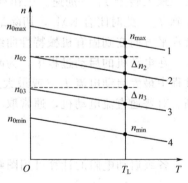

图 6-15　不同机械特性的静差率

$$\tag{6-23}$$

式中，Δn_N 为最低转速机械特性上的转速降；δ 为最低转速时的静差率，即系统的最大静差率。

由式(6-23) 可知，对静差率这一指标要求过高，即 δ 越小，相对稳定性越好，则调速范围 D 就越小；δ 越大，相对稳定性越差，则调速范围 D 越大。在保证 δ 在一定范围的前提下，要扩大 D，则须减小 Δn_N，即提高机械特性的硬度。

不同的生产机械对静差率的要求不同，普通车床要求 $\delta\leqslant30\%$，而精度高的造纸机械要求 $\delta\leqslant0.1\%$。

（3）调速的平滑性　在一定的调速范围内，调速的级数越多，调速越平滑。调速的平滑性用平滑系数 K 表示，平滑系数是指相邻两级（i 级和 $i-1$ 级）转速之比，即

$$K=\frac{n_i}{n_{i-1}} \tag{6-24}$$

K 越接近 1，调速的平滑性越好。若 $K=1$，则为无级调速。

此外调速指标还有衡量调速设备的投资、运行效率及维修费用的经济性指标等。

6.4.2　调速方法

（1）电枢回路串电阻调速　他励直流电动机拖动负载运行时，保持电源电压及主磁通不变，在电枢回路串入不同的电阻，电动机会得到不同的转速。图 6-16 所示为串电阻调速时的机械特性。

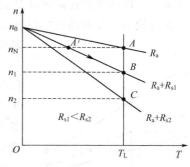

由图 6-16 可知，负载转矩 T_L 不变时，串入的电阻 R_s 越大，机械特性越软，转速越低。电枢电路中未串入电阻时，电机运行于固有机械特性 A 点，转速为 n_N，当串入 R_{s1} 瞬间，因转速不突变，工作点由 A 点跳到人为机械特性 A' 点，电磁转矩 T 小于负载转矩 T_L，转速沿机械特性下降，直到 B 点，$T=T_L$ 为止，电机转速下降到 n_1。同理，如果电枢回路串入电阻 R_{s2}，则转速下降到 n_2。可见，电枢回路串入不同的电阻值，可以实现调速。

图 6-16　电枢串电阻调速

对于恒转矩负载，调速前后的电磁转矩不变，由于磁通不变，电枢电流也不变化，因此输入的功率 $P_1=U_N I_a$ 保持不变，输出功率 $P_2 \propto T_L n$，随着转速下降而减少，减少的部分被串入的电阻消耗了，所以电枢串电阻调速属于耗能低效的调速方式，经济性差。

电枢回路串电阻调速特点如下：

① 转速只能从额定转速向下调节，机械特性变软，稳定性变差；

② 调速范围窄，一般额定负载时，$D=1\sim3$；

③ 调速电阻中消耗电能较多，损耗较大，效率较低，尤其是在低速运行时，所以不经济；

④ 调速电阻只能分段调节，所以是有级调速，平滑性差；

⑤ 调速设备简单、操作方便。

（2）降低电源电压调速（降压调速）　降低电源电压调速是保持电动机的磁通为额定值、电枢回路不串电阻，通过改变电枢电压来调节电动机转速的调速方式。电动机的电源电压不能超过额定电压，所以只能在额定电压以下进行调节，故也称降压调速。图 6-17 所示是降压调速的机械特性。

以他励电动机拖动恒转矩负载为例，分析降压调速的特点。电动机额定运行时，稳定运行于固有机械特性 A 点，转速为 n_N，电枢电压下降为 U_1 后，机械特性向下平移，由于降压瞬间转速不变，所以工作点移到 A' 点，此时电磁转矩小于负载转矩，电机开始减速，直到 B 点转速为 n_1 时，$T=T_L$，电机转速不再下降，电机以较低的转速 n_1 稳定运行。

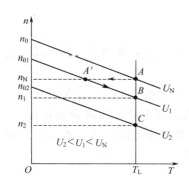

图 6-17　降低电源电压调速

降压调速的特点如下：

① 转速只能从额定转速向下调节，机械特性硬度不变，

稳定性好；

②　调速范围宽，调速的平滑性好，能实现无级调速，$D=2.5\sim12$；

③　电能损耗小，效率高；

④　需要一套能连续调节电压的直流电源，目前大多采用晶闸管可控整流器作为供电电源，设备费用较高。

降压调速性能优越，能实现无级平滑调速，在调速性能要求较高的电力拖动系统中广泛应用，如精密机床、轧钢机、造纸机等。

（3）弱磁调速　额定运行的电动机，其磁路已基本饱和，即使励磁电流增加很大，磁通也增加很少，从电动机的性能考虑也不允许磁路过饱和。因此，改变磁通只能是从额定值向下调节，所以调节磁通调速即是弱磁调速。

保持他励直流电动机电枢电压为额定电压、电枢回路不外串电阻、减小励磁电流使主磁通减少的调速方式称为弱磁调速。

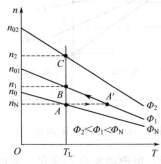

图 6-18　弱磁调速的机械特性

图 6-18 所示为弱磁调速时的机械特性。设电动机额定运行时，稳定运行于固有机械特性 A 点，转速为 n_N，当磁通由 Φ_N 减小为 Φ_1 后，n_0 增大为 n_{01}，机械特性曲线斜率增大，如图 6-18 中的 $n_{01}B$ 所示，机械特性向上移动且略为下斜。磁通减弱瞬间，转速由于惯性不突变，电枢电动势仍为 $E_a=C_e\Phi n$ 减小，而电枢电流 $I_a=(U_1-E_a)/R_a$ 却增大很多，使电磁转矩 $T=C_T\Phi I_a$ 大于负载转矩 T_L，工作点由 A 点移到 A' 点，电机开始加速。随着转速的上升，电动势 E_a 回升，电枢电流 I_a 和 T 回降，到达机械特性 B 点时，$T=T_L$、转速为 n_1，电机以 n_1（高于 n_N）稳定运行。

对于恒转矩负载，调速前后的电磁转矩不变，由于主磁通减少，所以调速后的稳态电枢电流大于调速前的稳态电枢电流。

由上分析可知弱磁调速有如下特点：

①　只能在额定转速以上调节，机械特性稍有变软，静差率基本保持不变，转速稳定性好；

②　在电流较小的励磁回路内进行调节，因此控制方便，功率损耗小；

③　用于调节励磁电流的变阻器功率小，可以较平滑地调节转速，如果采用连续可调的直流电源控制励磁电压进行弱磁，能实现无级调速；

④　由于转速受换向条件及机械强度的限制，所以调速范围不大，一般 $D=1\sim2$，特殊设计的弱磁调速电动机，则可升到 $D=3\sim4$；

⑤　调速设备投资小，控制和维护方便，较为经济。

在实际生产中，常把降压调速和弱磁调速配合起来使用，以实现双向调速，扩大调速范围。常用于大型机床中。

【例 6-3】　一台他励直流电动机，额定功率 $P_N=22kW$，额定电压 $U_N=220V$，额定电流 $I_N=115A$，额定转速 $n_N=1500r/min$，$R_a=0.1\Omega$，电动机拖动恒转矩负载额定运行时，要求把转速降到 $1000r/min$，忽略空载转矩，试计算：（1）用电枢串电阻调速，需要串入的电阻值为多少？（2）用降低电源电压调速，需要把电压降到多少？

解：（1）电枢串电阻调速，需串入电阻值的计算

先计算 $C_e\Phi_N$

$$C_e \Phi_N = \frac{U_N - I_N R_a}{n_N} = \frac{220 - 115 \times 0.1}{1500} = 0.139$$

理想空载转速为

$$n_0 = \frac{U_N}{C_e \Phi_N} = \frac{220}{0.139} \approx 1582.7 (\text{r/min})$$

额定转速降为

$$\Delta n_N = n_0 - n_N = 1582.7 - 1500 = 82.7 (\text{r/min})$$

串入电阻后的转速降落

$$\Delta n = n_0 - n = 1582.7 - 1000 = 582.7 (\text{r/min})$$

$T = T_N$ 时

$$\frac{R_a + R_s}{R_a} = \frac{\Delta n}{\Delta n_N}$$

所以

$$R_s = R_a \left(\frac{\Delta n}{\Delta n_N} - 1 \right) = 0.1 \times \left(\frac{582.7}{82.7} - 1 \right) \approx 0.605 (\Omega)$$

（2）降低电源电压的计算

降压后的理想空载转速

$$n_{01} = n + \Delta n_N = 1000 + 82.7 = 1082.7 (\text{r/min})$$

降压后的电源电压为 U_1，则

$$\frac{U_1}{U_N} = \frac{n_{01}}{n_0}$$

$$U_1 = \frac{n_{01}}{n_0} U_N = \frac{1082.7}{1582.7} \times 220 = 150.5 (\text{V})$$

【知识扩展】

6.4.3 容许输出和充分利用

（1）容许输出和充分利用　电动机的容许输出，是指电动机在某一转速下长期可靠工作时所能输出的最大转矩和功率。容许输出的大小主要决定于电机的发热，而电机的发热又主要决定于电枢电流 I_a。因此，在一定的转速下，对应额定电流时的输出转矩和功率便是电动机的容许输出转矩和功率。

电动机的充分利用是指在一定的转速下，电动机的实际输出转矩和功率达到了它的容许输出值，即电枢电流达到了额定值，$I_a = I_N$。

若 $I_a > I_N$，则实际输出转矩和功率将超过其容许值，电机将会因过热而烧坏；若 $I_a < I_N$，则实际输出转矩和功率将小于其容许值，电机便得不到充分利用而造成浪费。

（2）恒转矩与恒功率调速　以电机在各种转速下都能充分利用为条件，可以把他励直流电动机的调速分为恒转矩调速和恒功率调速两种方式。恒转矩调速方式是指电动机在调速过程中，保持电枢电流 $I_a = I_N$ 不变，电磁转矩也保持不变。恒功率调速是指电动机在某种调速过程中，保持电枢电流 $I_a = I_N$ 不变，电磁功率也保持不变。

他励直流电动机电枢串电阻调速和降压调速属恒转矩调速，弱磁调速属恒功率调速。

因为电枢串电阻调速和降压调速时，磁通 $\Phi = \Phi_N$ 保持不变，若 $I_a = I_N$，则其输出转矩为

$$T = C_T \Phi_N I_N = 常数 \tag{6-25}$$

因此其输出功率为

$$P=\frac{Tn}{9.55}=k_1 n \tag{6-26}$$

由此可见，电枢串电阻调速和降压调速时，电动机的输出转矩与转速 n 无关，而输出功率与转速成正比，所以电枢串电阻调速和降压调速属于恒转矩调速。

弱磁调速时，磁通 Φ 是变化的，若 $I_a=I_N$，则其输出的转矩为

$$T=C_T\Phi I_N=C_T\frac{U_N-I_N R_a}{C_e n}I_N=\frac{k_2}{n} \tag{6-27}$$

$$P=\frac{Tn}{9.55}=\frac{k_2}{9.55} \tag{6-28}$$

可见，弱磁调速时电动机的输出转矩 T 反比于转速 n，而输出功率与转速无关，因此弱磁调速称为恒功率调速。

（3）调速方式与负载类型的配合 电动机采用恒转矩调速方式时，如果拖动恒转矩负载，并且使电动机的额定转矩与负载转矩相等，那么不论运行在什么转速下，电动机的电枢电流 $I_a=I_N$ 不变，电动机既满足了负载的要求又得到了充分利用，说明恒转矩调速方式配恒转矩负载是一种理想的配合。

电动机采用恒功率调速方式时，如果拖动恒功率负载，并且使电动机的电磁功率为额定值不变，那么不论运行在什么转速下，电动机的电枢电流 $I_a=I_N$ 不变，电动机既满足了负载的要求又得到充分利用，说明恒功率调速方式配恒功率负载是一种理想的配合。

如果是恒转矩调速方式与恒功率负载相配合，为了使电动机在最高转速 n_{max} 和最低转速 n_{min} 之间的任何转速下都能长期可靠运行，必须使电磁转矩等于最低转速时的负载转矩，如图 6-19 所示，这样在其他转速下 $T_L<T$，电动机得不到充分利用，高速时电动机的容量有所浪费。这种情况下，电动机的调速方式与所拖动的负载是不相匹配的。

如果是恒功率调速方式与恒转矩负载相配合，为了使电动机在最高转速 n_{max} 和最低转速 n_{min} 之间的任何转速下都能长期可靠运行，必须使电磁转矩等于负载转矩，这样除了最高转速以外，其他转速下 $T_L<T$，如图 6-20 所示，电动机得不到充分利用，低速时电动机的容量有所浪费。这种情况下，电动机的调速方式与所拖动的负载也不相匹配。

对于泵与风机类负载，既不是恒转矩负载，也不是恒功率负载，采用恒转矩调速或恒功率调速都不能做到调速方式与负载相匹配。一般情况泵与风机类负载与恒转矩调速配合造成的浪费小于与恒功率调速配合。

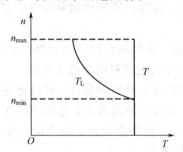

图 6-19 恒转矩调速方式配恒功率负载

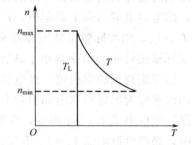

图 6-20 恒功率调速方式配恒转矩负载

通过以上的分析可得出如下结论：

① 电枢串电阻调速和降压调速属于恒转矩调速方式，适用于恒转矩负载；

② 弱磁调速属于恒功率调速方式，适用于恒功率负载；

③ 对于泵与风机类负载，采用电枢串电阻调速和降压调速比弱磁调速更合适一些。

6.5 他励直流电动机的制动

根据电磁转矩 T 与转速 n 方向之间的关系，可把电机分为两种运行状态。当电磁转矩 T 与转速 n 方向相同时，称为电动运行状态，当 T 与 n 方向相反时，称为制动运行状态。电动运行状态时，电磁转矩为驱动转矩，电机将电能转化为机械能，制动运行状态时，电磁转矩为制动转矩，电机将机械能转化为电能。

在电力拖动系统中，电动机经常需要工作在制动状态。许多生产机械工作时，需要快速停车（如可逆轧机）或者由高速运行迅速转为低速运行（如起重机下放重物、电车下坡等），这就要求电动机进行制动。

电力拖动系统的制动，通常采用机械制动和电气制动两种方法实现。机械制动是利用摩擦力产生的阻转矩来实现的，如电磁抱闸，但此种方法闸皮磨损严重，增加了维护工作量，所以对频繁启动、制动和反转的生产机械一般不采用机械制动，而是采用电气制动。电气制动就是让电动机产生一个和转速方向相反的电磁转矩来实现制动。电气制动方法便于控制，容易实现自动化，也比较经济。

他励直流电动机的电气制动有三种方法：能耗制动、反接制动和回馈制动。

6.5.1 能耗制动

图 6-21 是能耗制动接线图。保持磁通不变，当 KM1 闭合、KM2 断开时，电动机和电源相接，此时处于电动状态，电磁转矩 T 与转速 n 方向相同，电枢电流 I_a 为正值；将 KM1 断开，KM2 闭合，电动机脱离电源的同时在电枢回路串一制动电阻 R_B，此时电枢两端电压 $U=0$。在切换电路瞬间，由于机械惯性作用，电动机的转速不能突变，仍保持电动状态时的大小和方向，因此电枢电动势 E_a 的大小和方向不变，根据电动势平衡方程，可得制动时的电枢电流

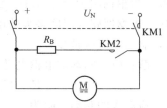

图 6-21　他励直流电动机能耗制动时接线图

$$I_B = \frac{-E_a}{R_a + R_B} < 0 \tag{6-29}$$

电枢电流为负值，说明电枢电流方向与电动状态时的方向相反，于是产生了反方向的电磁转矩 T，T 与 n 方向相反，形成制动转矩 T。在制动转矩作用下，电机开始减速，E_a 减小，I_B 减小，T 减小。当 $n=0$ 时，$E_a=0$，$I_B=0$，$T=0$，制动过程结束。

在制动过程中，由于 $U=0$，电动机与电源之间无能量转换关系，输入功率 $P_1=0$，电磁功率 $P_{em} = E_a I_B < 0$。能耗制动时，电机靠生产机械惯性力的拖动而发电，电动机将生产机械储存的动能转化为电能消耗在电阻 $R_a + R_B$ 上，直到电动机停止转动为止，所以这种制动方式称为能耗制动。

能耗制动的机械特性为

$$n = -\frac{R_a + R_B}{C_e C_T \Phi_N^2} T \tag{6-30}$$

能耗制动的机械特性如图 6-22 所示。它是一个通过坐标原点、位于第二象限的直线。设电动机制动前在固有特性的 A 点稳定运行，转速为 n_A，能耗制动瞬间，转速 n_A 不变，电动机的工作点由 A 平移到 B 点，在 B 点，$n>0$，电磁转矩 $T<0$，电磁转矩与转速方向相反，变为制动转矩，电动机就迅速减速，工作点沿 BO 下降，直到原点，电磁转矩和转速为

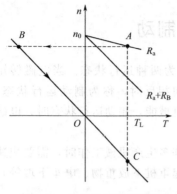

图 6-22　能耗制动机械特性

零。如果电动机拖动反抗性负载，电动机将停转。如果电动机拖动位能性负载，则电动机在位能负载作用下反向旋转并加速，制动转矩也不断增大，当制动转矩与负载转矩相平衡时，电动机便在某一转速下处于稳定的制动状态运行，即匀速下放重物，如图 6-22 中所示的 C 点。

改变制动电阻 R_B 的大小，可以改变起始制动转矩的大小以及下放位能负载时的稳定速度。R_B 越小，制动电流及制动转矩越大，制动效果越好，而下放位能负载的速度也越小。减小 R_B 可以增大制动转矩，缩短制动时间，提高工作效率。但制动电阻 R_B 太小，将会造成制动电流过大。

一般规定，制动开始时最大允许制动电流限制在 $I_B \leqslant$ $(2 \sim 2.5)I_N$。则制动电阻 R_B 应为

$$R_B \geqslant \frac{E_a}{I_B} - R_a \tag{6-31}$$

式中，E_a 为制动开始瞬间的电枢电动势。

能耗制动控制简单，运行可靠，且比较经济。由于制动转矩随转速的下降而减小，所以制动较平稳，便于准确停车，适用于要求准确停车的场合制动停车或提升装置匀速下放重物。

【例 6-4】　Z_2-92 型他励直流电动机，$P_N = 40kW$，$U_N = 220V$，$I_N = 210A$，$n_N = 1000r/min$，电枢内阻 $R_a = 0.07\Omega$，试求：（1）在额定负载下进行能耗制动，最大制动电流限制为 $2I_N$，电枢回路应串联多大的电阻？（2）能耗制动时的机械特性方程；（3）如果电枢直接短接，制动电流应是多大？

解：（1）制动前电枢电动势为

$$E_a = U_N - R_a I_N = 220 - 210 \times 0.07 = 205.3(V)$$

应串入的制动电阻为

$$R_B = \frac{E_a}{2I_N} - R_a = \frac{205.3}{2 \times 210} - 0.07 = 0.419(\Omega)$$

（2）

$$C_e \Phi_N = \frac{E_a}{n_N} = \frac{205.3}{1000} = 0.2053$$

$$C_T \Phi_N = 9.55 C_e \Phi_N = 9.55 \times 0.2053 = 1.96$$

所以机械特性方程为

$$n = -\frac{R_a + R_B}{C_e C_T \Phi_N^2} T = -\frac{0.419 + 0.07}{0.2053 \times 1.96} T = -1.215T$$

（3）如果电枢直接短接，制动电流为

$$I_B = -\frac{E_a}{R_a} = -\frac{205.3}{0.07} \approx -2933(A)$$

此电流约为额定电流的 14 倍，由此可见，能耗制动时，不允许直接将电枢短接，必须接入一定数值的制动电阻。

6.5.2　反接制动

反接制动分为电源反接制动和倒拉反转的反接制动两种。

（1）电源反接制动　图 6-23 所示是电源反接制动接线图。电源反接制动是在制动时将

电枢两端电压极性对调，同时还要在电枢回路串一制动电阻 R_B。当 KM1 闭合，KM2 断开时，电机动运行于电动状态。制动时，KM1 断开，KM2 闭合，电枢电压由原来的正值变为负值，同时电枢回路串一电阻 R_B，电枢电流为

$$I_B=\frac{-U-E_a}{R_a+R_B}=-\frac{U+E_a}{R_a+R_B}<0$$

由于电枢电流方向改变，电磁转矩方向也随之改变，变为负值，与电机转速方向相反，成为制动转矩，电动机进入电源反接制动状态。

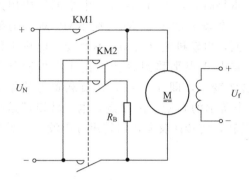

图 6-23 他励直流电动机电压反接制动电路图

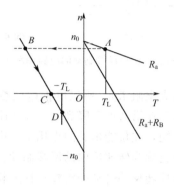

图 6-24 电源反接制动机械特性

电源反接制动的机械特性方程为

$$n=\frac{-U}{C_e\Phi}-\frac{R_a+R_B}{C_eC_T\Psi^2}T=-n_0-\frac{R_a+R_B}{C_eC_T\Phi^2}T \tag{6-32}$$

图 6-24 所示为电源反接制动的机械特性曲线，位于第二象限的直线部分。

电源反接制动前，电机运行于固有机械特性的 A 点。反接制动瞬间，转速由于惯性不突变，电动机工作点由 A 点平移到 B 点，电磁转矩反向，成为制动转矩，电机开始减速，沿机械特性的 BC 段下降，到达 C 点，$n=0$，制动过程结束。

在 C 点，$n=0$，但制动的电磁转矩不为零。若电动机拖动反抗性负载，C 点处的电磁转矩便成为电动机的反向启动转矩。当此启动转矩大于负载转矩时，电动机便反向启动，并一直加速到 D 点，进入反向电动状态下稳定运行。所以当制动的目的就是为了停车时，应在电动机转速 n 接近零时立即切断电源。

电源反接制动的效果与所串制动电阻 R_B 的大小有关，R_B 越小，电枢电流 I_a 越大，制动转矩 T 越大，制动过程越短，停车越快。制动过程的最大电枢电流，即工作在 B 点的电枢电流大小取决于电压 U、制动开始时的电动势 E_a 及电枢回路电阻 R_a+R_B。为了限制电压反接制动过程中的电流不超过允许值 $I_B=(2\sim2.5)I_N$，所选择的制动电阻 R_B 应为

$$R_B\geqslant\frac{U+E_a}{I_B}-R_a \tag{6-33}$$

电源反接制动过程中，电动机仍与电网连接，从电源仍输入电功率，同时随着转速的降低，系统存储的动能减少，减少的动能从电动机轴上输入也变成电枢回路的电功率，这两部分电功率全部消耗在电枢电路的电阻上，其能量损耗很大。

电源反接制动的制动转矩较大。但是制动过程中能量损耗大，在快速停车时，如果不及时切断电源，容易反转，不易实现准确停车。

电源反接制动适用于要求频繁正、反转的电力拖动系统进行制动。

（2）倒拉反转反接制动 图 6-25（a）所示是倒拉反转反接制动的电路图，它只适用于位

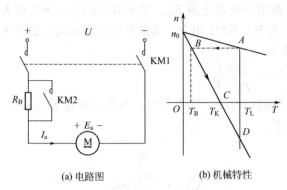

| (a) 电路图 | (b) 机械特性 |

图 6-25 倒拉反接制动的电路图和机械特性

能性恒转矩负载获得稳定的下放速度，即使电动机工作于限速制动运行状态。反接制动时在电枢回路中串入一个较大的制动电阻 R_B。

当电动机提升重物时，KM1 和 KM2 闭合，电动机在机械特性的 A 点稳定运行于电动机状态，如图 6-25（b）所示。下放重物时，将 KM2 断开，电枢回路中串入一个较大的电阻 R_B，在 KM2 断开的瞬间，电动机的转速 n_A 不突变，电机工作点由 A 点平移到 B 点。由于电枢回路串入一个较大电阻 R_B，所以电枢电流变小，电磁转矩变小，即 $T < T_L$。在负载重力的作用下，转速迅速沿特性下降到 $n=0$，如图 6-25（b）中所示的 C 点。在 C 点，电磁转矩还是小于负载转矩，在位能负载的作用下，电动机开始反转，使转速反向，但转矩方向没变，所以这种制动也称为转速反向的反接制动。

倒拉反转反接制动的机械特性方程

$$n = \frac{U}{C_e \Phi} - \frac{R_a + R_B}{C_e C_T \Phi^2} T = n_0 - \frac{R_a + R_B}{C_e C_T \Phi^2} T \tag{6-34}$$

由于电枢电路串接的电阻 R_B 较大，因此转速 n 为负值，机械特性在第四象限。

由图 6-25（b）可知，下放重物的速度可以因串入电阻的大小不同而异，制动电阻越大，下放速度越高。

可以推导制动电阻 R_B 的计算公式为

$$R_B = \frac{U_N - E_a}{I_B} - R_a = \frac{U_N - C_e \Phi_N (-n)}{I_B} - R_a \tag{6-35}$$

式中，I_B 是倒拉反接制动时的电枢电流（$I_B > 0$），其大小由负载转矩决定。

倒拉反接制动的电枢回路串入较大电阻，其机械特性软，转速稳定性差，能量损耗较大。倒拉反接制动的能量关系与电枢反接制动时相同，区别仅在于机械能的来源。倒拉反接制动运行中的机械能来自负载的位能，因此此种制动方式不能用于停车，只能用于位能性负载下放重物。

6.5.3 回馈制动

若在外部条件的作用下，使电动机的转速高于理想空载转速，即 $n > n_0$ 时，电动机即可运行在回馈制动状态。

电动状态下运行的电动机，在某种条件作用下 $E_a > U$，电枢电流反向，电磁转矩的方向随着改变，由驱动转矩变为制动转矩，电机进入制动状态。从能量传递方向看，电机处于发电状态，由机械能变为电能回馈电网，因此称为回馈制动状态。

当电动机拖动机车下坡时出现的回馈制动如图 6-26 所示。机械特性位于第二象限的 $n_0 A$ 段，$n > n_0$，为正向回馈制动，A 点是电动机处于正向回馈制动的稳定运行点，表示机车以恒定的速度下坡。机械特性位于第四象限的 $-n_0 B$ 段，$|n| > |-n_0|$，为反向回馈制动，当电动机拖动起重机下放重物时出现的回馈制动，表示位能负载匀速下放重物。

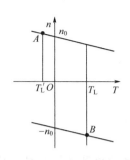
图 6-26　回馈制动机械特性

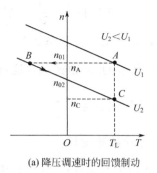
(a) 降压调速时的回馈制动

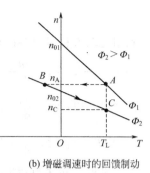
(b) 增磁调速时的回馈制动

图 6-27　过渡过程的回馈制动

图 6-27(a) 和图 6-27(b) 分别是降低电枢电压调速过程和弱磁状态下增磁调速过程所出现的回馈制动。属于过渡过程中的回馈制动过程。

在图 6-27(a) 中，A 点是电动状态运行工作点，对应电压为 U_1，转速为 n_A，降压调速时，电压降为 U_2，因转速不变，工作点由 A 点平移到 B 点，此后工作点在降压人为特性的 Bn_{02} 段上变化，电机处于回馈制动过程，这一过程加快电机减速的作用。当转速降到 n_{02} 时，制动过程结束。从 n_{02} 到 C 点过程为电动减速过程，n_C 为降压后的稳定运行转速。

在图 6-27(b) 中，A 点是电动状态运行工作点，对应磁通为 Φ_1，转速为 n_A，增磁调速时，磁通增人为 Φ_2，因转速不变，工作点由 A 点平移到 B 点，此后工作点在增磁人为特性的 Bn_{02} 段上变化，电机进入回馈制动过程，这一过程加快电机减速的作用。当转速降到 n_{02} 时，制动过程结束。从 n_{02} 到 C 点过程为电动减速过程，n_C 为增磁后的稳定运行转速。

回馈制动时，由于有功功率回馈到电网，因此与能耗制动和反接制动相比，回馈制动的经济性较高。

【例 6-5】　一台他励直流电动机，额定功率 $P_N = 40kW$，额定电压 $U_N = 220V$，额定电流 $I_N - 210A$，额定转速 $n_N = 1000r/min$，$R_a = 0.07\Omega$。电动机拖动位能性负载 $T_L = 0.5T_N$，下放重物，在固有机械特性上进行回馈制动，求稳定转速为多少？

解：

$$C_e\Phi_N = \frac{U_N - I_N R_a}{n_N} = \frac{220 - 210 \times 0.07}{1000} = 0.2053$$

$$C_T\Phi_N = 9.55 C_e\Phi_N = 9.55 \times 0.2053 \approx 1.96$$

$$n_0 = \frac{U_N}{C_e\Phi} = \frac{220}{0.2053} \approx 1072(r/min)$$

$$T_L = 0.5T_N$$

则可认为

$$I_a = 0.5 I_N = 0.5 \times 210 = 105(A)$$

因为下放重物，所以转速位丁第四象限

$$n = -n_0 - \frac{R_a I_a}{C_e\Phi_N} = -1072 - \frac{0.07 \times 105}{0.2035} \approx -1108(r/min)$$

【本章小结】

电力拖动系统是以电动机作为原动机来拖动生产机械工作的运动系统。电力拖动系统主要研究电动机与所拖动的生产机械之间的关系。电力拖动系统的运动方程为

$$T - T_L = \frac{GD^2}{375} \times \frac{dn}{dt}$$

利用运动方程可以判断拖动系统的运行状态如下：

① 当 $T = T_L$ 时，$\frac{dn}{dt} = 0$，系统静止或恒速稳定运行；

② 当 $T > T_L$ 时，$\frac{dn}{dt} > 0$，系统加速运行；

③ 当 $T < T_L$ 时，$\frac{dn}{dt} < 0$，系统减速运行。

生产机械的转速与转矩之间的关系 $n = f(T_L)$ 称为生产机械的负载转矩特性。生产机械的负载转矩特性大致分为恒转矩负载（包括反抗性和位能性两种）、恒功率负载和风机与泵类负载。实际的生产机械往往是以某种类型负载为主，同时兼有其他类型的负载。

他励直流电动机的转速与电磁转矩之间的关系 $n = f(T)$ 称为电动机的机械特性。

机械特性方程式为

$$n = \frac{U}{C_e \Phi} - \frac{R_a}{C_e C_T \Phi^2} T = n_0 - \beta T$$

当 $U = U_N$、$\Phi = \Phi_N$、电枢回路不串电阻时的机械特性称为固有机械特性，改变 R_a、U 或 Φ 三个参数中任意一个时所获得的机械特性称为人为机械特性。电枢回路串入电阻 R_s 时，n_0 不变，β 变大，机械特性变软；降低电压时，n_0 下降，β 不变，机械特性曲线向下平移；减少磁通 Φ 时，n_0 增大，β 变大，特性变软，机械特性向上移。

他励直流电动机的电枢电阻很小，直接启动时的启动电流很大，所以不允许全压直接启动。为了减小启动电流，通常采用电枢串电阻启动或降低电枢电压启动。

直流电动机的电力拖动被广泛应用的主要原因是它具有良好的调速性能。直流电动机的调速方法有降低电枢电压调速、电枢串电阻调速和弱磁调速三种。降压调速可实现转速的无级调节，机械特性硬度不变，调速稳定性好，调速平滑，调速范围宽。电枢串电阻调速时，机械特性较软，低速时静差率大且损耗大，平滑性差，调速范围也较小，弱磁调速也可实现无级调速，能量损耗小，但转速在额定转速以上调节，因此调速范围受到限制。串电阻调速和降压调速属于恒转矩调速方式，适合于拖动恒转矩负载；弱磁调速属于恒功率调速方式，适合于拖动恒功率负载。

当电磁转矩与转速方向相反时，电动机处于制动状态。他励直流电动机的制动能够使电动机快速停车，或位能性负载匀速下放重物。他励直流电动机的制动方法有三种，即能耗制动、反接制动（包括电源反接制动和倒拉反接制动两种）和回馈制动。能耗制动控制设备简单、制动平稳可靠，制动效果不强烈，适于平稳、准确停车的场合和低速匀速下放重物。电源反接制动的制动转矩大，制动强烈，但能量损耗大，当转速降为零时必须及时切断电源，否则可能反转，适用于迅速停车或快速反转的场合。倒拉反接制动，设备简单，操作方便，但机械特性较软，转速稳定性差，能量损耗大，适用于低速匀速下放重物。回馈制动的能量损耗小，比较经济，但转速高于理想空载转速，只适用于高速下放重物。

【思考题与习题】

6-1　什么是电力拖动系统？电力拖动系统由哪几部分组成？

6-2　写出电力拖动系统运动方程，并说明该方程式中转矩正、负号的确定方法。

6-3　如何判断电力拖动系统什么情况下处于稳定运行状态、加速运行状态和减速运行状态？

6-4 生产机械的负载转矩特性常见的有哪几类？分别画出其特性曲线？

6-5 他励直流电动机固有机械特性和人为机械特性各有何特点？

6-6 他励直流电动机为什么不能直接启动？有哪几种启动方法？

6-7 他励直流电动机正常运行时的电枢电流由哪些因素决定？启动电流由哪些因素决定？

6-8 他励直流电动机有哪几种制动方式？这几种制动方式都是如何实现的？

6-9 他励直流电动机有哪几种调速方式？各有什么特点？电动机调速的性能指标有哪些？

6-10 为什么要考虑调速方式与负载类型的配合？怎样配合才合理？

6-11 一台他励直流电动机，额定功率 $P_N=110kW$，额定电压 $U_N=440V$，额定电流 $I_N=276A$，额定转速 $n_N=1500r/min$，电枢回路总电阻 $R_a=0.0807\Omega$，忽略磁路饱和的影响和电枢反应的影响，试求：（1）理想空载转速；（2）固有机械特性的斜率；（3）额定转速降；（4）电动机拖动恒转矩负载 $T_L=0.8T_N$ 运行时，电动机的转速、电枢电流和电枢电动势。

6-12 一台他励直流电动机，额定功率 $P_N=96kW$，额定电压 $U_N=440V$，额定电流 $I_N=250A$，额定转速 $n_N=1500r/min$，电枢回路电阻 $R_a=0.078\Omega$，忽略电枢反应和磁路饱和的影响，试求：（1）电动机的固有机械特性表达式；（2）当 $U=220V$ 时的人为机械特性表达式；（3）电枢回路串入电阻 $R_s=0.5\Omega$ 时的人为机械特性表达式。

6-13 一台他励直流电动机，额定功率 $P_N=10kW$，额定电压 $U_N=110V$，额定转速 $n_N=1500r/min$，电枢回路总电阻 $R_a=0.96\Omega$，额定效率 $\eta_N=84\%$，试计算：（1）直接启动时的启动电流 I_{st} 是额定电流的多少倍？（2）如果启动时要求启动电流限制在 $1.5I_N$，则电枢电路应串入多大电阻？

6-14 一台他励直流电动机，额定功率 $P_N=5.5kW$，额定电压 $U_N=160V$，额定电流 $I_N=47.1A$，额定转速 $n_N=1520r/min$，采用降低电压启动，试问若要求启动电流不超过额定电流的 2 倍，电枢电压至少要降到多少？

6-15 一台他励直流电动机，额定功率 $P_N=3kW$，额定电压 $U_N=110V$，额定电流 $I_N=35.2A$，额定转速 $n_N=750r/min$，电枢回路电阻 $R_a=0.35\Omega$，电动机原工作在电动状态下，电机允许的最大电流为 $2I_N$，试问：（1）若采用能耗制动停车，电枢回路应串入的电阻是多大？（2）若采用电源反接制动停车，电枢回路串入的电阻是多大？用两种制动方法制动到 $n=0$ 时，电磁转矩各是多大？（3）要使电动机以 $-500r/min$ 的转速下放位能负载，$T_L=T_N$，采用能耗制动时电枢应串入多大的电阻？

6-16 一直流他励电动机额定数据：$P_N=13kW$，$U_N=220V$，$I_N=68.6A$，$n_N=1500r/min$，$R_a=0.225\Omega$，试求：（1）当轴上带额定恒转矩负载，在电枢绕组中串入 1Ω 的调节电阻时，电机的转速是多少？（2）如用降压方法调速，将转速降低至 $750r/min$，负载仍为额定恒转矩负载，所加的电枢电压为多少？

6-17 一台他励电动机的额定数据为 $P_N=22kW$，$U_N=220V$，$I_N=115A$，$n_N=1500r/min$，$R_a=0.1\Omega$，负载为额定恒转矩负载，要求把转速降低到 $1000r/min$，试计算：（1）用电枢串电阻调速时需串入的电阻值；（2）用降低电源电压调速时需把电源电压降低到多少伏？（3）上述两种情况下拖动系统输入的电功率和输出的机械功率。

【自我评估】

一、填空题

1. 电力拖动系统的运动方程为＿＿＿＿＿＿，在＿＿＿＿＿＿情况下，系统处于减速运动状态。

2. 生产机械的负载转矩特性分为三类，分别是_____负载特性、_____负载特性、_____负载特性。

3. 直流电动机为了限制_____，采用_____和_____启动方法。

4. 他励直流电动调速方法有_____、_____、_____，他励直流电动机的三种调速方法中，_____调速方法效率最低。

5. 减小直流电动机的励磁电流，使主磁通 Φ 减小，电动机的转速将_____。

6. 直流电动机调速时，在励磁回路中增加调节电阻，可使转速_____，而在电枢回路中增加调节电阻，可使转速_____。

7. 他励直流电动机的电气制动有三种方法，分别是_____、_____和_____。

8. 直流电动机的反接制动分为_____和_____。

9. 他励直流电动机采用能耗制动时，能耗制动电阻 R_B 越_____，制动电流及制动转矩越大，制动效果越好。

二、判断题（正确画"√"，错误画"×"）

1. 直流电动机的电磁转矩是驱动性质的，所以大的电磁转矩对应的转速就高。（　　）

2. 直流电动机的人为机械特性都比固有机械特性软。（　　）

3. 他励（或并励）直流电动机若采用弱磁调速，其理想空载转速将不变，而其机械特性的硬度将增加。（　　）

4. 直流电动机启动时，常在电枢电路中串入启动电阻，其目的是为限制启动电流。（　　）

5. 直流电动机采用电枢串电阻启动，在启动过程中每切除一级启动电阻时，电枢电流都将突变。（　　）

6. 他励直流电动机的调速方法中，弱磁调速特别适合恒转矩的调速场合。（　　）

7. 他励直流电动机在固有特性上进行弱磁调速，只要负载不变，电动机转速将会升高。（　　）

8. 他励直流电动机降低电源电压调速和减小磁通调速都可以做到无级调速。（　　）

9. 他励直流电动机回馈制动时应满足 $n > n_0$。（　　）

10. 为了快速停车，采用电源反接制动到 $n = 0$ 时应及时切断电源，否则电动机会反向运转。（　　）

三、单项选择

1. 直流电动机的机械特性描述了（　　）的对应关系。
   (A) 速度与电压　　(B) 速度与电流　　(C) 转矩与电压　　(D) 速度与转矩

2. 他励直流电动机的机械特性为硬特性，当电动机负载增大时，其转速（　　）。
   (A) 下降很多　　(B) 下降很少　　(C) 不变　　(D) 略有上升

3. 当调节（　　）时，他励直流电动机机械特性上的理想空载转速和斜率都将发生变化。
   (A) 电枢回路电阻　(B) 电源电压　　(C) 励磁磁通　　(D) 负载转矩

4. 以下哪种人为因素不致使直流电动机的机械特性硬度变化？（　　）
   (A) 电枢回路串电阻 (B) 改变电枢电压 (C) 减弱磁场 　(D) 增大励磁电流

5. 已知某台直流电动机电磁功率为 9kW，转速为 $n = 900 \text{r/min}$，则其电磁转矩为（　　）N·m。
   (A) 10　　　　(B) 30　　　　(C) 100　　　　(D) $300/\pi$

6. 他励直流电动机在运行时励磁绕组断开了，电动机将（　　）。

    （A）飞车   （B）停转

    （C）可能飞车，也可能停转   （D）正常运行

7. 启动直流电动机时，励磁回路应（　　）电源。

    （A）与电枢回路同时接入   （B）比电枢回路先接入

    （C）比电枢回路后接入   （D）可随时接入

8. 他励直流电动机采用电枢回路串电阻启动或降低电源电压启动，目的是（　　）。

    （A）使启动过程平稳（B）降低启动电流（C）降低启动转矩（D）增加主磁通

9. 直流电动机在串电阻调速过程中，若负载转矩保持不变，则（　　）保持不变。

    （A）输入功率   （B）输出功率   （C）电磁功率   （D）电动机的效率

10. 他励直流电动机在所带负载不变的情况下稳定运行。若此时增大电枢回路的电阻，待重新稳定运行时，电枢电流和电磁转矩（　　）。

    （A）增加   （B）不变

    （C）减少   （D）一个增加一个减少

11. 若使他励直流电动机的转速降低，应使电枢回路中串的电阻值（　　）。

    （A）变大   （B）不变   （C）变小   （D）视具体情况而定

12. 他励直流电动机串电阻调速，是在（　　）中进行的。

    （A）控制回路   （B）电枢回路   （C）励磁回路   （D）附加回路

13. 他励直流电动机采用调压调速时，电动机的转速是在（　　）额定转速范围内调整的。

    （A）小于   （B）大于   （C）等于   （D）2～3倍

14. 直流电动机采用反接制动时，机械特性曲线位于第（　　）象限。

    （A）一   （B）二   （C）三   （D）四

四、简答题

1. 画出恒转矩负载和恒功率负载的转矩特性曲线。

2. 他励直流电动机的启动电流取决于哪些因素？正常运行时的电枢电流大小又取决于哪些因素？

3. 并励直流电动机在运行时励磁回路突然断线会有什么后果？若在启动时断线又会怎样？

五、计算题

1. 一台 Z2-62 他励直流电动机，$P_N = 10kW$，$U_N = 220V$，$I_N = 53.8A$，$n_N = 1500r/min$，$R_a = 0.286\Omega$，试计算：（1）全压启动时的启动电流；（2）在额定磁通下启动的启动转矩（忽略空载转矩 T_0）；（3）若采用降压启动，限制启动电流不超过 100A，启动电压应为多少？（4）若采用电枢回路串电阻启动，则启动开始时应串入多大电阻？

2. 一台他励直流电动机，$P_N = 5.6kW$，$U_N = 220V$，$I_N = 31A$，$n_N = 1000r/min$，$R_a = 0.4\Omega$，负载转矩 $T_L = 49N \cdot m$，电枢电流不超过 2 倍额定电流（忽略空载转矩 T_0）。试计算：（1）电动机拖动反抗性负载，采用能耗制动停车，电枢回路应串入的制动电阻最小值是多少？若采用电源反接制动，电阻的最小值是多少？（2）电动机拖动位能性恒转矩负载，要求以 300r/min 速度下放重物，采用倒拉反接制动运行，电枢回路应串入多大电阻？若采用能耗制动运行，电枢回路应串入多大电阻？

第7章 控制电机

【学习目标】

掌握：①测速发电机、步进电机的结构及工作原理；②步进电机的运行方式。

了解：①伺服电机的控制方式；②伺服电机的结构及工作原理。

随着自动控制系统和计算装置的不断发展，在普通旋转电机的基础上产生出多种具有特殊性能的小功率电机，它们在自动控制系统和计算装置中用于信号的检测、传递、执行、放大或转换等，这类电机统称为控制电机。

控制电机广泛应用于国防、航空、航天技术、现代工业技术、民用领域的尖端技术与现代化装备中，如雷达的扫描跟踪、飞机自动驾驶、数控机床控制、工业机器人控制、自动化仪表及计算机外围设备等都离不开控制电机。控制电机的电磁过程及所遵循的基本电磁规律，与常规的旋转电机没有本质上的差别。常规的旋转电机主要用来完成机电能量的转换，着重于对启动、运行和制动等方面的性能指标，而控制电机输出的功率较小，着重于电机的高精度、高可靠性和快速响应。

控制电机按其功能和用途可分为信号检测及传递类控制电机及动作执行类控制电机两大类。信号检测及传递类电机包括测速发电机、旋转变压器和自整角机等；动作执行类电机包括伺服电机、步进电机和力矩电机等。

本章仅对几种常用的控制电机作简单介绍。

7.1 伺服电动机

伺服电动机又称执行电动机，在自动控制系统中作为执行元件。它可以将输入的电信号转变为转轴的角位移或角速度输出，通过改变电信号的大小和极性，可改变电动机的转速大小和转向。

伺服电动机的最大特点是可控性，有控制信号时，伺服电动机就转动，而且转速的大小正比于控制信号的大小；除去控制信号后，伺服电动机立即停止转动；控制信号的极性改变，电动机的转向亦随之改变。

伺服电动机分直流伺服电动机和交流伺服电动机两大类。

7.1.1 交流伺服电动机

交流伺服电动机在控制系统中主要作为执行元件，又称执行电动机。

（1）基本结构　交流伺服电动机主要由定子和转子构成，如图 7-1 所示。定子包括铁芯和绕组，定子铁芯由硅钢片叠压而成，在铁芯槽内安放空间互差 $90°$ 电角度的两相定子绕组：一相是励磁绕组 $l_1 l_2$，接交流电压 $\dot{U}_f$，另一相是控制绕组 $k_1 k_2$，输入控制电压 $\dot{U}_k$。可见交流伺服电动机是一种两相的交流电动机。

根据转子结构的不同，交流伺服电动机可分为笼型转子交流伺服电动机和空心杯转子交流伺服电动机两种型式。

（2）工作原理　交流伺服电动机的工作原理和电容分相式单相异步电动机相似。在没有控制信号（控制电压）时，只有励磁绕组产生的脉动磁场，转子不能转动。当有控制信号时，励磁绕组和控制绕组电流共同产生一个合成的旋转磁场，带动转子旋转，其转速正比于控制电压的大小，即电动机的转速由控制信号控制。但是对伺服电动机的要求不仅是在控制电压作用下能启动运转，且电压消失后电动机能立即停转。如果伺服电动机控制电压消失后像一般单相异步电动机那样继续转动，则出现失控现象，这种因失控而自行旋转的现象称为伺服电动机"自转"现象。

为消除交流伺服电动机的自转现象，必须加大转子电阻 r_2。当转子电阻 r_2 较小时，临界转差率 s_m 很小，图7-2所示为单相供电 $s_m=0.4$ 时的机械特性曲线。从图中可以看出，在电动机运行范围（$0<s<1$）内，合成转矩 T 绝大部分都是正的，当伺服电动机突然切去控制电压信号，即 $U_k=0$ 时，只要阻转矩小于单相运行时的最大电磁转矩，电动机将继续旋转，产生了自转现象，造成失控。

当转子电阻 r_2 增大到使临界转差率 $s_m>1$ 时，合成转矩曲线与横轴相交仅有一点（$s=1$），如图7-3所示。在电机运行范围（$0<s<1$）内，合成转矩为负值，成为制动转矩，因此当控制电压 $U_k=0$ 成为单相运行时，电机立刻产生制动转矩，与负载转矩一起促使电机迅速停转，这样就不会产生自转现象。

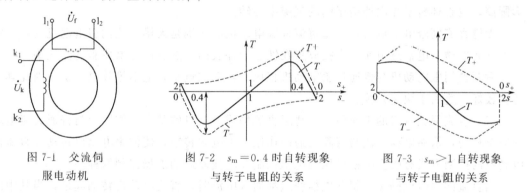

图7-1　交流伺服电动机

图7-2　$s_m=0.4$ 时自转现象与转子电阻的关系

图7-3　$s_m>1$ 自转现象与转子电阻的关系

为了消除自转现象，交流伺服电动机单相供电时的机械特性曲线必须如图7-3所示，这就要求临界转差率

$$\frac{r'_2}{x_1+x'_2}=s_m>1$$

所以为了消除伺服电动机的自转现象，伺服电动机要有相当大的转子电阻。由图7-3可看出，合成转矩的方向与电机旋转方向相反，是一个制动转矩，这就保证了当控制电压消失后转子仍转动时，电动机将被迅速制动而停下。转子电阻加大后，不仅可以消除自转，还具有扩大调速范围、改善调节特性和提高反应速度等优点。

（3）控制方法　可采用下列二种方法来控制交流伺服电动机的转速高低及旋转方向。

① 幅值控制　交流伺服电动机定子两相绕组电压的相位差恒定地保持为90°，通过改变控制电压 U_k 的大小来调节电动机的转速，这样的控制方法称为幅值控制。

② 相位控制　交流伺服电动机的励磁电压和控制电压幅值不变，通过改变两相电压的相位差来实现对伺服电动机的控制，这样的控制方法称为相位控制。

③ 幅-相控制　在励磁绕组中串联电容器，同时调节交流伺服电动机控制电压 $\dot{U}_k$ 的大小及 $\dot{U}_k$ 和励磁电压 $\dot{U}_f$ 之间的相位差来调节电机的转速，这就是幅-相控制。

交流伺服电动机的输出功率一般在 100W 以下。电源频率为 50Hz 时，其电压有 36、100、220 和 380V 几种；当频率为 400Hz 时，电压有 20、36 和 115V 等几种。

交流伺服电动机运行平稳、噪声小，但控制特性为非线性，并且因转子电阻大而使损耗大，效率较低。与同容量直流伺服电动机相比体积大，重量大，所以只适用于 0.5～100W 的小功率自动控制系统。

7.1.2 直流伺服电动机

(1) 基本结构　直流伺服电动机根据其功能可分为普通型直流伺服电动机、空心杯直流伺服电动机和无槽直流伺服电动机等几种。

普通型直流伺服电动机实质上就是容量较小的直流电动机，其基本原理、基本结构及内部电磁关系均和一般动力用的直流电动机相同。根据励磁方式的不同分为电磁式和永磁式两种。永磁式的定子由永久磁铁做成，可看做是他励直流伺服电动机的一种。电磁式直流伺服电动机定子由硅钢片叠成，外套励磁绕组。

空心杯电枢直流伺服电动机有两个定子：一个由软磁材料构成的内定子和一个由永磁材料构成的外定子，外定子产生磁通，内定子主要起导磁作用。转子由非磁性材料制成空心杯形圆筒，空心杯转子在内外定子间的气隙中旋转。

无槽直流伺服电动机与普通型直流伺服电动机的区别是无槽直流伺服电动机的转子铁芯上不开元件槽，电枢绕组元件直接放置在铁芯的外表面，然后用环氧树脂浇注成型。

后两种伺服电动机与普通伺服电动机相比，转动惯量小，电枢等效电感小，因此其动态特性较好，适用于快速系统。

(2) 直流伺服电机的工作原理　普通直流伺服电动机的基本工作原理与普通直流电动机的完全相同，依靠电枢电流与气隙磁通的作用产生电磁转矩，使伺服电动机转动。直流伺服电动机的控制方式有改变电枢电压的电枢控制和改变磁通的磁场控制两种。

当直流伺服电机励磁绕组和电枢绕组都通入电流时，直流电动机转动起来，当其中的一个绕组断电时，电动机立即停转，故输入的控制信号既可加到励磁绕组上，也可加到电枢绕组上。若把控制信号加到电枢绕组上，通过改变控制信号的大小和极性来控制转子转速的大小和方向，这种方式称为电枢控制，如图 7-4 所示，若把控制信号加到励磁绕组上进行控制，这种方式称为磁场控制，如图 7-5 所示。通常自动控制系统中多采用电枢控制方式，即在保持励磁电压不变的条件下，通过改变电枢电压来调节转速。电枢电压越小，转速越低；电枢电压为零时，转速也为零，电动机停转。由于电枢电压为零时，电枢电流也为零，电动机不产生电磁转矩，不会出现"自转"现象。

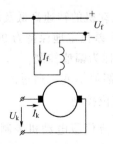
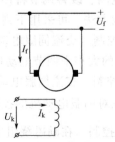

图 7-4　电枢控制的原理图　　　　图 7-5　改变励磁电流控制的原理图

直流伺服电动机进行电枢控制时，电枢绕组即为控制绕组，控制电压直接加到电枢绕组上进行控制。而励磁方式则有两种：一种用励磁绕组通过直流电流进行励磁，称为电磁式直流伺服电动机；另一种使用永久磁铁作磁极，省去励磁绕组，称为永磁式直流伺服电动机。

7.2 步进电动机

步进电动机又称脉冲电动机，在自动控制系统中作执行元件。其功用是将电脉冲信号转换成直线位移或角位移。电脉冲由专用驱动电源供给，每输入一个脉冲步进电动机就前进一步，故称之为步进电动机。步进电动机的转速（或角位移量）与控制脉冲的频率成正比。通过改变脉冲频率就可以在很大范围内调节电机的转速，而且能够快速启动、停转和反转。

步进电动机的种类很多，按力矩产生原理分主要有反应式和励磁式。反应式步进电动机的转子上没有绕组，由被励磁的定子绕组产生感应力矩实现步进运动；励磁式步进电动机的定、转子上都有励磁，转子采用永久磁钢励磁，相互产生电磁力矩实现步进运动，其中以反应式步进电动机的应用最为广泛。步进电动机按定子绕组数量可分为两相、三相、四相、五相和多相。下面主要讨论三相反应式步进电动机的结构和工作原理。

7.2.1 反应式步进电动机的工作原理

图 7-6 所示为一台三相反应式步进电动机原理图。反应式步进电动机由定子和转子两大部分组成。定子、转子铁芯由硅钢片叠成。定子上有三对磁极，磁极上装有励磁绕组，励磁绕组分为三相，每两个相对磁极上的励磁绕组组成一相。转子是由软磁材料制成，在转子上均匀分布四个凸极，转子的凸极也称为转子的齿，转子的齿宽等于定子的极靴宽，其上没有绕组。

(a) U相通电   (b) V相通电   (c) W相通电

图 7-6 三相反应式步进电动机单三拍通电原理

（1）三相单三拍通电方式 当 U 相控制绕组通电时，由于磁通具有经过磁阻最小的路径形成闭合磁路的特点，所以转子齿 1 和 3 的轴线和定子极 U 和 U'轴线对齐，如图 7-6(a) 所示。U 相断电、V 相通电时，转子将在空间转过 30°。转子齿 2 和 4 轴线与定子极 V 和 V'轴线对齐，如图 7-6(b) 所示。V 相断电，W 相通电，转子又在空间转过 θ=30°，使转子齿 1 和 3 轴线和定子极 W 和 W'轴线对齐，如图 7-6(c) 所示。如此循环往复，并按 U—V—W—U……的顺序通电，电动机就会一步一步按逆时针方向转动。步进电动机的转速取决于三相控制绕组与电源接通或断开的变化频率。当按 U—W—V—U……的顺序通电，步进电动机转动方向则改为顺时针。

定子控制绕组每改变一次通电方式，称为一拍。上述的通电控制方式称为三相单三拍。"单"是指每次只有一相控制绕组通电；"三拍"指的是经过三次切换控制绕组的通电状态为一个循环。

除此种控制方式外，还有三相单、双六拍工作方式和三相双三拍控制方式。在三相单、双六拍工作方式中，控制绕组通电顺序为 U—UV—V—VW—W—WU—U（转子逆时针旋转）或 U—UW—W—WV—V—VU—U（转子顺时针旋转）。在三相双三拍控制方式中，控制绕组通电顺序为 UV—VW—WU—UV（或 UW—WV—VU—UW）。

步进电动机每拍转子所转过的角度称为步距角 θ。在三相单三拍的通电方式下，每通电一次，转子转过 30°，即步距角 $\theta=30°$。而三相单、双六拍为 15°，三相双三拍的步距角为 $\theta=30°$。

以上讨论的是最简单的三相反应式步进电动机的工作原理。这种步进电动机每走一步所转过的角度（即步距角）较大的（15°或 30°），常常满足不了系统精度的要求。实际中是将定子和转子磁极都加工成多齿结构，最小步距角可小至 0.5°。

（2）三相六拍通电方式　假设 U 相首先通电，转子齿与定子 U、U′ 对齐，如图 7-7(a)所示。然后在 U 相继续通电的情况下接通 W 相，这时定子 W、W′ 极对转子齿 2、4 产生磁拉力，使转子顺时针方向转动，但是 U、U′ 极继续拉住齿 1、3，因此，转子转到两个磁拉力平衡为止。这时转子的位置如图 7-7(b)所示，即转子从图 7-7(a)位置顺时针转过了 15°。接着 U 相断电，W 相继续通电。这时转子齿 2、4 和定子 W、W′ 极对齐，如图 7-7(c)所示，然后在 W 相继续通电的情况下 V 相通电，这时转子从图 7-7(c)的位置又转过了 15°，其位置如图 7-7(d)所示。最后直到 V 相断电 U 相再次通电，第一个循环结束。这样，如果按 U—UW—W—WV—V—VU—U…的顺序轮流通电，则转子便按顺时针方向一步一步地转动，步距角为 15°。电流换接六次，磁场旋转一周，转子前进了一个齿距角。如果按 U—UV—V—VW—W—WU—U…的顺序通电，则电机转子按逆时针方向转动。这种通电方式称为六拍方式。

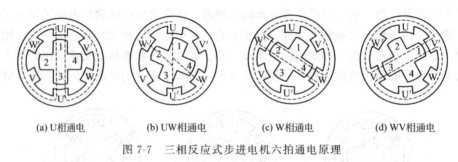

(a) U相通电　　　(b) UW相通电　　　(c) W相通电　　　(d) WV相通电

图 7-7　三相反应式步进电机六拍通电原理

（3）三相双三拍通电方式　如果每次都是两相通电，即按 U、W→W、V→V、U→U、W→…的顺序通电，则称为双三拍方式，从图 7-7(b) 和 (d) 可见，步距角是 30°。因此，采用单三拍和双三拍方式时转子走三步前进了一个齿距角，每走一步前进了 1/3 齿距角；采用六拍方式时，转子走六步前进了一个齿距角，每走一步前进了 1/6 齿距角。因此步距角 θ 可用下面的方法计算。

（4）反应式步进电动机步距角的计算　步进电动机的转子每一步转过的角度，即步距角为

$$\theta = \frac{360°}{ZN} \tag{7-1}$$

式中，N 为转子转过一个齿距所需要的拍数，$N=km$；m 为电机的相数；k 为与通电方式有关的状态系数，通电方式为单拍制时，$k=1$，为双拍制时，$k=2$。

可见，一台步进电动机可以有不同的通电方式，可以有不同的拍数。拍数不同，其对应的步距角的大小不同，通电相数不同会带来不同的工作性能。此外，同一种通电方式对于转子磁极数不同的电机，也将有不同的步距角。

当步进电动机控制绕组中输入的是连续脉冲，即定子控制绕组按照一定相序不断地轮流通电，步进电动机就连续运转，它的转速与脉冲频率成正比。由式(7-1)可知，每输入一个脉冲，转子转过的角度是整个圆周角的 1/(ZN)，也就是转过 1/(ZN)转，若控制脉冲的频

率为 f，则每分钟转子所转过的圆周数，即步进电动机的转速为

$$n=\frac{60f}{ZN}=\frac{60f}{ZKm} \tag{7-2}$$

可见，反应式步进电动机的转速取决于脉冲频率、转子齿数和拍数，而与电压、负载、温度等因素无关。当转子齿数一定时，转子旋转速度与输入脉冲频率成正比，或者说其转速和脉冲频率同步。脉冲频率可以改变转速，所以可进行无级调速，调速范围很宽。

步进电动机的精度高、惯性小，不会因电压波动、负载变化和温度变化等原因而改变输出量与输入量之间的固定关系，其控制性能很好。步进电动机广泛用于数控机床和计算机外围设备等控制系统中。

7.2.2 步进电机的应用举例

尽管步进电机的发展历史还比较短，但是随着数字技术和计算机技术的迅速发展，步进电机的应用已十分广泛。在机械、冶金、电力、纺织、电信、电子、仪表、化工以及医疗、印刷等行业，几乎都有应用步进电机的实例，它们具有速度快、精度高、自适应能力强等特点。并且在这些应用中，有不少已经相当成熟，如数控切割机床等，但不管怎么应用，步进电机大都属于数字电动机，总与数字系统有关，下面是步进电机在家电设备、数控机床等方面的应用举例。

（1）石英钟表　第三代石英电子手表是用石英振荡器、CMOS 电路和微特型步进电机来代替传统机械手表的发条、游丝等高精度零部件，不仅使走时精度大大提高，而且制造简单、使用方便。石英手表的原理是石英振子产生高稳定振频，频率为 32768Hz，经 CMOS 固体电路组成的 15 个二分频的分频电路和功率放大器将信号放大，以每秒一个脉冲推动微型步进电动机轴旋转 180°，由电机轴经轮系传动带动秒针、分针和时针进行计时。

（2）数控磨床　数控磨床只要在一般磨床的进给处换成带有控制设备的步进电机，就可以代替手工进给。这种数控磨床在大批量生产中能起到重要作用。其工作过程是：砂轮没有靠近工件前，采用快速前进；当砂轮与工件即将接触时，步进电机的控制设备就会转为慢速信号，使工件进行缓慢磨削；待磨削到额定尺寸时，再进行几秒精磨削；然后控制设备指令快速返回原位。

（3）打印机　打印机是电子计算机中必不可少的输出终端设备。目前无论是打击型的宽打式，还是非打击型的喷墨式，几乎所有打印机的找字、输纸、走格机构大多都采用步进电机拖动。以宽打式打印机为例，工作时，每打印一排字，字符轮旋转一周。走纸机构则通过步进电机将纸带送进一格，即字符轮由步进电机带动不停旋转，每转一周的时间是 70.4ms，平均一个字符是 1.1ms。纸带在打印时不动，只是在打完一行再走一格。而字符打印位置则由电磁译码器测定。

（4）数控点焊机　点焊尺寸转换成数字信号输入磁带，步进电机按照磁带输出的信号分别带动工作台和弧焊头，使弧焊头逐点按照技术要求迅速准确地进行焊接。

（5）彩色胶卷冲洗机　彩色胶卷、照片要求在恒温条件下进行显影、定影。自动冲洗机的结构原理并不十分复杂，主要是由步进电机当作一般电动机驱动，带动夹紧胶卷或照片的滚筒作正反旋转。

7.3　测速发电机

测速发电机是转速的测量装置，在许多自动控制系统中，它被用来测量旋转装置的转速，向控制电路提供与转速大小成正比的信号电压。根据输出电压的不同，测速发电机可分为直流测速发电机和交流测速发电机两种形式。

7.3.1 交流测速发电机

交流测速发电机包括同步测速发电机和异步测速发电机两种形式。前者多用在指示式转速计中，一般不用于自动控制系统中的转速测量；而后者在自动控制系统中应用很广。这里只简单介绍异步测速发电机的工作原理。

异步测速发电机的结构与杯形转子交流伺服电动机相似，它的定子上有两个绕组，一个是励磁绕组，一个是输出绕组。其基本结构如图 7-8 所示。

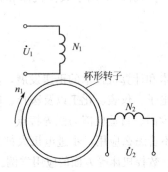

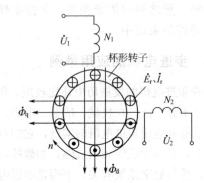

图 7-8　交流异步测速发电机示意图　　图 7-9　交流异步测速发电机的工作原理

工作时，测速发电机的励磁绕组接恒频恒压的交流电源 U_1，由于

$$U_1 \approx E_1 = 4.44 f_1 N_1 \Phi_d \tag{7-3}$$

由式(7-3) 可知，测速发电机产生一直轴磁通 $\dot\Phi_d$，如图 7-9 所示。

$$\Phi_d \propto U_1$$

当转子被拖动，以转速 n 转动时，转子绕组切割磁通 $\dot\Phi_d$，产生转子感应电动势 $\dot E_r$ 和转子电流 $\dot I_r$，如图 7-9 所示，它们的大小与 $\dot\Phi_d$ 和转子转速 n 成正比，即

$$E_r = C_r \Phi_d n \tag{7-4}$$

$$I_r = \frac{E_r}{R_r} \tag{7-5}$$

$$I_r \propto E_r \propto n \tag{7-6}$$

式中，C_r 为电动势常数。

转子电流 $\dot I_r$ 也产生一交轴磁通 $\dot\Phi_q$，如图 7-9 所示。

$$\Phi_q \propto I_r \propto E_r = C_r \Phi_d n \propto U_1 n \tag{7-7}$$

$\dot\Phi_q$ 在输出绕组中感应出电动势 $\dot E_2$，其有效值为

$$E_2 = 4.44 f_1 N_2 \Phi_q \tag{7-8}$$

若输出绕组开路，其两端就有一个电压 U_2，则

$$U_2 = E_2 \propto \Phi_q \tag{7-9}$$

根据式(7-8) 和式(7-9) 可得

$$U_2 \propto U_1 n \tag{7-10}$$

以上分析说明，当励磁绕组加电源电压 U_1，电机以转速 n 旋转时，输出绕组的输出电压 U_2 与转速 n 成正比。当电机反转时，由于感应电动势、电流及磁通的相位都与原来相反，所以输出电压 U_2 的相位也与原来相反。当电机不转时，不能在输出绕组中感应电动势，因此输出绕组的输出电压 $U_2 = 0$，即转速 $n = 0$ 时，输出绕组没有电压输出。这样测速

发电机就能将转速信号变成电压信号，实现测速的目的。

由于铁芯线圈电感的非线性影响，交流测速发电机的输出电压 U_2 与 n 之间存在着一定的非线性误差，使用时要注意加以修正。

交流异步测速发电机在自动控制系统中可用来测量转速或传感转速信号，信号以电压的形式输出。下面举例说明它在速度伺服系统中的应用。

图 7-10 所示是一速度伺服系统的结构框图。测速发电机 4 用来产生负反馈信号。如果输入电压 U_1 为定值，则伺服电动机 3 的转速不变，测速发电机的输出电压也不变，那么检差器 1 输出稳定的电压经放大器 2 控制伺服电动机。如果有扰动使 U_1 增大，则 3 的转速升高，4 的输出电压增大，所以检差器 1 的输出电压减小，从而使 3 的转速下降，使转速稳定。如果扰动使输入电压 U_1 减小，通过测速发电机的负反馈作用也可使转速稳定。

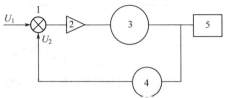

图 7-10　速度伺服系统
1—检差器；2—放大器；3—伺服电动机；
4—测速发电机；5—电位器

7.3.2　直流测速发电机

直流测速发电机是一种微型直流发电机，其作用是把转速信号变换成对应的电压信号，反馈到控制系统，实现对转速的调节和控制。

直流测速发电机定子、转子结构与普通小型直流发电机相同。其工作原理与一般直流发电机相同。

直流测速发电机根据励磁方式的不同可分为两种形式：电磁式直流测速发电机和永磁式直流测速发电机。

（1）电磁式直流测速发电机　电磁式直流测速发电机的定子铁芯上装有励磁绕组，外接电源供电，产生磁场，通常以图 7-11 所示的符号表示电磁式直流测速发电机。

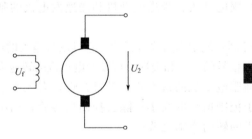

图 7-11　电磁式直流测速发电机　　　　图 7-12　永磁式直流测速发电机

（2）永磁式直流测速发电机　永磁式直流测速发电机定子的磁极是用永久磁钢制成的，不需要励磁绕组。永磁式直流测速发电机按其转速不同，可分为普通速度测速电机和低速测速电机。普通速度测速电机的转速通常大于每分钟几千转，而低速测速电机的转速小于每分钟几百转。低速测速电机可以和低力矩电动机直接耦合，省去了齿轮传动的麻烦，并提高了系统的精度，所以常用于高精度的自动化系统中。图 7-12 所示为永磁式直流测速发电机。因为永磁式直流测速发电机结构简单，不需要励磁电源，使用方便，所以比电磁式直流测速发电机应用面广。

7.3.3　测速发电机的应用举例

图 7-13 所示为具有转速负反馈的闭环控制系统，测速发电机与电机同轴连接，将转速信号变成与转速成正比的电压信号 u_{fn} 反馈到系统的输入端参与控制。

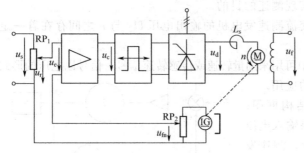

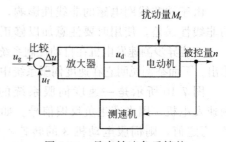

图 7-13 转速负反馈的闭环控制系统   图 7-14 具有转速负反馈的
闭环控制系统的方框图

图 7-14 所示是图 7-13 具有测速发电机的转速负反馈闭环控制系统的方框图。

由于增设了由测速发电机构成的转速负反馈环节后，作用于放大器的电压不再是给定电压，而是给定电压 U_g 与测速反馈电压 U_f 的偏差电压 $\Delta U = U_g - U_f$。当电动机的转速因某些因素（如负载转矩增加）而降低时，则测速发电机电压 U_f 将降低（U_f 与转速 n 成正比），偏差电压 ΔU 将升高，经放大后使晶闸管装置输出电压 U_d 增加，从而使转速 n 回升。其自动调节过程可用顺序图表示如下：

$$n \downarrow \rightarrow U_f \downarrow \rightarrow \Delta U \uparrow = U_g - U_f \rightarrow U_k \uparrow \rightarrow U_d \uparrow \rightarrow n \uparrow$$

测速发电机最主要的作用就是在自动控制系统中用来测量或自动调节电动机的转速，使系统达到较高的控制精度和较强的抗干扰能力。由于有测速发电机构成的反馈通道，就可以采用不太精密且成本较低的元件来构成比较精确的控制系统。

【本章小结】

本章主要分析了控制电机中的伺服电动机、步进电动机和测速发电机的基本结构、工作原理等。

伺服电机又称执行电机，在自动控制系统中作为执行元件。它可以将输入的电信号转变为转轴的角位移或角速度输出，通过改变电信号的大小和极性，可改变电动机的转速大小和转向。

伺服电动机有交、直流之分。伺服电动机的最大特点是可控性，有控制信号时，伺服电动机就转动，而且转速的大小正比于控制信号的大小；除去控制信号后，伺服电动机立即停止转动；控制信号的极性改变，电机的转向亦随之改变。

交流伺服电动机有励磁绕组和控制绕组。励磁绕组加励磁电流，控制绕组通入控制信号。交流伺服电动机的转子电阻一般比较大，使得产生最大电磁转矩时的转差率 $s_m \geqslant 1$，确保机械特性在整个运行范围内线性化，而且确保控制信号消失后无"自转"现象。交流伺服电动机有幅值控制、相位控制和幅-相控制三种控制方式。直流伺服电动机的控制方式有电枢控制和磁场控制两种方式。

步进电动机是将电脉冲信号转换为角位移或线位移的电机，通过控制输入脉冲的个数和频率控制步进电动机的位移量和转速，改变输入脉冲的相序可以改变步进电动机的转向。

三相反应式步进电动机的运行方式一般有三种：三相单三拍、三相双三拍和三相单、双六拍。步进电动机的转子每一步转过的角度称为步距角

$$\theta = \frac{360°}{ZN}$$

测速发电机分交流和直流测速发电机两类。直流测速发电机的工作原理与他励直流发电

机相同。交流异步测速发电机应用广泛，其励磁绕组与输出绕组在空间上互相垂直。当励磁绕组通入交流电流且转子旋转时，输出绕组的感应电动势大小与转速成正比，因此，利用测量输出绕组的输出电压（或电动势）就可以获得转子转速的大小。直流测速发电机根据励磁方式不同可分为电磁式和永磁式直流测速发电机。直流测速发电机的输出电压正比于转速。

【思考题与习题】

7-1　什么是控制电机？对控制电机有哪些要求？

7-2　在自动装置中，伺服电动机起什么作用？对它的性能有什么要求？

7-3　什么是交流伺服电动机的"自转"现象？如何避免"自转"现象的产生？

7-4　什么是步进电动机？说明反应式步进电动机的结构和工作原理。

7-5　五相十极反应电动机采用 U—V—W—X—Y—U 通电方式时，电机顺时针转，步距角为 1°，若通电方式为 U—UV—V—VW—W—WX—X—XY—Y—YU—U，其转向和步距角如何？

7-6　步进电动机的转速是由哪些因素决定的？步进电动机有何主要优点和用途？

7-7　步进电动机技术数据中的步距角有时为两个数，如步距为 1.5°/3°，试问这是什么意思？

7-8　交流测速发电机的输出绕组移到与励磁绕组相同的位置上，输出电压与转速有什么关系？

7-9　步距角为 1.5°/0.75° 的反应式三相六极步进电动机转了有多少齿？若频率为 2000Hz，电动机的转速是多少？

7-10　六相十二极反应式步进电动机步距角为 1.2°/0.6°，求每极下转子的齿数？负载启动时，频率是 800Hz，电动机启动转速是多少？

7-11　在自动控制线路中，测速发电机起什么作用？试述交流测速发电机的结构和工作原理。

7-12　直流测速发电机根据励磁方式的不同可分为哪两种形式？

【自我评估】

一、填空题

1. 交流伺服电动机的转子有两种形式，即_____和非磁性空心杯形转子。

2. 伺服电动机的转矩、转速和转向都非常灵敏和准确地跟着_____变化。

3. 交流伺服电动机的控制方式有幅值控制、相位控制和_____控制。

4. 测速发电机要求其输出电压与转速成严格的_____关系。

5. 将电脉冲信号转换成相应角位移的控制电机是_____。

6. 五相十拍步进电动机，如转子有 24 个齿，则步距角为_____。

7. 直流测速发电机分为永磁式和_____两种。

二、判断题（正确画"√"，错误画"×"）

1. 在步进电机步距角一定的情况下，步进电机的转速与频率成反比。（　　　）

2. 交流测速发电机的输出电压与转速成正比，而其频率与转速无关。（　　　）

3. 无论是直流伺服电动机还是交流伺服电动机，均不会有"自转"现象。（　　　）

4. 步进电动机每输入一个电脉冲，转子就转过一个齿。（　　　）

三、选择题

1. 下述哪一条不是步进电机的独特优点？（　　　）

(A) 控制特性好   (B) 误差不会长期积累

(C) 步距不受各种干扰因素的影响   (D) 振动小，运转平稳

2. 用于机械转速测量的电机是 （   ）。

     (A) 测速发电机   (B) 旋转变压器   (C) 自整角机   (D) 步进电动机

3. 交流伺服电动机的控制方式有 （   ） 种。

     (A) 1   (B) 2   (C) 3   (D) 4

4. 交流伺服电动机的转子通常做成 （   ） 式。

     (A) 罩极   (B) 凸极   (C) 绕线   (D) 鼠笼

5. 空心杯电枢直流伺服电动机有一个外定子和 （   ） 个内定子。

     (A) 1   (B) 2   (C) 3   (D) 4

6. 步进电动机的输出特性是 （   ）。

     (A) 输出电压与转速成正比   (B) 输出电压与转角成正比

     (C) 转速与脉冲量成正比   (D) 转速与脉冲频率成正比

7. 有一四相八极反应式步进电机，其技术数据中步距角为 1.8°/0.9°，则该电机转子齿数为 （   ）。

     (A) 75   (B) 100   (C) 50   (D) 不能确定

8. 一个三相六极转子上有 40 齿的步进电动机，采用单三拍供电，则电动机的步距角 θ 为 （   ）。

     (A) 3°   (B) 6°   (C) 9°   (D) 12°

9. 反应式步进电动机的步距角 θ 大小与转子齿数 （   ）。

     (A) 成正比   (B) 成反比   (C) 的平方成正比   (D) 的平方成反比

10. 反应式步进电动机的转速 n 与脉冲频率 （   ）。

     (A) f 成正比   (B) f 成反比   (C) f^2 成正比   (D) f^2 成反比

11. 测速发电机是一种能将旋转机械的转速变换成 （   ） 输出的小型发电机。

     (A) 电流信号   (B) 电压信号   (C) 功率信号   (D) 频率信号

12. 交流测速发电机的定子上装有 （   ）。

     (A) 一个绕组   (B) 两个串联的绕组

     (C) 两个并联的绕组   (D) 两个在空间相差 90°电角度的绕组

13. 直流测速发电机按励磁方式分有 （   ） 种类型。

     (A) 2   (B) 3   (C) 4   (D) 5

14. 测速发电机有两套绕组，其输出绕组与 （   ） 相接。

     (A) 电压信号   (B) 短路导线   (C) 高阻抗仪表   (D) 低阻抗仪表

四、简答题

1. 交流伺服电机有哪几种控制方式？分别加以说明。

2. 怎样确定步进电动机转速的大小？与负载转矩大小有关吗？怎样改变步进电动机的转向？

五、计算题

1. 有一脉冲电源，通过环形分配器将脉冲分配给五相十拍通电的步进电动机定子绕组，测得步进电动机的转速为 100r/min。已知转子有 24 个齿。试求：（1）步进电动机的步距角；（2）脉冲电源的频率。

2. 一台 90BF006 型反应式步进电机，已知相数 $m=5$，五相五拍运行时步距角为 0.72°，试求：（1）该步进电机转子齿数；（2）五相十拍运行时的步距角。

第8章 电动机应用知识

【学习目标】

掌握：①电力拖动系统中电动机的选择；②电动机、变压器常见故障及处理。

了解：①电动机发热与冷却；②电动机的工作方式。

8.1 电力拖动系统中电动机的选择

电力拖动系统的主要控制对象是电动机，因而电动机的选择尤为重要。选择电动机包括电动机的种类、型式、额定电压、额定转速及额定功率等内容，其中最主要的是额定功率的选择。如果电动机功率选择过大，经常处于欠载状态，电动机得不到充分利用，效率低；如果电动机功率选得过小，经常处于过载运行，会使电动机因过热而造成损坏，缩短电动机的使用寿命。所以只有恰当地选择电动机，电力拖动系统才能安全而经济地运行。

8.1.1 电动机发热与冷却

(1) 电动机的发热过程 电动机的发热和冷却过程相当复杂。为了研究方便，假定电动机是一个各部分温度相同的均匀整体，即电动机是一个内部没有温差、表面均匀散热的理想发热体；周围环境温度不变，电动机的散热量与温差（电动机与周围介质的温度之差）成正比。

作为能量转换装置，电动机在进行机电能量转换时将内部损耗所产生的热量，一部分散发到周围介质中去，另一部分则存在电动机体内，使其温度升高，最终将超过周围介质的温度。电动机温度比周围介质温度高出的数值，称为电动机的温升。温升的存在又会使电动机散热，当电动机的发热量等于其散热量时，温度达到稳定值，称为稳定温升，此时电动机处于发热与散热的动平衡状态。

根据能量守恒定律，在任何一段时间内，电动机产生的热量，应该等于电动机本身温度升高所需要的热量和散发到周围介质中的热量之和。因此，电动机的热平衡方程为

$$Q\mathrm{d}t = C\mathrm{d}\tau + A\tau\mathrm{d}t \tag{8-1}$$

式中，Q 为电动机在单位时间内产生的热量，J/℃；τ 为电动机温升，℃；$\mathrm{d}\tau$ 为电动机在 $\mathrm{d}t$ 时间内温度的增量；C 为电动机的热容量，即电动机温度升高1℃所需的热量；A 为电动机的散热系数，即电动机温升1℃时，每秒散发到周围介质中的热量，J/(℃·s)。

将式(8-1) 两边都除以 $A\mathrm{d}t$，整理得

$$\frac{C}{A} \times \frac{\mathrm{d}\tau}{\mathrm{d}t} + \tau = \frac{Q}{A}$$

令 $T = \dfrac{C}{A}$ 为电动机的发热时间常数，$\tau_{\mathrm{S}} = \dfrac{Q}{A}$ 为稳定温升，有

$$T\frac{\mathrm{d}\tau}{\mathrm{d}t} + \tau = \tau_{\mathrm{S}} \tag{8-2}$$

为分析方便，设电动机长期连续工作且负载不变，$t=0$ 时电动机的起始温升为 τ_0，则式（8-2）的解为

$$\tau=\tau_S(1-e^{-t/\tau})+\tau_0 e^{-t/\tau} \tag{8-3}$$

若电动机发热过程从冷态开始，即 $\tau_0=0$，有

$$\tau=\tau_S(1-e^{-t/\tau}) \tag{8-4}$$

式（8-3）和式（8-4）为电动机温升曲线方程式，说明电动机温升是按指数规律变化，相应的温升曲线如图 8-1 所示。发热开始时，由于温升低，大部分热量被电动机吸收，散发出去的热量较少，故温升增长较快；由于温升不断增高，使散发热量不断增多，电动机因负载不变而产生的热量不变，所以电动机吸收的热量不断减少，温升增长缓慢，曲线趋于平缓。理论上要到时间 $t=\infty$ 时电动机才达到最终稳定温升 τ_S，但实际上当 $t=(3\sim4)T$ 时，即可认为电动机温升已达稳定。由前面分析可知，当 $t=\infty$ 时，$\tau=\tau_S=\dfrac{Q}{A}$，说明负载一定时，电动机损耗所产生的热量也一定，则电机的稳定温升也一定，与起始温升无关。

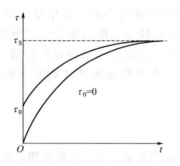
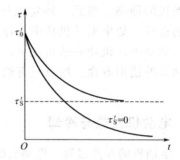

图 8-1　电动机发热过程的温升曲线　　　　图 8-2　电动机冷却发热过程的温升曲线

（2）电动机的冷却过程　电动机温升下降的过程称为冷却，冷却过程有两种情况：

① 电动机的负载减小时，损耗减少；

② 电动机脱离电网而停止工作时，没有损耗。

这样就使电动机的发热量少于散热量，破坏了电动机原来的热平衡状态，温度下降，温升降低。在降温过程中，随着温升的降低，当发热量等于散热量时，电动机不再继续降温，其温升又稳定在一个新的数值上。在停车时，温升将降为零。

冷却过程的温升变化曲线与发热过程的相似，表达式为

$$\tau=\tau_S'(1-e^{-t/\tau})+\tau_0' e^{-t/\tau}$$

式中，τ_0' 为冷却开始时的温升；τ_S' 为冷却后的稳定温升；T' 为冷却时间常数，一般 $T'>T$。

当电动机脱离电网而停止工作时，电动机不再发热，$\tau_S'=0$，有

$$\tau=\tau_0' e^{-t/\tau}$$

冷却过程的温升变化曲线如图 8-2 所示，也按指数规律变化。

（3）电动机绝缘材料等级和允许温升　负载运行时，电动机所能容许的最高温度取决于电动机所用绝缘材料的耐热程度。若电动机的温度超过绝缘材料允许的限度时，绝缘材料老化，影响电动机的使用寿命，这个温度限度称为绝缘材料的允许温度。根据国家标准规定，按照最高允许温度的不同，绝缘材料分成七个等级。电动机常用的绝缘材料等级主要有 A、E、B、F 和 H 五个等级，如表 8-1 所示。

表 8-1　电动机中常用的绝缘材料等级和允许温升

绝缘等级	最高允许温度/℃	最高允许温升/℃	绝缘材料举例
A	105	65	经过浸渍处理的棉纱、丝、纸板等,普通绝缘漆
E	120	80	环氧树脂、聚酯薄膜、青壳纸、三醋酸纤维薄膜等,高强度绝缘漆
B	130	90	用提高了耐热性能的有机漆作黏合剂的云母、石棉和玻璃纤维组合物
F	155	115	用耐热优良的环氧树脂黏合或浸渍的云母、石棉和玻璃纤维组合物
H	180	140	用硅有机树脂黏合或浸渍的云母、石棉和玻璃纤维组合物,硅有机橡胶

电动机的使用寿命由其绝缘材料决定。例如 A 级绝缘材料,当在最高允许温度以下时,电动机的使用寿命可以长达 15～20 年;若超过最高允许温度,每升高 8～10℃,绝缘材料的寿命将减少一半。绝缘材料的最高允许温度和周围环境温度之差就是电动机的最高允许温升。电动机环境温度不同,最高允许温升也不同,国家规定标准环境温度为 40℃,电动机中常用绝缘材料的允许温升如表 8-1 所示。现代电机中应用最多的是 E 级和 B 级绝缘材料,发展趋势是采用 F 级和 H 级绝缘材料。

8.1.2　电动机的工作方式（工作制）

电动机工作时,其温升不仅决定于负载的大小,而且与负载的持续时间有关。同一台电动机,如果工作时间长短不同,则其温升也不同。电动机的工作方式就是对电机承受情况进行说明,包括启动、制动、空载、断电停转以及这些阶段的持续时间和先后顺序等。根据国家相关标准规定,电动机的工作方式分为三种。

（1）连续工作制（S_1 工作制）　连续工作制是指电动机在恒定负载下持续运行,工作时间 $t_W > (3～4)T$,可达几小时甚至几十小时,电动机温升可达稳定值,又称长期工作制,其典型负载图和温升曲线如图 8-3 所示。铭牌上对工作制没有特别标注的电动机都属于连续工作制,属于此类工作制的生产机械有水泵、通风机、造纸机、大型机床的机床主轴等。

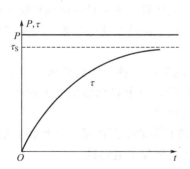

图 8-3　连续工作制的功率负载图和温升曲线

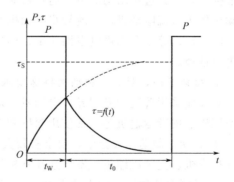

图 8-4　短时工作制的功率负载图和温升曲线

（2）短时工作制（S_2 工作制）　短时工作制是指电动机的工作时间较短,即 $t_W < (3～4)T$。运行时电动机的温升达不到稳定值,而停机时间 t_0 很长,即 $t_0 > (3～4)T'$,在停机时间内电动机的温度降至环境温度,温升为零,其典型负载图和温升曲线如图 8-4 所示。属于这种工作制的电动机有水闸闸门、车床的夹紧装置、转炉倾动机构的拖动电动机等。

短时工作制的电动机,工作时间不同,其额定功率也不同。其额定功率必须与电动机的工作时间同时给出,中国规定短时工作的标准时间为 15min、30min、60min 和 90min 四种。

（3）断续周期工作制（S_3 工作制）　断续周期工作制又称为重复短时工作制,是指电动

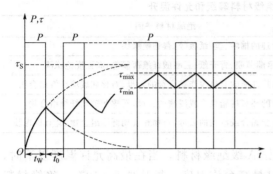

图 8-5　断续周期工作制的功率负载图和温升曲线

机在恒定负载下短时间工作和短时间停止，并且周期性交替进行，工作时间 $t_W < (3 \sim 4)T$，停止时间 $t_0 < (3 \sim 4)T'$。所以，工作时温升达不到稳定值，停止时温升也不会降到零，其负载图和温升曲线如图 8-5 所示。按照国家标准规定，每个工作周期必须小于等于 10min，即 $t_p = t_W + t_0 \leqslant 10min$。

由图 8-5 可知，断续周期工作制的电动机启动后，经过若干个周期，温升将在稳定的小范围内上下波动，即在最高温升 τ_{max} 与最低温升 τ_{min} 之间波动。属于此类工作制的生产机械有起重机、电梯、轧钢辅助机械、某些自动机床的工作机构等。

在断续周期工作制中，负载工作时间与整个周期之比称为负载持续率 FC%，即

$$FC\% = \frac{t_W}{t_W + t_0} \times 100\%$$

对于专门为断续周期工作制设计的电动机，其额定功率是指在规定的负载持续率下，负载运行达到的实际最高温升等于绝缘材料允许最高温升时电动机的输出功率。同一台电动机，负载持续率 FC% 越大，则其额定功率越小，所以断续周期工作制电动机的额定功率必须和负载持续率的大小同时给出。国家标准规定这类电动机的负载持续率有 15%、25%、40% 和 60% 四种。

8.1.3 电动机种类、型式、额定电压与额定转速的选择

（1）电动机种类的选择　电力拖动系统中选择电动机种类的原则是在满足生产机械要求的前提下，优先选用结构简单、运行可靠、维护方便、价格便宜的电动机。在这些方面交流电动机优于直流电动机，交流异步电动机优于交流同步电动机，笼型异步电动机优于绕线型异步电动机；综合考虑供电电网质量、调速的要求及启动、制动性能等因素，可参考以下方案进行选择。

① 负载平稳，对启、制动无特殊要求的连续运行的生产机械，例如机床、水泵、风机等，宜优先采用普通的笼型异步电动机。对于中、大容量，要求启动转矩较大的生产机械，如空压机、皮带运输机等，常使用深槽和双笼型异步电动机。

② 启动、制动比较频繁，要求有较大的启动、制动转矩的生产机械，例如桥式起重机、矿井提升机、空气压缩机、不可逆轧钢机等，应采用绕线型异步电动机。

③ 只要求几种转速的小功率机械，例如电梯、锅炉引风机和机床等，可采用变极多速（双速、三速、四速）笼型异步电动机。

④ 调速范围要求在 1:3 以上，且需连续稳定平滑调速的生产机械，例如大型精密机床、龙门刨床、轧钢机、造纸机等，可采用他励直流电动机或用变频调速的笼型异步电动机。

⑤ 若整条自动化生产线进行高精度的调速与控制，常采用直流电动机。

⑥ 无调速要求，需要转速恒定或要求改善功率因数的场合，例如水泵、空气压缩机等，应采用同步电动机。

⑦ 要求启动转矩大、机械特性软的生产机械，例如电车、电机车、重型起重机等，使

用串励或复励直流电动机。

(2) 电动机型式的选择　电动机的型式包括结构型式和防护型式两种。

① 结构型式　电动机的结构型式按其安装位置不同可分为卧式与立式两种。卧式电动机的转轴是水平安放，立式电动机的转轴与地面垂直，所以两者采用的轴承不同。通常情况下选用卧式电动机，立式电动机的价格相对较高，由于可垂直安装，可省去很多传动装置，常用于需要垂直运转的地方，如造纸生产线使用的打浆电动机、立式深井泵等。

② 防护型式　为了防止电动机被周围环境的粉尘、烟雾、水汽等损坏而不能正常运行，或者为了防止电动机本身的故障影响周围环境甚至引起灾害，电动机应根据不同的环境选择适当的防护型式。电动机的防护型式有以下几种。

• 开启式。电动机定子两侧和端盖上都有通风口，散热条件较好，价格便宜，但容易进灰尘、水汽、油垢和铁屑等杂物，影响电机寿命及正常运行，只能用于干燥及清洁的环境中。

• 防护式。电动机的机座下面有通风口，散热较好，能防止水滴、沙粒和铁屑等杂物溅入或落入电动机内，但不能防止潮气和灰尘侵入，适用于干燥、灰尘不多且没有腐蚀性和爆炸性气体的环境中。

• 封闭式。这类电动机又分为自冷式、强迫通风式和密闭式，电动机的机座和端盖上均无通风口，完全封闭。自冷式和强迫通风式电动机，潮气和灰尘不易进入机内，能防止任何方向飞溅的水滴和杂物侵入，适用于潮湿、多尘土、易受风雨侵袭，有腐蚀性蒸气或气体的各种场合。密闭式电动机一般使用于液体（水或油）中的生产机械，例如潜水电泵等。

• 防爆式。电动机在密封结构的基础上制成隔爆型、增安型和正压型，机壳有足够的强度，适用于有易燃易爆气体的危险环境，如油库、矿井、煤气站等场所。

(3) 电动机额定电压的选择　电动机额定电压的选择，取决于电力系统对企业的供电电压和电动机容量的大小。

交流电动机的额定电压应选择与供电电网的电压相一致。工矿企业的低压电网电压为380V，因此中小型异步电动机的额定电压为380V。当供电电压为6kV或10kV时，电动机功率较大，可选用6kV甚至10kV的高压电动机。

直流电动机的额定电压也要与电源电压相配合，一般额定电压为110V、220V和440V等。大功率电动机可提高到600～1000V。当直流电动机由晶闸管整流装置供电时，可选用专门为其配套设计的直流电动机，其电压有160V、180V、340V及440V。

(4) 电动机额定转速的选择　额定功率相同的电动机，若额定转速高，则电动机的重量轻、体积小、价格低。所以为了缩小电动机体积，降低成本，往往把电动机设计成高速电动机，但是这样会使传动机构复杂、传动效率降低，增加了传动机构的成本和维修费用。因此，应综合分析电动机和生产机械两方面的各种因素，最后确定电动机的额定转速。

8.1.4　电动机额定功率的选择

选择电动机容量，一般分为以下三步。

① 计算负载功率 P_L，绘制负载图。

② 根据负载功率和工作方式，预选电动机的额定功率。

③ 校验预选电动机：先校验发热温升，再校验过载能力，必要时还要校验启动能力；若都通过，则预选的电动机合格；否则，从第二步重新预选电动机，直至通过校验为止。

（1）连续工作制电动机额定功率的选择

① 恒定负载下电动机额定功率的选择　由于负载是恒定的，所以选择电动机额定功率时要求电动机额定功率等于或略大于生产机械所需的功率即可，无需进行发热校验，其温升不会超过允许值。虽然电动机启动电流较大，但启动时间很短，对电动机的发热影响不大。

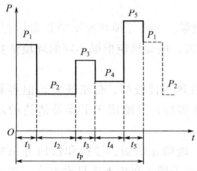

图 8-6　连续周期性变化负载的功率图

如果是笼型异步电动机，还需进行启动能力的校验。

当环境温度与标准值 40℃相差较大时，为了充分利用电动机又不使其过载，额定功率应根据公式加以修正，这里不再赘述。

② 连续周期性变化负载下电动机额定功率的选择　因为负载功率的大小作周期性变化，如图 8-6 所示，所以电动机温升也必然随负载周期性变化而波动。温升波动的最大值必须低于对应最大负载时的稳定温升，而高于对应最小负载的稳定温升。这样，如果按其最小负载功率选择电动机的额定功率，会使电动机过热甚至烧坏；如果按其最大负载功率来选择电动机的额定功率，显然不经济，因此，电动机额定功率应在最大负载与最小负载之间，必须保证电动机既能得到充分利用，又不超过其允许温升，通常采用校核发热的方法进行选择。校核发热的方法有平均损耗法和等效法，其中等效法中又包括等效电流法、等效转矩法和等效功率法。

• 平均损耗法。国家标准规定，当变化周期小于等于 10min 时，周期性变化负载下电动机的稳定温升不会有大的波动，可以用平均温升代替最高温升，因而可以用平均损耗 ΔP_{av} 来校核发热。平均损耗可按下式计算

$$\Delta P_{av} = \frac{\Delta P_1 t_1 + \Delta P_2 t_2 + \cdots + \Delta P_n t_n}{t_1 + t_2 + \cdots + t_n}$$

式中，ΔP_n 为第 t_n 段时间对应的电动机损耗。

只要平均损耗小于等于电动机额定运行时的损耗，发热校核便可通过。该方法适用于负载变化周期小于等于 10min 的任何类型电动机。

• 等效电流法。等效电流法是从平均损耗法推导而来。其基本原理是：在同一周期内，用一个不变的等效电流 I_{eq} 来代替实际变化的负载电流，并且它们产生的热量相等，间接地反映电动机温升的变化情况，适用于电动机不变损耗和电阻不变的场合。如笼型异步电动机经常启动及反转时，铁损耗和电阻均在变化，可采用每小时通电次数是否超过允许值来校验发热。

当电动机的铁损耗与电阻不变时，则可变损耗只与电流的平方成正比，有

$$I_{eq} = \sqrt{\frac{I_1^2 t_1 + I_2^2 t_2 + \cdots + I_n^2 t_n}{t_1 + t_2 + \cdots + t_n}} \tag{8-5}$$

在预选电动机之后，根据生产机械的负载变化曲线和电动机的工作情况，求出电动机电流的变化曲线 $I = f(t)$，利用式（8-5）求出等效电流 I_{eq}。若 $I_{eq} \leqslant I_N$，则发热校核通过。

• 等效转矩法。若已知转矩负载图 $T = f(t)$，如果转矩与电流成正比（注意：他励直流电动机保持励磁不变或异步电动机保持磁通 Φ 与 $\cos\varphi_2$ 不变时），可用等效转矩 T_{eq} 来代替等效电流 I_{eq}，将式（8-5）写成转矩形式，即得等效转矩法，有

$$T_{eq} = \sqrt{\frac{T_1^2 t_1 + T_2^2 t_2 + \cdots + T_n^2 t_n}{t_1 + t_2 + \cdots + t_n}}$$

预选电动机的额定转矩 T_N 满足 $T_N \geqslant T_{eq}$，发热校核通过。

• 等效功率法。当电动机运行时，转速保持不变（或变化很小），则功率与转矩成线性关系，可由等效转矩法推导出等效功率法，此时等效功率 P_{eq} 为

$$P_{eq} = \sqrt{\frac{P_1^2 t_1 + P_2^2 t_2 + \cdots + P_n^2 t_n}{t_1 + t_2 + \cdots + t_n}}$$

预选电动机的额定功率转矩 P_N 满足 $P_N \geqslant P_{eq}$，发热校核通过。

值得注意的是用等效法选择电动机额定功率时，还必须根据最大负载来校验电动机的过载能力是否符合要求。

（2）短时工作制电动机额定功率的选择　短时工作制电动机的选择一般有三种情况，下面分别加以介绍。

① 选择短时工作制电动机　我国专为短时工作制设计的电动机标准工作时间 t_{wN} 为 15min、30min、60min 和 90min 四种。同一台电动机对应不同的工作时间，功率不相同，其关系为 $P_{15} > P_{30} > P_{60} > P_{90}$，过载能力的关系应该是 $\lambda_{15} < \lambda_{30} < \lambda_{60} < \lambda_{90}$。一般在铭牌上标注的额定功率是小时功率 P_{60}。当实际工作时间 t_w 接近上述标准工作时间 t_{wN} 时，可直接在产品目录中选用。在变化负载下，可按算出的等效功率选择，并且校验过载能力和启动能力（对笼型异步电动机）。

当实际工作时间 t_w 和标准时间 t_{wN} 不同时，要把实际工作时间 t_w 内需要的功率 P_w 换算成标准工作时间内的标准电动机功率 P_{wN}，在产品目录中选用。换算的原则是标准工作时间下电动机的损耗与实际工作时间下电动机的损耗完全相等，换算公式为

$$P_{wN} = \frac{P_w}{\sqrt{\frac{t_{wN}}{t_w} + \alpha \left(\frac{t_{wN}}{t_w} - 1 \right)}}$$

式中，α 为电动机额定运行的损耗比，其值与电动机的类型有关。

② 选择断续周期工作制电动机　选择断续周期工作制的电动机代替短时工作制电动机，可近似地认为短时工作时间与负载持续率 FC％ 的换算关系是：30min 相当于 FC％＝15％，60min 相当于 FC％＝25％，90min 相当于 FC％＝40％。

③ 选择连续工作制电动机　为了合理利用电动机，电动机在短时工作结束时的温升最好达到允许的最大温升，因此，选择连续工作制电动机代替短时工作制的电动机时，若从温升角度来考虑，电动机额定功率为

$$P_N \geqslant P_L \sqrt{\frac{1 - e^{-t_w/T}}{1 + \alpha e^{-t_w/T}}}$$

一般情况下，当 $t_w < (0.3 \sim 0.4)T$ 时，只要过载能力和启动能力足够大，就不必再考虑发热问题。因此，在这种情况下，先按过载能力选择电动机的额定功率，然后校验其启动能力。按过载能力来选择连续工作方式电动机的额定功率为

$$P_N \geqslant \frac{P_L}{\lambda_T}$$

（3）断续周期工作制电动机额定功率的选择　断续周期工作制电动机具有频繁启、制动的能力，过载能力大，机械惯性小，机械强度好，绝缘等级高等特点，因而不选其他工作制的电动机替代断续周期工作制电动机。同一台电动机在不同的负载持续率 FC％ 下工作时，额定功率和额定转矩均不一样，FC％ 越小时，额定功率和额定转矩越大，过载能力越低。

当电动机实际负载持续率 FC_X％ 与标准负载持续率 FC％ 相等，可直接按照产品目录选

择合适的电动机；若 $FC_X\%$ 与 $FC\%$ 不相等，则需要先把实际功率 P_L 换算成邻近的标准负载持续率下的功率 P，再选择电动机和校验温升，简化的换算公式为

$$P = P_L\sqrt{\frac{FC_X\%}{FC\%}}$$

如果负载持续率 $FC_X\% < 10\%$，可按短时工作制选择电动机；如 $FC_X\% > 70\%$，可按连续工作制选择电动机。

（4）选择电动机额定功率的实用方法　以电动机的发热和冷却理论为基础来选择电动机的方法是非常重要的。但是大多数生产机械很难找出一个有代表性的典型负载图，此外，该方法中有些公式是在某些限定条件下得到的，使计算结果存在一定的误差，所以，实际选择电动机额定功率时，常采用下面两种方法。

① 统计法　统计法就是对各种生产机械所选用的电动机进行统计与分析，从中找出电动机额定功率与生产机械主要参数之间的关系，得出经验公式的方法。例如，机械制造业中，机床的主要参数与主拖动电机功率的关系如下。

卧式车床　　　　　　　　$P = 36.5D^{1.54}$

式中，D 为加工工件最大的直径，m；P 为电动机功率，kW。

立式车床　　　　　　　　$P = 20D^{0.88}$

式中，D 为加工工件的最大直径，m。

摇臂钻床　　　　　　　　$P = 0.064D^{1.19}$

式中，D 为最大钻孔直径，mm。

卧式镗床　　　　　　　　$P = 0.004D^{1.7}$

式中，D 为镗床主轴直径，mm。

龙门刨床　　　　　　　　$P = \dfrac{B^{1.15}}{166}$

式中，B 为工作台宽度，mm。

外圆磨床　　　　　　　　$P = 0.1KB$

式中，B 为砂轮宽度，mm；K 为考虑砂轮主轴采用不同轴承时的系数，采用滚动轴承时 $K = 0.8 \sim 1.1$，若采用滑动轴承，则 $K = 1.0 \sim 1.3$。

例如国产 C660 型车床，其工件最大直径为 1250mm，按上面统计法公式计算，主拖动电动机功率应为

$$P = 36.5D^{1.54} = 36.5 \times \left(\frac{1250}{1000}\right)^{1.54} = 51.47(\text{kW})$$

实际选用与计算功率相近的 60kW 电动机即可。

由于统计分析法是从同类型机械中得出的计算公式，因此不适用于不同类型机械电动机额定功率的计算，局限性很大。

② 类比法　类比法就是在调查同类型生产机械所采用的电动机功率基础之上，对主要参数和工作条件进行类比，从而确定新设计的生产机械所采用电动机额定功率的方法。

8.2　直流电动机常见故障及处理

经常维护和保养直流电动机，可以延长电动机的使用寿命，减少事故发生。一般说来，电动机出现故障后总会出现某些异常现象，其常见故障及处理方法如表 8-2 所示。

表 8-2　直流电动机常见故障及处理方法

常见故障	可能原因	处理方法
电动机不能启动	①电源未接通; ②励磁电路或电枢电路断路; ③启动电阻连接错误; ④电刷接触不良; ⑤电刷位置移动; ⑥电动机过载; ⑦轴承损坏或有异物	①检查线路并修复; ②查找断路部位并修复; ③重新连接启动电阻; ④研磨电刷或调整压力; ⑤调整电刷位置; ⑥减轻负载; ⑦更换轴承或清理异物
转速不正常	①电网电压或高或低; ②电刷不在正常位置; ③电枢或主磁极绕组短路; ④电动机轻载或过载	①适当调整电网电压; ②调整电刷在正常位置; ③查找短路部位并修复; ④增加或减轻负载
温度过高	①电源电压高于额定值; ②冷却条件差; ③电动机过载; ④绕组有短路或接地故障; ⑤电刷压力太大,换向器表面过热	①降低电源电压为额定值; ②改善通风散热条件; ③减轻负载; ④检查故障并修复; ⑤调整电刷压力,更换弹簧
电刷下火花过大	①电刷不在中心位置; ②电刷与刷盒装配不当; ③电刷与换向器接触不良; ④换向极极性不对; ⑤换向极绕组短路; ⑥电动机过载; ⑦机械火花	①调整电刷位置; ②调整电刷与刷盒装配; ③研磨电刷; ④按定子部分要求检查并改正; ⑤查找短路部位并修复; ⑥减轻负载; ⑦加强换向器维护
电动机振动大	①换向极绕组接反; ②励磁电流太小或励磁电路断路; ③电刷不在中心位置; ④电源电压波动	①检查换向极绕组并改正接线; ②增大励磁电流或检查励磁电路接线; ③调整电刷位置; ④检查电源电压并调整
轴承过热	①轴承装配不当; ②轴承损坏或有异物; ③轴承型号选择不当	①调整轴承装配; ②更换轴承或清理异物; ③更换轴承型号

8.3　三相异步电动机常见故障及处理

电动机带动负载运行时,要通过看、听、闻等及时监测电动机。当电动机出现不正常现象时,必须及时切断电源,排除故障。三相异步直流电动机常见故障及处理方法如表 8-3 所示。

表 8-3　三相异步电动机常见故障及处理方法

常见故障	可能原因	处理方法
电动机不能启动	①电源未接通,开关有一相或两相分离; ②熔断器的熔体熔断; ③定子绕组相间短路或定、转子绕组短路; ④定子绕组接线错误; ⑤润滑脂太硬; ⑥传动机构被卡住; ⑦轴承损坏	①检查线路并修复; ②按设备容量计算,更换新熔体; ③查找短路部位并修复; ④检查定子绕组接线并改正; ⑤在轴承内外圈滚道上加机油; ⑥查明原因并予以排除; ⑦更换轴承

常见故障	可能原因	处理方法
运转声音不正常	①转子与定子有摩擦； ②转子不平衡； ③转子风叶碰到机壳； ④绕线型电动机转子绕组一相断路； ⑤轴承损坏或严重缺油	①检查气隙并调整； ②校正转子的位置； ③校正风叶，旋紧螺栓； ④查找断路部位并修复； ⑤更换轴承或清洗轴承加新油
温度过高或冒烟	①电源电压过高或过低或三相电压不平衡； ②通风不良，环境温度高； ③电动机过载； ④定子绕组有短路或接地故障； ⑤定子绕组接地或匝间、相间短路； ⑥电动机受潮或浸漆后烘干不够； ⑦笼型电动机转子断条； ⑧电动机缺相运行	①检查和调整电源电压； ②清除积灰，采取降温措施； ③降低负载或更换较大容量的电动机； ④检查故障并修复； ⑤查出接地或短路部位，加以修复； ⑥检查绕组的受潮情况，进行烘干处理； ⑦铸铝转子更换，铜条转子修理或更换； ⑧检查电源、熔断器以及接线等是否断相，排除故障
电动机外壳带电	①电源线与接地线接错、接地不良或接地电阻太大； ②绕组过热致使绝缘老化，绝缘有损坏； ③引出线及接线盒内绝缘不良； ④电动机受潮	①检查故障原因并处理； ②更换绕组及绝缘； ③重新处理或更换； ④进行干燥处理
三相电流不平衡	①三相电源电压不平衡； ②主回路连接点接触不良或有断开点； ③定子绕组中有部分线圈短路； ④重换定子绕组后，部分线圈匝数或接线有误	①检查电源电压并调整； ②停机检查并处理； ③用电流表测量三相电流； ④用双臂电桥测量各绕组的直流电阻或重新接线
轴承过热	①电机端盖、轴承盖、机座不同心； ②轴承损坏或有异物； ③轴承型号选择不当； ④轴承内润滑脂过多或过少或有异物； ⑤轴承与轴或端盖配合过松或过紧； ⑥联轴器装配不良	①查找故障并重新装配； ②更换轴承或清理异物； ③更换轴承型号； ④调整油量或换油； ⑤根据具体情况进行调整； ⑥校正联轴器传动装置

8.4 变压器运行常见故障及处理

变压器是电力系统的重要设备之一。为了保证变压器能安全可靠地供电，在运行中要进行维护保养及定期检修，以便能及时消除隐患和防止事故的发生。同样，变压器在发生故障时也会出现一些异常现象，其常见故障及处理方法如表 8-4 所示。

表 8-4　变压器运行常见故障及处理方法

故障	常见故障	可能原因	处理方法
绕组匝间短路	①气体继电器动作； ②油温升高； ③一次电流略高	①散热不良或长期过负荷，使匝间绝缘损坏； ②绕组因振动而变形，使匝间绝缘损坏； ③雷击时，大气过电压损坏匝间绝缘； ④绕组绕制不当而使匝间绝缘损坏	①吊出变压器铁芯，外观检查； ②测量三相直流电阻； ③检查油箱上的冷却管是否堵塞； ④更换或重绕绕组
绕组相间短路	①气体继电器、差动保护、过电流保护等都动作； ②防爆管往外喷油； ③油温剧增	①绝缘老化； ②变压器油严重受潮； ③绕组内落入杂物； ④过电压击穿； ⑤短路时绕组变形而损坏	①用兆欧表测量绕组对油箱的绝缘电阻； ②油作击穿电压试验； ③吊出变压器铁芯，外观检查； ④更换或重绕绕组

故障	常见故障	可能原因	处理方法
绕组断线	断线处发生电弧,加速油分解,使气体继电器动作	绕组内部焊接不当,匝间短路使线匝烧断	①吊出变压器铁芯检查,测量绕组的直流电阻,判断故障相;②更换或重绕组
铁芯片间绝缘损坏	①空载损耗增大;②变压器油油质变坏	铁芯片间绝缘有局部损坏	吊出变压器铁芯,进行外观检查并修复
铁芯有不正常响声	—	①铁芯叠片中缺片;②铁芯紧固零件松动;③电源电压偏高	①增加铁芯叠片使铁芯夹紧;②加紧铁芯紧固零件;③调整电源电压
分接开关相间触头放电	①气体继电器、差动保护、过电流保护等都动作;②防爆管往外喷油	①绝缘受潮;②变压器内有杂物或触头不洁;③过电压击穿	吊出变压器铁芯,检修或更换分接头
变压器油油质变坏	—	油中溶解有气体	分析油质并进行处理
绝缘套管对地击穿	外部保护装置动作	瓷件表面有裂纹	更换套管

【本章小结】

本章首先介绍了电力拖动系统中选择电动机的方法,然后介绍了电动机和变压器的常见故障及处理方法。

选择电动机包括电动机的种类、型式、额定电压、额定转速及额定功率等内容,其中最主要的是选择功率。

根据电动机的发热情况,综合负载的情况和工作方式等因素,通常选择电动机功率的基本步骤是:首先根据生产机械的负载转矩或功率,作出电动机运行时的负载图,预选一台电动机,然后进行发热校验(平均损耗法、等效法)。通过发热校验后,还需对电动机进行过载校验,必要时还需进行启动能力的校验。只有在这些方面都能满足要求时,所选电动机功率才是合适的。

工程上也可用统计法或类比法选择电动机的功率,但有一定的局限性。

直流电动机、三相异步电动机和变压器在使用中,要经常维护保养、定期检修,可以延长设备的使用寿命,因而要了解直流电动机、三相异步电动机和变压器的常见故障及处理方法。

【思考题与习题】

8-1 电力拖动系统中电动机的选择包含哪些具体内容?

8-2 电动机运行时允许温升的高低取决于什么?影响绝缘材料寿命的是温升还是温度?

8-3 电机所采用的绝缘材料分哪些等级?它们允许的最高工作温升是多少?

8-4 电动机运行时温升按什么规律变化?两台同样的电动机,在下列条件下拖动负载运行时,它们的起始温升、稳定温升是否相同?发热时间常数是否相同?(1)相同的负载,但一台环境温度为一般室温,另一台为高温环境;(2)相同的负载,相同的环境,一台原来没有运行,另一台是运行刚停下后又接着运行;(3)同一环境下,一台半载,另一台满载;

（4）同一个房间内，一台自然冷却，另一台用冷风吹，都是满载运行。

     8-5 选择电动机额定功率时，一般应校验哪三个方面？

     8-6 电动机的三种工作方式是如何划分的？负载持续率 FC% 表示什么意思？

     8-7 直流电动机电刷下火花过大可能是什么原因？

     8-8 三相异步电动机温度过高或冒烟可能是什么原因？

     8-9 变压器绕组匝间短路会引起哪些现象？

【自我评估】

一、填空题

1. 选择电动机时，_____的选择最为重要。

2. 电动机温升是按_____规律变化。

3. 现代电机中应用最多的绝缘材料是_____级和_____级。

4. 我国规定电动机短时工作的标准时间为_____、_____、_____和_____。

5. 国家标准规定断续周期工作制电动机的负载持续率有_____、_____、_____和_____。

6. 电动机的防护型式有_____、_____、_____和_____。

二、简答题

1. 一台连续工作方式的电动机额定功率为 P_N，如果在短时工作方式下运行时额定功率该怎样变化？

2. 电动机的温度、温升以及环境温度三者之间有什么关系？

3. 同一台电动机，如果不考虑机械强度或换向问题等，在下列条件下拖动负载运行时，为充分利用电动机，它的输出功率是否一样，是大还是小？（1）自然冷却，环境温度为 40℃；（2）强迫通风，环境温度为 40℃；（3）自然冷却，高温环境。

4. 直流电动机不能启动的可能原因有哪些？

5. 三相异步电动机外壳带电的可能原因有哪些？

6. 变压器铁芯片间绝缘损坏的可能原因和故障现象分别是什么？

第 9 章　电机与拖动基础实验

【学习目标】

掌握：①电机与拖动基础课程的基本实验分析方法；②常用电气测量仪表与仪器的正确使用方法。

实验环节是电机与拖动基础课程重要的教学环节之一，目的是巩固和加深学生对理论知识的理解，使学生掌握基本实验分析方法和基本操作技能，培养学生严肃认真、实事求是、勤奋踏实的科学作风，开拓学生思维，激发学生的创新能力。

9.1　单相变压器空载及短路试验

9.1.1　实验目的

① 学习变压器实验的基本要求与安全操作注意事项。
② 通过空载和短路试验测定变压器的变比及参数。

9.1.2　实验设备与仪器

单相变压器、电机实验台、单相调压器、力用表、低功率因数功率表、交流电压表、交流电流表、温度计。

9.1.3　实验方法

（1）注意事项　由实验指导人员讲解变压器实验的基本要求及安全注意事项，介绍实验室的电源布置、实验台的结构及取用电源的方法、常用仪器仪表的基本工作原理及量程的选择。

（2）空载试验　实验线路如图 9-1 所示。实验时，变压器低压侧接电源，高压侧开路。A、V_1、V_2 分别为交流电流表、交流电压表，W 为功率表，要合理选择各仪表量程。

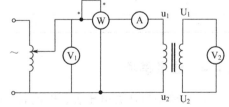

图 9-1　单相变压器空载试验

注意：变压器空载运行时功率因数很低，一般小于 0.2，应选用低功率因数功率表测量功率，减少功率的测量误差。接线时，功率表需注意电压线圈和电流线圈的同名端，避免接错线。

① 线路接好后，经老师检查，方可通电。
② 变压器接通电源前，旋转调压器旋钮，使调压器输出电压为零，避免电流表和功率表被合闸瞬间冲击电流所损坏。
③ 合上交流电源总开关，调节调压器旋钮，使变压器空载电压 $U_0 = 1.2U_{2N}$。
④ 然后逐次降低电源电压，降至 $U_0 = 0.5U_{2N}$；测取变压器的空载电压 U_0、电流 I_0、

损耗 P_0，取 6～7 组数据，记录于表 9-1 中。其中 $U=U_N$ 的点必须测，并在该点附近测的点应密些。

⑤ 测量数据以后，断开电源，调压器调零，以便为下次实验做好准备。

表 9-1　变压器空载试验数据记录

序号	U_0/V	I_0/A	P_0/W
1			
2			
3			
4			
5			
6			
7			

（3）短路试验　实验线路如图 9-2 所示。实验时，变压器高压侧接电源，低压侧直接短路。A、V、W 分别为交流电流表、电压表、功率表。

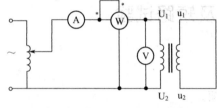
图 9-2　单相变压器短路试验

① 变压器接通电源前，旋转调压器旋钮，使输出电压为零。

② 合上交流电源开关，接通交流电源，逐次增加输入电压，直到短路电流等于 $1.1I_N$ 为止，测量短路功率 P_k、短路电压 U_k 及短路电流 I_k，其中 $I=I_N$ 的点必测，取 6～7 组数据，记录于表 9-2 中，同时记录实验时周围环境温度（℃）。

表 9-2　变压器短路试验数据记录　　　　　　　　室温 $\theta=$　　　℃

序号	U_k/V	I_k/A	P_k/W
1			
2			
3			
4			
5			
6			
7			

9.1.4　注意事项

① 实验中应注意电压表、电流表、功率表的量程选择要准确，并且合理布置。

② 调压器开始应调至零位。

③ 短路试验操作要快，否则线圈发热会引起电阻变化。

9.1.5　实验报告

① 计算变比：由空载试验测取变压器的原、副边电压数据，计算出变比。

② 绘出空载特性曲线 $U_0=f(I_0)$，$P_0=f(U_0)$。

③ 计算励磁参数：$Z_m=\dfrac{U_0}{I_0}$，$r_m=\dfrac{P_0}{I_0^2}$，$x_m=\sqrt{Z_m^2-r_m^2}$

折算到高压侧：$Z'_m = k^2 Z_m$，$r'_m = k^2 r_m$，$x'_m = k^2 x_m$。

④ 绘出短路特性曲线 $I_k = f(U_k)$，$P_0 = f(U_k)$。

⑤ 计算短路参数：$Z_k = \dfrac{U_k}{I_k}$，$r_k = \dfrac{p_k}{I_k^2}$，$x_k = \sqrt{Z_k^2 - r_k^2}$。

由于短路电阻 r_k 随温度而变化，因此，算出的短路电阻应按国家标准换算到基准工作温度 75℃ 时的阻值。

$$r_{k75℃} = \frac{234 + 75}{234 + \theta} r_k$$

9.1.6 思考题

1. 变压器空载和短路试验中电源电压一般加在哪一方较合适？
2. 在空载和短路试验中，各种仪表应怎样连接才能使测量误差最小？
3. 如何用实验方法测定变压器的铁耗及铜耗？

9.2 三相变压器极性和连接组别测定

9.2.1 实验目的

① 掌握用实验方法测定三相变压器极性。
② 掌握用实验方法判别变压器的连接组别。

9.2.2 实验设备与仪器

交流电压表、三相变压器、三相调压器、电机实验台。

9.2.3 实验方法

（1）测定极性

① 测定三相变压器原、副边极性

a. 按照图 9-3 接线，将 V_2、v_2 用导线相连。旋转调压器旋钮，使调压器输出电压为零。合上交流电源总开关，调节调压器旋钮，在 V_1、V_2 间施加约 $50\% U_N$ 的电压。

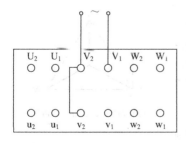
图 9-3 测定原副边极性

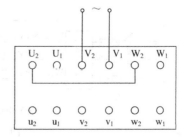
图 9-4 测定原边相间极性

b. 测出电压 U_{V1v1}、U_{V1V2}、U_{v1v2}，若 $U_{V1v1} = |U_{V1V2} - U_{v1v2}|$，则首末端标记正确；若 $U_{V1v1} = |U_{V1V2} + U_{v1v2}|$，则标记不对，须将 v_1、v_2 的首末端标记对调。同理，其他两相也可依此法确定。

② 测定三相变压器原边相间极性

a. 按照图 9-4 接线，把三相变压器的 U_2、W_2 用导线相连。合上交流电源总开关，调节调压器旋钮，在 V 相施加约 50% 的额定电压。

b. 测出电压 U_{U1W1}、U_{U1U2}、U_{W1W2}，若 $U_{U1W1} = |U_{U1U2} - U_{W1W2}|$，则标号正确；若 $U_{U1W1} = |U_{U1U2} + U_{W1W2}|$，则相间标号不正确，应把 U_1、W_1 相中的任一相的端点标号互换（如将 U_1、U_2 换成 U_2、U_1）。同理，可以确定 U、V 相（或 V、W 相）的相间极性。

（2）检验连接组别

① Y，y0 按照图 9-5 接线。U_1、u_1 两端点用导线连接，在高压侧施加 50% 的额定电压，测出 U_{U1V1}、U_{u1v1}、U_{V1v1}、U_{W1w1} 及 U_{V1W1}，将数据记录于表 9-3 中。

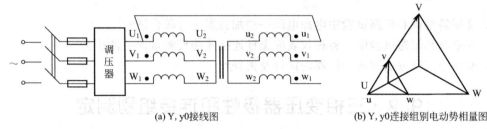

(a) Y，y0接线图　　　　　　(b) Y，y0连接组别电动势相量图

图 9-5　Y，y0 连接组别

表 9-3　Y，y_0 连接数据记录

实 验 数 据					计 算 数 据			
U_{U1V1}/V	U_{u1v1}/V	U_{V1v1}/V	U_{W1w1}/V	U_{V1W1}/V	k	U_{V1v1}/V	U_{W1w1}/V	U_{V1W1}/V

根据 Y，y0 连接组别的电动势相量图可知校核公式为

$$U_{V1v1} = U_{W1w1} = (k-1)U_{u1v1}$$

$U_{V1W1} = U_{u1v1}\sqrt{k^2 - k + 1}$，且 $\dfrac{U_{V1W1}}{U_{V1v1}} > 1$，设线电压之比为 $k = \dfrac{U_{U1V1}}{U_{u1v1}}$。

若用两式计算出的电压 U_{V1v1}、U_{W1w1}、U_{V1W1} 的数值与实验测取的数值相同，则表示绕组连接正常，属 Y，y0 连接组别。

② Y，d11 按图 9-6 接线。U_1、u_1 两端点用导线相连，在高压侧施加 50% 的额定电压，测取 U_{U1V1}、U_{u1v1}、U_{V1v1}、U_{W1w1} 及 U_{V1W1}，将数据记录于表 9-4 中。

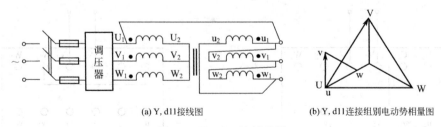

(a) Y，d11接线图　　　　　　(b) Y，d11连接组别电动势相量图

图 9-6　Y，d11 连接组别

表 9-4　Y，d11 连接数据记录

实 验 数 据					计 算 数 据			
U_{U1V1}/V	U_{u1v1}/V	U_{V1v1}/V	U_{W1w1}/V	U_{V1W1}/V	k	U_{V1v1}/V	U_{W1w1}/V	U_{V1W1}/V

根据 Y，d11 连接组的电动势相量可知校核公式为

$$U_{V1v1} = U_{W1w1} = U_{V1W1} = U_{u1v1} \sqrt{k^2 - \sqrt{3}k + 1}$$

设线电压之比为 $k = \dfrac{U_{U1V1}}{U_{u1v1}}$。

若由上式计算出的电压 U_{V1v1}、U_{W1w1}、U_{V1W1} 的数值与实测值相同，则绕组连接正确，属 Y，d11 连接组别。

9.2.4　注意事项

① 调压器的输入、输出不能接错。

② 注意操作及测量时的安全，勿接触带电部分。每次接线、拆线一定要拉闸，不能带电操作。

③ 测量电压不要超过电压表的量程。

④ 接通电源前，调压器输出电压为零。

9.2.5　实验报告

将校核公式的计算结果与实验结果列表比较，并做简要的分析。

9.2.6　思考题

① 连接组别的定义。国家规定的标准连接组有哪几种？

② 如何把 Y，y0 连接组别改成 Y，y6 连接组别？如何把连接组别 Y，d11 改为 Y，d5 连接组别？

9.3　直流电动机认识实验

9.3.1　实验目的

① 学习电机实验的基本要求与安全操作注意事项。

② 认识电机实验中所用设备及仪表。

③ 学习直流电动机的接线、启动、改变电机转向以及调速方法。

9.3.2　实验设备与仪器

直流电动机（发电机组）、电机实验台、四点启动器、调节变阻器、转速表、直流电压表、直流电流表、负载变阻器。

9.3.3　实验方法

(1) 注意事项　由实验指导人员讲解电机实验的基本要求及安全注意事项、四点启动器的结构和使用方法。

(2) 仪表、转速表、负载电阻器与调节变阻器的选择　仪表、转速表量程是根据电机的额定值和实验中可能达到的最大值来选择，变阻器根据实验要求来选用。

(3) 启动　按图 9-7 接线，检查启动器和各调节电阻手柄的位置，合上电源开关，然后转动启动器手柄，逐步地切除启动电阻，使电动机启动并观察启动过程。

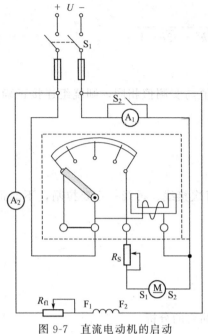

图 9-7 直流电动机的启动

置，防止下次直接启动。

(4) 改变电动机的转向

① 切断电源，将电枢绕组或励磁绕组两端对调，然后重新启动电动机，观察电动机的旋转方向是否变化。

② 切断电源，将电枢绕组和励磁绕组两端同时对调，然后重新启动电动机，观察电动机的旋转方向是否变化。

(5) 调节转速 分别改变串入电枢回路的调节电阻和励磁回路的调节电阻，观察转速变化情况。

9.3.4 注意事项

① 仔细检查仪表的量程及极性。

② 检查设备的手柄位置是否正确，确保无误方可通电。

③ 正确启动直流电动机，如发现不转，要立即切断电源检查线路。

④ 每次停机后，把四点启动器回到电阻值最大位置，防止下次直接启动。

9.3.5 实验报告

① 说明电动机启动时，励磁回路调节电阻应调到什么位置？为什么？

② 为什么要求直流电动机励磁回路的接线要牢靠？

③ 直流电动机的启动方法有哪几种？

④ 改变直流电动机转向的方法有哪几种？

⑤ 记录所用设备的铭牌数据。

9.4 直流电动机的机械特性

9.4.1 实验目的

① 掌握用实验方法测取直流电动机的机械特性。

② 学会正确使用转速表。

9.4.2 实验设备与仪器

直流电动机（发电机组）、电机实验台、四点启动器、调节变阻器、直流电压表、直流电流表、负载变阻器。

9.4.3 实验方法

按图 9-8 接线，经检查无误后，方可通电。

(1) 测定固有机械特性 实验中保持条件 $U=U_N$，$I_f=I_{fN}$，$R=R_a$。

① 测定电枢电阻 R_a 并记录。将电枢回路串联电阻 R_S 调至零；启动直流电动机后，给

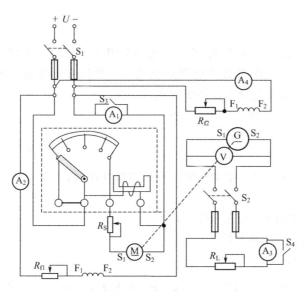

图 9-8 直流电动机的机械特性

直流电动机加上额定负载，工作在额定点（U_N，n_N，I_N），记下额定励磁电流 I_{fN}。

② 保持 $U=U_N$，$I_f=I_{fN}$，逐步调节直流电动机的负载，即调节发电机的负载或调节发电机的励磁电流，以测得不同负载下电动机的电枢电流 I_a 和转速 n，记录在表 9-5 内，取 4～5 组数据即可。

表 9-5　固有机械特性数据记录　　　　$U_N=$　　　　V，$I_{fN}=$　　　　A

$n/(r/min)$				
I_a/A				

（2）人为机械特性

① 电枢回路串电阻的人为机械特性　实验中保持条件 $U=U_N$，$I_f=I_{fN}$，$R=R_a+R_S$。

固有机械特性测完后，将电枢串联电阻 R_S 由零调至某一阻值并记录 R_S 值，测电枢回路串电阻的人为机械特性。注意：保持 R_S 不变。逐步调节直流电动机的负载，以测得不同负载下电动机的电枢电流 I_a 和转速 n，记录在表 9-6 内，取 4～5 组数据即可。

表 9-6　串电阻的人为机械特性数据记录　　　$U_N=$　　　　V，$I_{fN}=$　　　　A

$n/(r/min)$				
I_a/A				

② 减弱磁通的人为机械特性　实验中保持条件 $U=U_N$，$R=R_a$。

实验①做完后，切除电枢串联电阻 R_S，将直流电动机的励磁电流从额定值调到小于额定值的某个数值，即 $I_f<I_{fN}$。注意：保持 I_f 不变。逐步调节直流电动机的负载，以测得不同负载下电动机的电枢电流 I_a 和转速 n，记录在表 9-7 内，取 4～5 组数据即可。

表 9-7　减弱磁通的人为机械特性数据记录　　　$U_N=$　　　　V，$I_f=$　　　　A

$n/(r/min)$				
I_a/A				

9.4.4　注意事项

① 直流电动机启动时，须将励磁回路串联的电阻调到最小，先接通励磁电源，使励磁电流最大；同时必须将电枢串联启动电阻调至最大，然后方可接通电源，使电动机正常启动；启动后，将启动电阻调至最小，使电机正常工作。

② 测量前注意仪表的量程、极性及接法。

9.4.5　实验报告

(1) 用直角坐标纸作出直流电动机的下列机械特性曲线：

① 固有特性；

② 电枢回路串入电阻 R_S 的人为特性；

③ 某个励磁电流下的人为特性。

(2) 各点电磁转矩的计算

$$E_a = U_N - I_a(R_a + R_S)；\quad P_{em} = E_a I_a；\quad T = 9.55 \frac{P_{em}}{n}$$

注意：R_a 和 R_S 为已知，R_S 在不同的机械特性中取值不同。

9.4.6　思考题

① 直流电动机机械特性的含义是什么？

② 调节同轴的直流发电机电枢电流和励磁电流，为什么能起到调节电动机电磁转矩的作用？

9.5　直流电动机的调速

9.5.1　实验目的

① 掌握直流电动机电枢回路串电阻的调速方法。

② 掌握直流电动机改变励磁电流的调速方法。

9.5.2　实验设备与仪器

直流电动机（发电机组）、电机实验台、四点启动器、调节变阻器、转速表、直流电压表、直流电流表、负载变阻器。

9.5.3　实验方法

按图 9-8 接线，经检查无误后，方可通电。

(1) 电枢回路串电阻调速

① 将电枢回路串联电阻 R_S 调至零；启动直流电动机后，同时调节负载和磁场调节电阻 R_{f1}，使电机的 $U = U_N$，$I_f = I_{fN}$，发电机负载电流等于某一数值。

② 保持发电机负载电流不变，$I_f = I_{fN}$ 不变，逐次增加 R_S 的阻值，即降低电枢两端的电压，转速会发生变化，调节负载电阻 R_L 才能使发电机负载电流仍维持为原先的数值。将所串电阻 R_S 与对应的转速 n 及电枢电流 I_a 分别记录在表 9-8 中。

（2）改变励磁电流的调速

表 9-8　串电阻调速数据记录　　　　　　　　　　$I_f = I_{fN} =$　　A

$n/(\text{r/min})$					
R_S/Ω					
I_a/A					

① 将电枢串联电阻 R_S 调至零，磁场调节电阻 R_{fl} 调至最小；启动直流电动机后，同时调节负载和磁场调节电阻 R_{fl}，使电动机的 $U = U_N$，$I_f = I_{fN}$，发电机负载电流等于某一数值。

② 保持发电机负载电流和 U_N 不变，逐次增加磁场电阻 R_{fl} 阻值，直至 $n = 1.2n_N$，每次测取电动机的 n、I_f，共取 4 组数据填写入表 9-9 中。

表 9-9　改变励磁电流调速数据记录　　　　　　　　$U = U_N = 220\text{V}$

$n/(\text{r/min})$				
I_f/A				

9.5.4　注意事项

① 直流电动机启动时，须将励磁回路串联的电阻调到最小，先接通励磁电源，使励磁电流最大；同时必须将电枢串联启动电阻调至最大，然后方可接通电源，使电动机正常启动；启动后，将启动电阻调至最小，使电机正常工作。

② 测量前注意仪表的量程、极性及接法。

9.5.5　实验报告

① 用直角坐标纸画出下列特性曲线：

a. 转速特性 $n = f(I_a)$；

b. 调速特性 $n = f(R_S)$；

c. 调速特性 $n = f(I_f)$。

② 直流电动机调速方法有哪几种？调速原理是什么？

9.6　三相绕线型异步电动机的启动与调速

9.6.1　实验目的

① 观察三相绕线型异步电动机的结构。

② 掌握三相绕线型异步电动机的启动和调速方法，加强仪器、仪表的使用。

9.6.2　实验设备与仪器

三相绕线型异步电动机、电机实验台、三相变阻器、万用表、转速表、交流电流表。

9.6.3　实验方法

（1）转子回路串电阻启动

① 按图 9-9 接线。

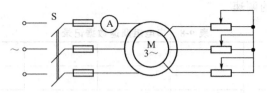

图 9-9　异步电动机启动与调速

② 接通电源，启动异步电动机，转动启动变阻器手柄，改变三相变阻器 R 的值，测启动电流，记录于表 9-10 中。

表 9-10　启动电流数据记录

R/Ω	0	1	2	3
I_{st}/A				

（2）转子回路串电阻调速

① 接通电源，启动电动机。

② 改变三相变阻器 R 的阻值，测电动机转速，记录于表 9-11。

表 9-11　电动机转速数据记录

R/Ω	0	1	2	3
$n/(r/min)$				

9.6.4　实验报告

① 三相绕线型异步电动机的启动方法有哪几种？
② 三相绕线型异步电动机的调速方法有哪几种？
③ 转子回路串电阻调速时阻值与转速的关系。

9.7　三相笼型异步电动机的启动

9.7.1　实验目的

① 掌握笼型异步电动机星-角降压启动的方法。
② 掌握笼型异步电动机自耦变压器降压启动的方法。

9.7.2　实验设备与仪器

三相笼型异步电动机、三相调压器、电机实验台、交流电流表、三相可调电阻器、转速表、万用表、双向开关。

9.7.3　实验方法

（1）星-角降压启动　实验接线如图 9-10 所示，先向下闭合开关 S2，定子绕组接成星形；然后闭合电源开关 S1，电动机启动，观察并记下启动瞬间电流值。电动机稳定运行后，将开关 S2 拉开并迅速向上闭合，定子绕组接成角形，电动机转入全压运行。注意：星-角启动只适用于正常运行时定子绕组是三角形接法的电动机。

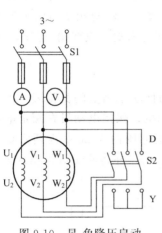

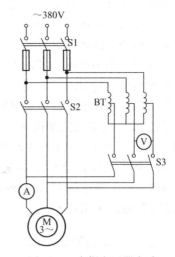

图 9-10　星-角降压启动　　　　　　　图 9-11　自耦变压器启动

（2）自耦变压器降压启动　实验线路如图 9-11 所示，将自耦变压器电压调到不同的输出电压下，降压启动电动机。先闭合开关 S1，再闭合 S3，启动电动机，观察并记录下瞬间启动电流值。转速接近稳定时，断开开关 S3，闭合开关 S2，使电动机全压运行。

记录下自耦变压器的变压比。

9.7.4　注意事项

① 电流表的位置不要接错。
② 使用双向开关接头要良好。
③ 星-角切换时动作要迅速。

9.7.5　实验报告

① 笼型异步电动机有哪几种启动方法？
② 比较笼型异步电动机不同启动方法的特点和优缺点。

9.8　三相异步电动机的参数测定

9.8.1　实验目的

① 掌握三相异步电动机参数的测定方法。
② 正确选用仪表量程，熟练使用三相调压器、电压表或万用表、电流表、功率表。

9.8.2　实验设备与仪器

三相异步电动机、三相调压器、电机实验台、交流电流表、三相可调电阻器、功率表、万用表、直流电压表、直流电流表、变阻器。

9.8.3　实验方法

（1）测量定子绕组冷态电阻　实验线路如图 9-12 所示，并记录。

(2) 测定定子绕组的首末端　　先用万用表测出各相绕组的两个出线端，将其中的任意两相绕组串联，加以单相低压 $U=80\sim100V$。注意电流不应超过额定值。实验线路如图 9-13 所示。测第三相绕组的电压，如果测得的电压有一定读数，表示两相绕组的末端与首端相连；反之，如果测得的电压为零，则表示两相绕组的末端与末端（或首端与首端）相连。同理，可以测出第三相绕组的首末端。

　　(3) 异步电动机的空载、短路试验

　　① 空载试验　　实验线路如图 9-14 所示，功率表应为低功率因数的瓦特表。将调压器输出电压调至零位，闭合开关 S，逐渐升高电压，启动电动机。保持电动机在额定电压下空载运行数分钟，待机械摩擦稳定后再进行试验。调节外施电压由 $1.2U_N$ 逐渐降低至 $U_{10}=0.5U_N$，每次测量空载电压 U_0、空载电流 I_0、空载损耗 P_0，并将测量数据填入表 9-12 中。注意：在 U_N 附近应多测几点。

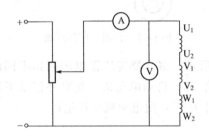

图 9-12　测定子绕组冷态电阻

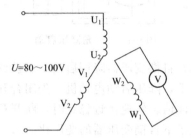

图 9-13　测定子绕组首末端

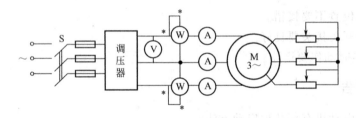

图 9-14　异步电动机参数测定

表 9-12　空载测量数据记录

序号	电压 U_0/V	电流 I_0/A	功率 P_0/W	功率因数 $\cos\varphi$
1				
2				
3				
4				
5				
6				

　　② 短路试验　　按图 9-14 接线，但应注意变更仪表量程。先检查电动机转动方向，再堵住转子（注意把转子所串电阻调至最小位置），调节电动机外施电压，使短路电流升到额定电流 I_N，同时记录短路电流 I_k、短路电压 U_k 和短路损耗 P_k，填入表 9-13 中。此试验动作要迅速，因为此时电机不转，散热条件差，定子绕组可能过热。

表 9-13　短路测量数据记录

序号	电压 U_k/V	电流 I_k/A	功率 P_k/W
1			
2			
3			
4			
5			

9.8.4　注意事项

短路试验动作要迅速。

9.8.5　实验报告

① 将定子绕组冷态电阻换算到基准工作温度 75℃ 的电阻值。
② 绘制三相异步电动机空载特性曲线，并计算空载参数。
③ 绘制三相异步电动机短路特性曲线，并计算短路参数。

9.8.6　思考题

① 如何利用空载试验和短路试验数据计算电动机的励磁参数和短路参数？
② 为什么短路试验需快速进行？

参 考 文 献

[1] 许晓峰. 电机及拖动. 北京：高等教育出版社，2004.

[2] 赵君有. 电机与拖动. 北京：中国电力出版社，2009.

[3] 王艳秋. 电机及电力拖动. 北京：化学工业出版社，2008.

[4] 胡幸鸣. 电机及拖动基础. 北京：机械工业出版社，2002.

[5] 潘成林. 电机和变压器的控制与维修问答. 北京：机械工业出版社，2006.

[6] 付家才. 电机实验与实践. 北京：高等教育出版社，2004.

[7] 吴浩烈. 电机及电力拖动基础. 第2版. 重庆：重庆大学出版社，2005.

[8] 麦崇裔. 电机学与拖动基础. 第2版. 广州：华南理工大学出版社，2006.

[9] 周立. 电机与拖动基础. 北京：中国铁道出版社，2004.

[10] 李发海. 电机与拖动基础. 第2版. 北京：清华大学出版社出版，1994.

[11] 许建国. 电机与拖动基础. 北京：高等教育出版社，2004.

[12] 徐云官. 电机实验教程. 北京：中国水利水电出版社，1995.

[13] 郑立平. 电机与拖动技术（实训篇）. 大连：大连理工大学出版社，2006.

[14] 中国石油天然气集团公司人事服务中心编. 职业技能鉴定试题集：维修电工. 东营：中国石油大学出版社，2005.

[15] 邢江勇主编. 电工技术与实训. 武汉：武汉理工大学出版社，2006.

[16] 张晓娟主编. 电机及拖动基础. 北京：科学出版社，2008.